南北极环境综合考察与评估
Chinese Polar Environment Comprehensive Investigation & Assessment Programmes
CHINARE

“南北极环境综合考察与评估”专项

南极周边海域海洋化学与碳通量考察

国家海洋局极地专项办公室 编

海洋出版社

2016 · 北京

图书在版编目（CIP）数据

南极周边海域海洋化学与碳通量考察/国家海洋局极地专项办公室编．—北京：海洋出版社，2016.5

ISBN 978－7－5027－9428－6

Ⅰ.①南…　Ⅱ.①国…　Ⅲ.①南极－海域－海洋化学－科学考察－中国②南极－海域－碳循环－科学考察－中国　Ⅳ.①P734

中国版本图书馆 CIP 数据核字（2016）第 098776 号

责任编辑：赵　娟
责任印制：赵麟苏
海洋出版社　出版发行
http://www.oceanpress.com.cn
北京市海淀区大慧寺路 8 号　邮编：100081
北京朝阳印刷厂有限责任公司印刷　新华书店北京发行所经销
2016 年 5 月第 1 版　2016 年 5 月第 1 次印刷
开本：787mm×1092mm　1/16　印张：11.25
字数：281 千字　定价：78.00 元
发行部：62132549　邮购部：68038093　总编室：62114335

极地专项领导小组成员名单

组　长：陈连增　国家海洋局

副组长：李敬辉　财政部经济建设司

曲探宙　国家海洋局极地考察办公室

成　员：姚劲松　财政部经济建设司（2011—2012）

陈昶学　财政部经济建设司（2012—）

赵光磊　国家海洋局财务装备司

杨惠根　中国极地研究中心

吴　军　国家海洋局极地考察办公室

极地专项领导小组办公室成员名单

主　任：曲探宙　国家海洋局极地考察办公室

常务副主任：吴　军　国家海洋局极地考察办公室

副主任：刘顺林　中国极地研究中心（2011—2012）

李院生　中国极地研究中心（2012—）

王力然　国家海洋局财务装备司

成　员：王　勇　国家海洋局极地考察办公室

赵　萍　国家海洋局极地考察办公室

金　波　国家海洋局极地考察办公室

李红蕾　国家海洋局极地考察办公室

刘科峰　中国极地研究中心

徐　宁　中国极地研究中心

陈永祥　中国极地研究中心

极地专项成果集成责任专家组成员名单

组　长： 潘增弟　国家海洋局东海分局

成　员： 张海生　国家海洋局第二海洋研究所

余兴光　国家海洋局第三海洋研究所

乔方利　国家海洋局第一海洋研究所

石学法　国家海洋局第一海洋研究所

魏泽勋　国家海洋局第一海洋研究所

高金耀　国家海洋局第二海洋研究所

胡红桥　中国极地研究中心

何剑锋　中国极地研究中心

徐世杰　国家海洋局极地考察办公室

孙立广　中国科学技术大学

赵　越　中国地质科学院地质力学研究所

庞小平　武汉大学

“南极周边海域海洋化学与碳通量考察”专题

承担单位：国家海洋局第二海洋研究所　负责人：潘建明
参与单位：国家海洋局第三海洋研究所　负责人：詹力扬
厦门大学　负责人：陈　敏
国家海洋局第一海洋研究所　负责人：郑晓玲

“南极周边海域海洋化学与碳通量考察”报告

编写人员：（以姓氏笔画排序）
方仔铭　祁　第　孙　恒　孙维萍　李玉红
李　栋　何　鹰　汪建君　张介霞　陈倩娜
陈　敏　林武辉　林　辉　郑晓玲　赵　军
贾仁明　扈传昱　韩正兵　曾　健　詹力扬
蔡明刚　滕　芳　潘建明

序　言

“南北极环境综合考察与评估”专项（以下简称极地专项）是2010年9月14日经国务院批准，由财政部支持，国家海洋局负责组织实施，相关部委所属的36家单位参与，是我国自开展极地科学考察以来最大的一个专项，是我国极地事业又一个新的里程碑。

在2011年至2015年间，极地专项从国家战略需求出发，整合国内优势科研力量，充分利用“一船五站”（“雪龙”号、长城站、中山站、黄河站、昆仑站、泰山站）极地考察平台，有计划、分步骤地完成了南极周边重点海域、北极重点海域、南极大陆和北极站基周边地区的环境综合考察与评估，无论是在考察航次、考察任务和内容、考察人数、考察时间、考察航程、覆盖范围，还是在获取资料和样品等方面，均创造了我国近30年来南、北极考察的新纪录，促进了我国极地科技和事业的跨越式发展。

为落实财政部对极地专项的要求，极地专项办制定了包括极地专项“项目管理办法”和“项目经费管理办法”在内的4项管理办法和14项极地考察相关标准和规程，从制度上加强了组织领导和经费管理，用规范保证了专项实施进度和质量，以考核促进了成果产出。

本套极地专项成果集成丛书，涵盖了极地专项中的3个项目共17个专题的成果集成内容，涉及了南、北极海洋学的基础调查与评估，涉及了南极大陆和北极站基的生态环境考察与评估，涉及了从南极冰川学、大气科学、空间环境科学、天文学以及地质与地球物理学等考察与评估，到南极环境遥感等内容。专家认为，成果集成内容翔实，数据可信，评估可靠。

“十三五”期间，极地专项持续滚动实施，必将为贯彻落实习近平主席关于“认识南极、保护南极、利用南极”的重要指示精神，实现李克强总理提出的“推动极地科考向深度和广度进军”的宏伟目标，完成全国海洋工作会议提出的极地工作业务化以及提高极地科学研究水平的任务，做出新的、更大的贡献。

希望全体极地人共同努力，推动我国极地事业从极地大国迈向极地强国之列！

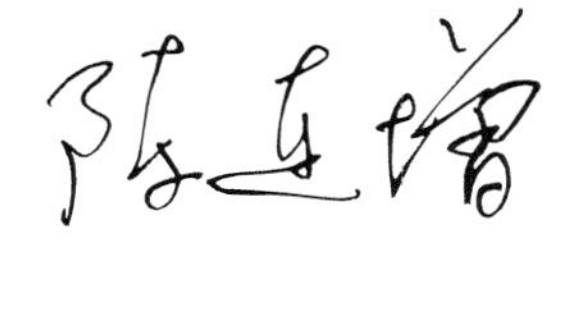

目　次

第1章 总　　论

“南极周边海域海洋化学与碳通量考察”依托中国第28次、第29次、第30次、第31次南极科学考察航次，采集了南极半岛周边海域和普里兹湾邻近海域153个站位的海水化学、大气化学、沉积化学的样品。经过实验室分析及历史资料查询，已获得海水营养要素、碳酸盐体系、稳定和放射性同位素、温室气体等数据23 220份。通过海洋化学多参数综合调查，结合历史资料，查明了南大洋周边海域海水、沉积物和大气环境中生源要素、二氧化碳体系及其他温室气体的基本分布特征，开展了普里兹湾邻近海域水团来源和生物泵空间变化的同位素示踪、普里兹湾和南极半岛邻近海域二氧化碳源/汇格局以及普里兹湾海域沉降通量时间序列变化的研究，进一步深化了各要素的时空分布、变化规律、形成机制、制约因素等的认识，发现了普里兹湾生物泵空间变化的物理－生物耦合作用机制，尤其是普里兹湾碳通量与海冰变化的关系，回答了极区生态系统碳的汇/源时空格局形成的生物地球化学机制，评估了生源要素循环在生态系统和生物资源变动中的作用。本项目的研究成果为深入认识南极周边海域生物泵作用的调控作用机制以及南极周边海域对全球气候变化的响应与反馈均具有重要意义。

极地专项的开展在一定程度上保证了南极科学考察航次获取大量科学研究所需的样品与数据，并且在科考区域和科考时间上都有了较大的扩展，对之前的调查研究进行了很好的补充。但是我国的化学海洋学研究与国际上先进水平仍旧存在一定的差距，过度地依赖“雪龙”船的调查保障能力，从一定限度上制约了我国的海洋学研究的发展。自极地专项启动和开展以来，虽然从一定程度上改善了这一情况，但是从长远的角度来看，发展新型的调查手段，比如分析检测技术的提高、高灵敏度的同位素技术的应用、提升原位长时间序列的观测能力等，仍是今后我国极地海洋科学考察所需提高的技术支撑能力。极区在大洋环流过程中扮演着源头和驱动力的角色，其对大洋能量和物质的输运均起至关重要的作用，加强多学科的联系和沟通，加强国际合作，提升成果在国际上的显著度也是今后极地科学发展的方向。

第2章 考察的意义和目标

2.1 考察背景和意义

南极由于其自身独特的自然环境在地球系统中占据重要的位置。南大洋连接太平洋、大西洋和印度洋，是全球化学和生物物质传输的重要通道，对全球变化具有指示和效应的放大作用。此外，南大洋还是模态水、中间水、深层水和底层水等多种水团形成的重要区域。水团在南大洋的下沉过程中为温室气体提供了向大洋内部输送的通路，促使南大洋成为某些温室气体的重要汇区。南大洋不仅是全球生命支持系统的重要组成部分，而且在全球生物地球化学循环尤其是二氧化碳的循环中具有其他地区不可替代的重要作用与地位。因此，南大洋碳的海洋生物地球化学研究具有重要意义。

20世纪80年代以来，是南大洋的大规模国际合作研究的新阶段。众多国际组织发起的一系列与气候变化有关的全球性和区域性的国际合作研究计划，例如SO－JGOFS（南大洋联合全球海洋通量研究）、GLOCHANT（南极地区在全球变化中的作用）、SOIREE（南大洋加铁实验），都把极地海洋作为核心研究区域之一。这些计划对极地生物地球化学研究提出了明确的科学需求和目标。经过多年的研究，人类对极地海洋的认识已经取得了一定的进展。目前，国际上关于极地科学研究的趋势已经逐渐从初期的以考察为主转为以综合性的研究为主，力图从科学本质上揭示南大洋生物地球化学循环过程，探索它们对于全球气候变化的作用。

我国于20世纪90年代初开展了南大洋生物地球化学的研究，并逐步形成了以碳等生源要素的生物地球化学循环为核心的研究内容。该项研究一直被列为我国“八五”和“九五”南极研究的主要内容，并获得了国家自然科学基金委作为重点项目予以支持。在21世纪开展的国际极地年中国行动计划以及科技部国家支撑计划项目中相关研究也被列为核心研究项目。经过近20余年的调查和研究，我国在碳等生源要素的生物地球化学研究中，从理论、技术、方法等方面分别开展了不同层次和不同深度的探讨，已取得一定的研究成果。进入21世纪后更是在调查内容的广度和深度上取得突破，空间尺度层面上，获得了从形成海－气界面到海水－沉积物界面的生物地球化学过程的系统化调查集成；具体调查内容上，丰富了调查要素涵盖的范围，并出现很多新的亮点，如硅等生源要素的循环、强温室气体氧化亚氮的分布特征等均填补了国内外相关研究领域的空白。对南大洋的生物地球化学特征及其作用过程，已获得了一些初步的认识。然而，由于技术手段及其他因素的限制，迄今为止，对南大洋典型海域生物地球化学循环的物质通量和作用机制的研究仍不够深入，这也是当今国际上南大洋生物地球化学研究所面临的共同问题，因此将会成为今后较长一段时间内我国南大洋研究的重要内容。

自“南北极环境综合考察与评估”专项（简称极地专项）启动以来，延续传统研究内容，继续深化对南极半岛周边海域海洋化学基本要素的调查，提供相关区域基线数据，同时根据海洋大气化学界面交换过程，营养盐循环分布特征及生产力输出过程，海水沉积物界面交换过程，海洋边界层大气悬浮物质运移过程以及人为污染物输入对极区水体环境影响等线索，结合示踪物质等要素分析物理因素对上述生物地球化学过程的影响，进而系统描述全球变化大背景下，人类活动所释放出的温室气体，污染物对南大洋生物地球化学过程的影响作用和程度，并预测南大洋对在全球变化过程可能的反馈作用。

本项目通过海洋化学多参数综合调查，结合历史资料，查明南大洋周边海域海水化学参数、二氧化碳体系、悬浮颗粒物组成、大气化学、沉积环境和生源要素的基本分布特征，获取水体和沉积环境的基础资料。利用水化学要素、生物标志物、放射性和稳定同位素进行水团和海洋过程进行示踪研究，进一步深化各要素时空分布、变化规律、形成机制、制约因素等的认识，回答极区生态系统碳的汇/源时空格局形成的生物地球化学机制，评估生源要素循环在生态系统和生物资源变动中的作用。

2.2 我国南极科学考察的简要历史

过去30年的研究在南大洋海洋化学方面取得了大量进展，涵盖了海洋碳循环、海洋生物地球化学要素循环和海－气界面化学等领域。其中海洋碳循环研究已经形成了海－气界面－水柱过程－沉积物界面这一较为完整的海洋碳循环体系描述；同时通过与氮、磷、硅等生源要素循环过程、同位素示踪技术的结合，对碳循环过程的认识日趋完善，大气气溶胶观测技术手段及其来源和产生机制研究皆有新的突破，海气界面物质交换过程的研究也有新的亮点出现，海洋温室气体的研究取得新的突破。南大洋海洋化学研究体系日臻完善。

全球变化是关乎社会可持续发展的重要科学命题，而南大洋是全球气候变化的敏感区域，其中的生物地球化学问题备受国际关注。我国自1984年在南极半岛海域开展首次科学考察以来，已经组织了30次南极科学考察，本着国际接轨、突出自己特色的原则，通过采用同位素示踪法、现场受控试验技术、沉积物捕捉器、沉积物多管采样器等一系列国际上先进的海洋生物地球化学研究方法和技术（仪器），利用“雪龙”船每年一次的对中山站的补给航次和两年一次的环南极航行，对南极普里兹湾及其临近海域碳的有关生物地球化学特征进行了较深入的研究。在1984年至1989年期间，主要的考察工作集中在长城站附近海域，主要是调查了附近海域的营养盐、溶解氧等分布特征，为中国南极化学海洋学的考察与研究迈出了坚实的一步。而在1989年中国中山站建立之后，考察重点转移到了印度洋扇区的普里兹湾海域，重点开展如下研究：①南大洋海水化学观测，其中包括营养盐以及溶解氧的样品采集；②普里兹湾及其以北海域海洋学过程的氟利昂（CFCs）和六氟化硫（SF_6）示踪；③普里兹湾及其邻近海域水团构成与水体交换的同位素示踪；④南大洋重要界面碳通量研究；⑤颗粒物通量季节性变化与组成研究；⑥夏季南极普里兹湾 N_2O 陆缘水边界锋面混合过程研究；⑦南大洋大气气溶胶来源、全球传输及生产机制研究。通过现场调查与受控生态实验的紧密结合，把上层海洋和底部沉积记录有机联系起来，强调物理、化学、生物过程的结合，历史演变与现代过程的结合；通过遥感资料、实测资料与模式研究相结合评估南大洋碳循环变化及其对全球碳循环的贡献。尤其在第 16 次中国南极考察期间首次与美国合作布放沉积物捕获器之后，在第 26、第 27、第 28、第 29、第 30 次期间，分别布放了多套沉积物捕获器锚系系统，获取了普里兹湾夏季或全年关键区域的宝贵样品数据，为我国的南大洋生物地球化学研究打下了坚实的基础。

2.3 考察海区概况

南大洋是国际水文组织于 2000 年新近确定的包括 60°S 以南环绕南极大陆且没有被任何大陆分隔的一个大洋，其面积约 7 700 × 10^4 km^2，约占世界大洋总面积的 22%。南大洋是世界第四大洋（大于北冰洋），其属海有罗斯海、威德尔海、别林斯高晋海和阿蒙森海。南大洋的水文结构复杂多变，Gordon 等（1977）和 Emery（1977）等通过南大洋的温盐特征，将南大洋海区划分为亚南极区（SAZ，Sub Antarctic Zone）、极锋区（PFZ，Polar Front Zone）、南极区（AZ，Antarctic Zone）。南大洋的主要流型是巨大的南极绕极流，自西向东运动的西风漂流是宽阔、深厚而强劲的风生漂流，南北跨距在 35°—65°S，与西风带平均范围一致，其深度是自海面至海底的整个水层，堪称世界海洋中最强流。南大洋主要有 6 个水团：南极陆架水、南极地层水、绕极深层水、南极表层水、亚南极表层水和南极中层水。由于西风与地球自转偏向力的作用，使得寒冷的南极表层水北流，下沉在密度相对较小的南极次表层水之下，形成了向北运动的南极中层水，由于这种下沉而形成的稳定换风带围绕着南极，形成了南极辐合带，或称为南大洋极锋，也是南大洋划分为南极海区和亚南极海区的界限。本专项的科考海域为普里兹湾及其邻近海域和南极半岛周边海域。普里兹湾是东南极边缘由地堑构造形成的一个海湾，位于世界最大冰川兰伯特冰川（Lambert Glacier）所占据的地堑末端的冰川入海处。普里兹湾是南极大陆印度洋扇形区中的最大海湾，位于 66°—79°E。其西南边界是埃默里冰架（Amery Ice Shelf），东南边界是英格里德·克里斯滕森海岸（Ingrid Christensen Coast）。湾内陆架区为广阔的埃默里海盆（Amery Depression），底形平缓，水深基本上在 600 ~ 700 m 之间。四女士浅滩（Four Ladies Bank）和弗拉姆浅滩（Fram Bank）分别位于湾口东西两侧，水深小于 200 m，成为湾内与大洋海水交换的天然屏障。陆坡以北则为水深超过 3 000 m 的开阔洋区。普里兹湾表层海水的环流（Prydz Bay Gyre）是一个邻近埃默里冰架的封闭的气旋性流涡（Smith et al.，1984）。南极绕极流（ACC）海水在邻近西冰架（West Ice Shelf）东部流入，进入埃默里冰架之下形成低温的冰架水，并与普里兹湾的近岸流汇合，从达恩利角附近流出（Vaz & Lennon，1996）。因此这股 ACC 海水是形成普里兹湾上层海水（< 200 m）的主要来源。冬季普里兹湾全部冰封，海冰边缘可达 57°S。夏季海冰大都退缩到 66°S 以南，由西冰架和埃默里冰架形成的冰山大都搁浅在四女士浅滩和弗拉姆浅滩，海冰覆盖率可以达到 60% ~ 100%。在两个海冰聚集区之间通常以 73°00′—73°30′E 为中心形成低海冰覆盖率的开阔水域，海冰覆盖率在 10% 左右。湾口以北海冰覆盖率在 20% ~ 30% 之间，或是存在多处浮冰带，而湾顶区的海冰覆盖率较低（董兆乾等，2000）。夏季湾内季节性冰区的上层因增温和融冰的淡水稀释作用，使上层水体的密度减小，形成较为稳定的季节性跃层，有利于浮游植物的生长，具有较高的初级生产力。

南极半岛是南极大陆最大、向北伸入海洋最远（63°S）的大半岛，该地区气候相对温暖，是近百年来南极地区气候、环境变化最为显著的地区，其冰架的快速崩塌和解体已给全球海洋与气候变化带来了深刻的影响。调查海域位于南极半岛的西侧、东侧和北侧，区域位置独特，地处南极大陆和南美大陆之间（德雷克海峡南侧），为南大洋大西洋扇区和太平洋扇区的过渡地带，其西南为别林斯高晋海，东南为威德尔海。其中，威德尔海是地球上最大的边缘海，也是世界大洋深层水的主要发源地。考察区流系主要由南极绕极流（ACC）、威德尔海底层水（WSBW）、威德尔海深层水（WSDW）、威德尔海涡流以及南极半岛陆架－岛架水等组成。考察海域位于冰川和海洋相互作用的地带，具有冰海沉积的特性。

2.4 考察目标

在普里兹湾及其邻近海域和南极半岛周边海域开展海洋化学多参数综合调查，查明南大洋典型亚生态区海水化学参数、CO_2 体系、悬浮颗粒物组成、大气化学、沉积环境和生源要素的基本分布特征，获取水体和沉积环境的基础资料和图件，同时利用水化学要素、生物标志物、放射性核素和稳定同位素进行水团和海洋过程示踪研究，进一步深化对各要素时空分布、变化规律、形成机制、制约因素等的认识，回答极区生态系统碳的汇/源时空格局形成的生物地球化学机制，评估生源要素循环在生态系统和生物资源变动中的作用。

近年来，国际组织对南极事务的关注以及对建立生物保护区的主张，需要我国在南极掌握自己的数据资料，为我国在南极事务上的决策提供立场依据。同时，本项目将为项目四专题一“南极环境综合分析与评价”提供数据基础资料，为二级集成成果编写提供依据。

第3章　考察的主要任务

3.1　考察区域、站位及路线

3.1.1　中国第28次南极科学考察

中国第28次南极大洋考察所执行的现场任务包括全程走航采样、南极半岛断面作业调查和普里兹湾及埃默里冰架断面作业调查3部分内容，历时52天，累计121个作业点。采样项目涉及：①海水化学参数23项，样品数量共计8 174份（CO_2系统约30 000个）；②大气化学参数6大项，样品数量共计约770份（大气汞系统约10 000个）；③沉积化学：12站位；④现场受控实验：2站位；⑤生物地球化学综合锚系系统：回收1套，布放3套。

作为“南北极环境综合考察专项”试点航次，本次南极半岛海域断面调查是中国第28次南极大洋海洋化学考察内容的核心组成部分，在2012年1月16日至2012年1月29日为期14天的大洋作业期间，完成实施计划拟定的5个断面共41个站位作业点（图3－1）。

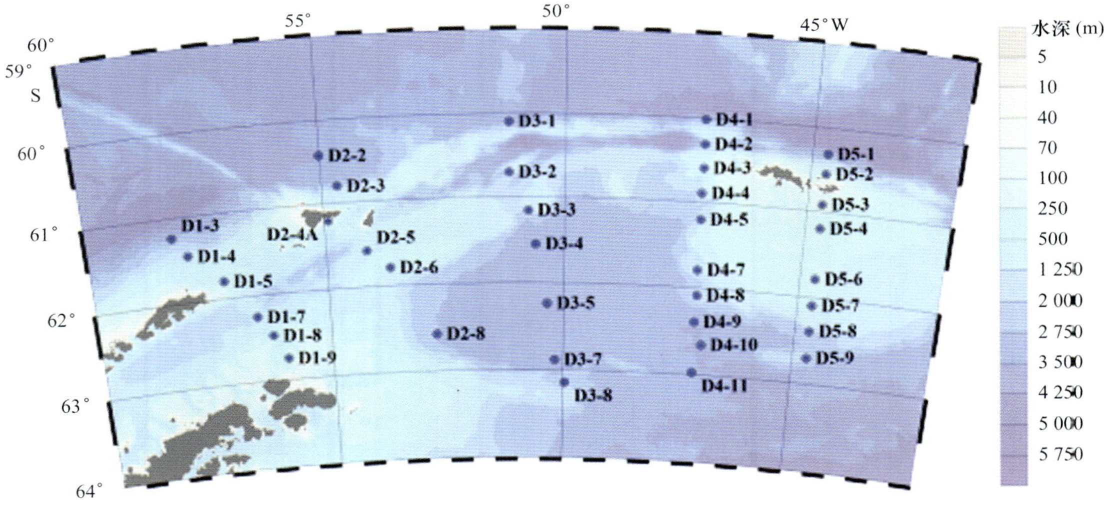

图3－1　中国第28次南极科学考察南极半岛附近海域站位

鉴于普里兹湾是我国南极海洋科学考察的重点，基于该区域以往调查数据，本航次针对常规项目做进一步取样分析，以保证该海域基础数据的累积。在为期4天的作业期间，完成普里兹湾P1断面的7个站位及埃默里冰架IS断面的9个站位的采样工作（图3－2）。

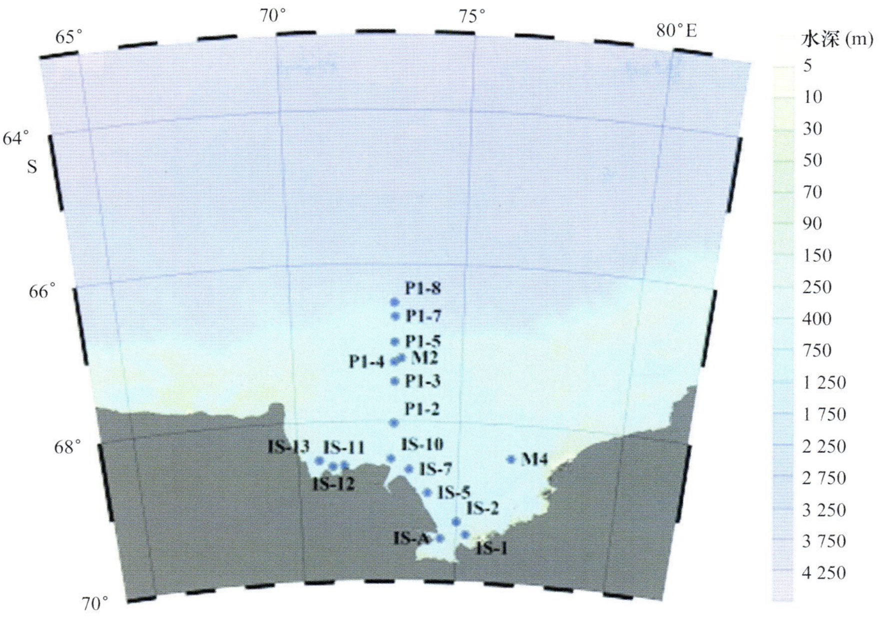

图 3-2　中国第 28 次南极考察南极半岛站位

3.1.2　中国第 29 次南极科学考察

中国第 29 次南极科学考察海洋化学专业调查任务，主要分为走航采样、站区定点调查、长时间序列潜标观测 3 部分。其中走航观测为从广州出发，至南极并最终返回上海的全程走航调查；站区调查为 2013 年 1 月 31 日开始至 2013 年 3 月 3 日在南极普里兹湾及附近海域进行的断面调查；长时间序列潜标观测主要为搭载物理海洋潜标布放沉积物捕获器，进行一年周期的沉降颗粒物样品采集工作（图 3-3）。

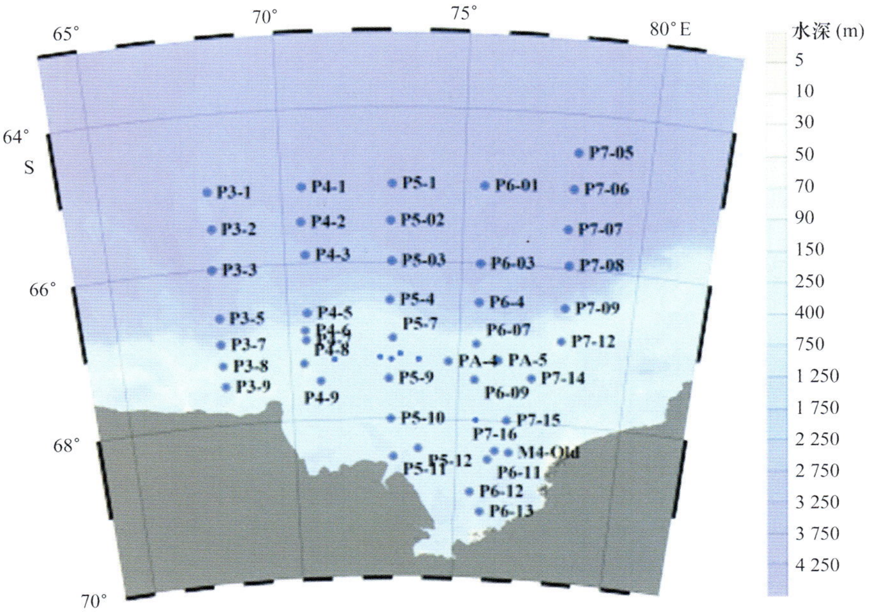

图 3-3　中国第 29 次南极考察普里兹湾站位

3.1.3　中国第30次南极科学考察

全程走航采样作业区主要为“雪龙”船航渡海域。自2013年11月7日“雪龙”船从上海出发以来，经西太平洋、西风带于12月上旬抵达中山站，完成首次环南极航行采样后于2014年2月下旬再次抵达中山站，于2014年3月7日返航，2014年4月10日抵达上海。在此期间，全程走航采样作业持续进行，至上海后采样结束。

作为“极地专项”正式启动以来的首次南极半岛周边海域海洋化学考察，南极半岛周边海域的调查作业是本航次海洋化学考察的核心内容。自2014年2月7日至2月14日共计7天的大洋作业期间，海洋化学现场考察作业全面展开，克服海况差、时间紧、任务重的困难，完成了现场实施计划拟定的6条断面33个站位中的29个站位的海洋化学调查工作，涉及项目主要包括海水化学、大气化学、沉积化学（图3－4）。

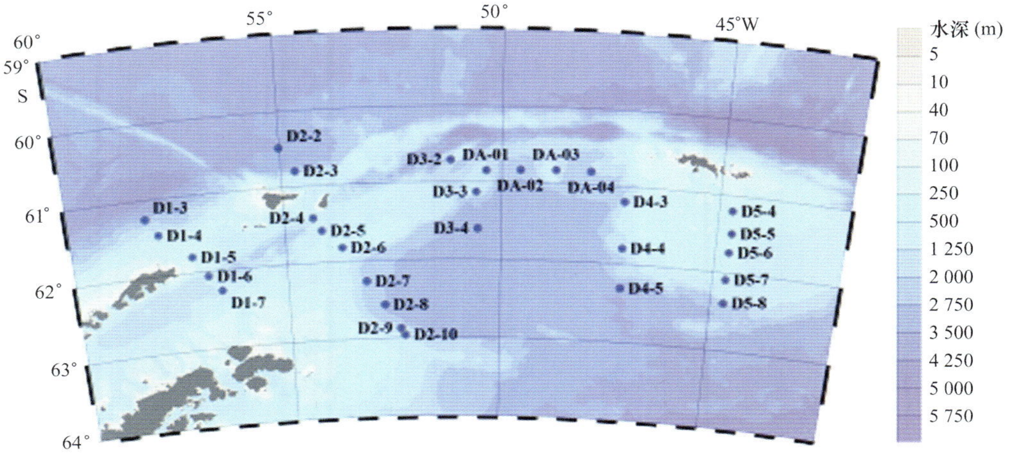

图3－4　中国第30次南极科学考察南极半岛附近海域站位

普里兹湾及其邻近海域断面调查主要针对海水化学的21项参数，使用表层海水采集系统以及Sea Bird 911 plus Rossete采水器进行标准层海水的采集，并分别进行相关参数的处理与分析，累计采集表层至深层海水样品近2 500 L，获取各类样品1 191份（图3－5）。

3.1.4　中国第31次南极科学考察

中国第31次南极科学考察海洋化学专业调查任务，主要分为走航采样、站区定点调查、长时间序列潜标观测3部分。其中走航观测为从上海出发，至南极并最终返回上海的全程走航调查；站区调查为2015年2月1日开始至2015年3月2日在南极普里兹湾及附近海域进行的断面调查；长时间序列潜标观测主要为在南极普里兹湾冰间湖区域布放搭载沉积物捕获器的潜标一套，并进行一年周期的沉降颗粒物样品采集工作。

在2015年2月1日至2015年3月2日期间，在南极普里兹湾及其邻近海域进行断面调查，共完成8条断面61站位的海洋化学调查工作，超额完成现场实施计划所要求的内容。其中涉及项目主要包括大气化学、海水化学、沉积化学、生物地球化学综合锚系（图3－6）。

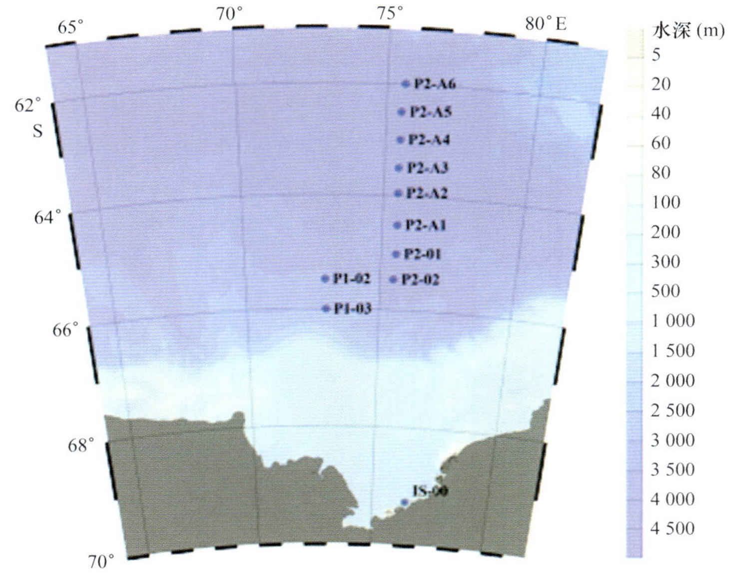

图 3－5　中国第 30 次南极考察普里兹湾站位

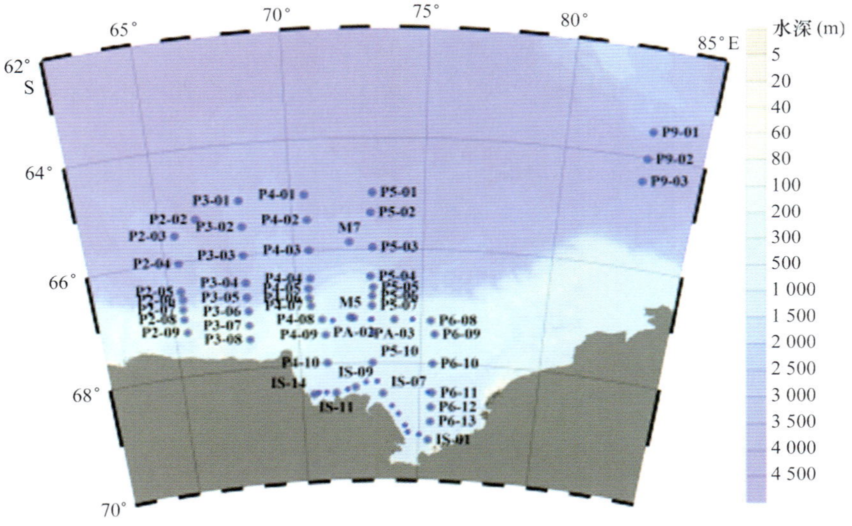

图 3－6　中国第 31 次南极考察普里兹湾站位

3.2　考察内容

3.2.1　海水化学

海水化学调查的参数及站位布设如下。

海水化学 1：pH 值、碱度（TA）、溶解无机碳（DIC）、钙离子（Ca^{2+}）、溶解氧（DO）、悬浮物、硝酸盐（NO_3）、亚硝酸盐（NO_2）、铵盐（NH_4）、活性磷酸盐（PO_4）、活性硅酸盐

（SiO_4）、^{2}H、^{18}O、氯氟烃（CFCs）。共布设 36 站，采样层次为标准层（Grasshoff et al.，1999），水深 200 ~ 4 000 m，平均按 8 层计。

海水化学 2：溶解有机碳（DOC）、颗粒有机碳（POC）、生物硅（BSi）、甲烷（CH_4）、氧化亚氮（N_2O）、碳和氮同位素、总氮（TN）、总磷（TP）、二甲基硫（DMS）。基础和重点区共布设 20 站，采样层次为标准层（Grasshoff et al.，1999），水深 200 ~ 4 000 m，平均按 5 层计。

海水化学 3：类脂生物标志物（正构烷烃、甾醇、色素）、芳烃；重金属（铜、锌、镉、铅、锰、铀等）；放射性同位素^{234}Th、^{238}U、^{226}Ra、^{228}Ra、^{210}Po、^{210}Pb。采样层次为上层 300 m 采样站位约 15 站，平均按照 5 层计，其中类脂生物标志物为 3 层，重金属为表层。

走航海水：二氧化碳分压（pCO_2）。

3.2.2 大气化学

气体：二氧化碳、甲烷气、氮氧化物（N_2O、NO、NO_2）、卤代烃、汞、二甲基硫、持久性有机污染物（POPs，包括 PAHs、PCBs、OCPs）。

营养盐：硝酸盐、亚硝酸盐、铵盐、磷、铁。

重金属：铜（Cu）、铅（Pb）、锌（Zn）、镉（Cd）、铝（Al）、钒（V）、汞（Hg）、钡（Ba）等。

大气悬浮颗粒物：总悬浮颗粒物（TSP），气溶胶、碳黑、总碳、微生物。

3.2.3 沉积化学

共采集了 15 个站位的表层沉积物样品，5 根沉积物柱状样（每根柱状样分 20 ~ 50 个层次的子样），调查项目包括以下内容。

常规项目：粒度、总有机碳、生物硅、油类、重金属（铜、锌、镉、钡、铁、铅、锰、铀等）。检测了 15 个站位的表层样，5 根柱状样的所有样品。

有机标志物：烷烃类，甾醇、色素，C、N 同位素，PAHs。检测了 10 个站位表层沉积物样中的以上所有参数，5 根沉积物柱状样检测了 PAHs、C、N 同位素、烷烃类、甾醇。

放射性物质：^{226}Ra、Pb、Po、总铀、^{232}Th、^{137}Cs、^{40}K、^{58}Co、^{60}Co、^{54}Mn 等参数。检测了 15 个站位的表层沉积物样。

3.2.4 生物地球化学综合锚系

在普里兹湾安排 3 套生物地球化学综合锚系。主要搭载水文锚系进行，只需要配置化学组件和设备。

3.3 考察设备

考察仪器设备包括采样仪器设备和分析仪器设备，具体如下。

采样仪器设备：表层走航采水系统、表层走航温盐探头、CTD 配套 Rossete 采水器、海水颗粒物过滤系统、营养盐过滤系统、有机碳以及叶绿素 a 过滤系统、DO 测定装置、pH 计、荧光仪、分光光度仪、时间序列锚锭式沉积物捕获器、pCO_2 走航观测系统、超低本底 β 计数器、RBR 7 参数水质仪、NO_3 仪、多管沉积物取样器及分样器材、重力柱沉积物取样器、箱式沉积物取样器、低温离心机、大流量气溶胶采样器、真空气罐、冰柜等（图 3－7）。

(a) CTD 配套 Rossete 采水器

(b) 表层海水 $^{226}Ra/^{228}Ra$ 过滤装置

(c) 海水营养盐过滤装置

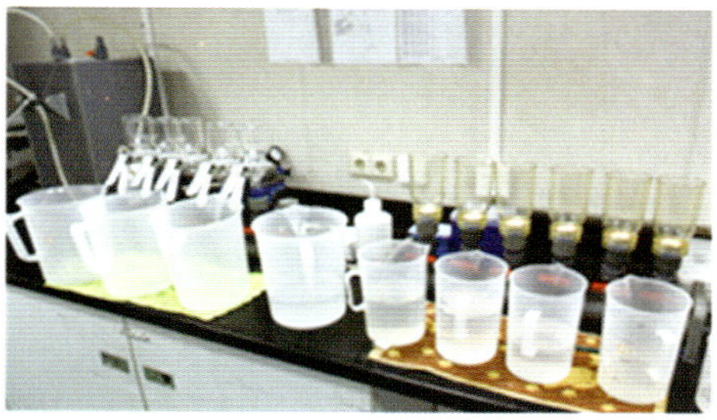

(d) 颗粒有机碳、生物硅、色素过滤装置

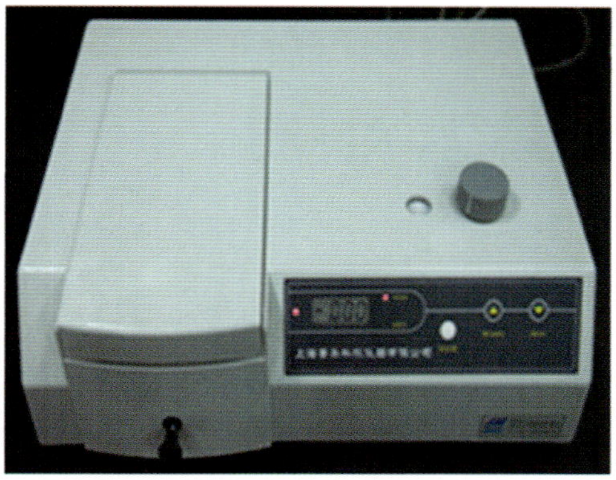

(e)721 分光光度仪

(f) ^{234}Th 测量 -β 计数器

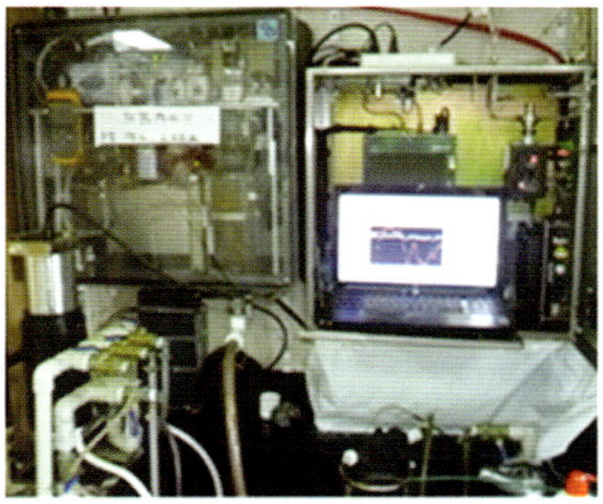

(g) pCO_2 走航观测系统

(h) 电脑恒温氮氧化物大气采样

图 3－7　海洋化学考察现场作业部分科考仪器设备

(i) 箱式沉积物取样器

(j) 多管沉积物取样器

(k) 时间序列深海锚锭式沉积物捕获器

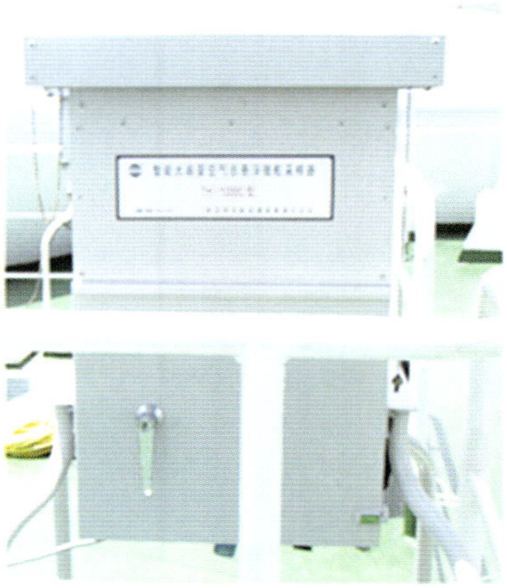

(l) 智能大流量空气总悬浮颗粒采样器

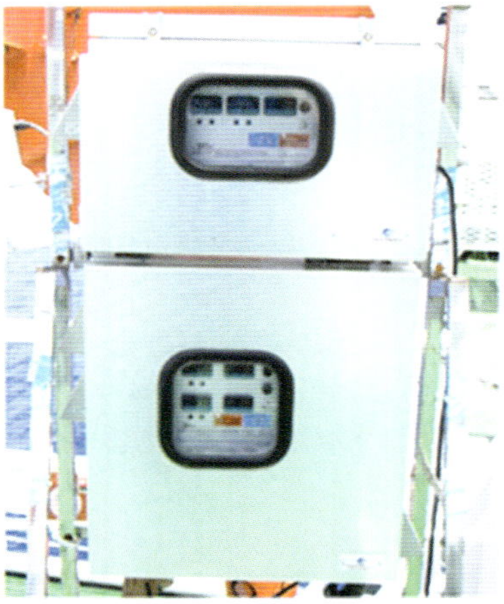

(m)TEKRAN1130+1135

(n) FA-1 型撞击式空气微生物采样器

(o) PIXE 撞击式分级采样器

图 3－7　海洋化学考察现场作业部分科考仪器设备（续）

室内分析仪器设备：稳定同位素比值质谱仪、液态水同位素分析仪、营养盐自动分析仪、元素分析仪、HPLC、GC、GC－MS、ICP－MS、α 能谱仪、γ 能谱仪、氡钍分析仪、DIC 分析仪、总碱度滴定仪 TEKRAN 2537X 型大气汞分析仪、TEKRAN 2600 型水体汞分析仪、ECOTECH 9830 型臭氧分析仪、ECOTECH 9810 型一氧化碳分析仪、Aethalometer 黑炭分析仪、LGR 温室气体分析仪等。

3.4 考察人员及分工

“十二五”极地专项调查期间，专题“南极周边海域海洋化学与碳通量考察”是由国家海洋局第二海洋研究所承担，国家海洋局第一海洋研究所、国家海洋局第三海洋研究所、厦门大学以及中国科技大学共同参与，考察人员主要由各参与单位选派合适的人员参加各个航次的考察，各航次具体分工见表3－1至表3－4。

表3－1 中国第28次南极考察现场人员及分工

承担单位	课题名称	外业工作分配	现场人员
国家海洋局第二海洋研究所	南极周边海域海水化学与碳的生物地球化学过程考察	海水化学样品采集、过滤及预处理工作；沉积物样品采集与现场前处理包括分样、离心间隙水等及受控实验工作；同时兼顾沉积物捕获器系统布放回收工作	赵　军 沈　忱 谭赛章
国家海洋局第三海洋研究所	南极周边海域温室气体与碳通量考察	海气界面样品采集与前处理工作，走航 pCO_2 观测以及大气化学样品采集	林武辉 贺仕昌
厦门大学	南极周边海域同位素与POPs考察	中国南极科学考察航次海水化学中同位素样品的采样、过滤及船上预处理	曾　健 方仔铭
中国科技大学	南极周边海域海洋边界层大气汞与生物气溶胶考察	负责大气汞监测以及生物气溶胶采样	胡启后

表3－2 中国第29次南极考察现场人员及分工

承担单位	课题名称	外业工作分配	现场人员
国家海洋局第二海洋研究所	南极周边海域海水化学与碳的生物地球化学过程考察	海水化学样品采集、过滤及预处理工作；沉积物样品采集与现场前处理包括分样、离心间隙水等及受控实验工作；同时兼顾沉积物捕获器系统布放回收工作	韩正兵 张海峰 蓝木盛
国家海洋局第三海洋研究所	南极周边海域温室气体与碳通量考察	海气界面样品采集与前处理工作，兼顾走航 pCO_2 观测以及大气化学样品采集	李玉红 黄德坤
厦门大学	南极周边海域同位素与POPs考察	中国南极科学考察航次海水化学中同位素样品的采样、过滤及船上预处理	刘　萧 贾仁明
国家海洋局第一海洋研究所	南极周边海域重金属及其他部分要素考察	负责部分海水化学参数样品采集	何秀平
中国科技大学	南极周边海域海洋边界层大气汞与生物气溶胶考察	负责大气汞监测以及生物气溶胶采样	邢　洁

表 3－3　中国第 30 次南极考察现场人员及分工

承担单位	课题名称	外业工作分配	现场人员
国家海洋局第二海洋研究所	南极周边海域海水化学与碳的生物地球化学过程考察	海水化学样品采集、过滤以及预处理工作；沉积物样品采集与现场前处理包括分样、离心间隙水等以及受控实验工作；同时兼顾沉积物捕获器系统布放回收工作	张海峰 胡　佶 何乐龙
国家海洋局第三海洋研究所	南极周边海域温室气体与碳通量考察	海气界面样品采集与前处理工作，走航 pCO_2 观测以及大气化学样品采集	张麋鸣 肖钲霖
厦门大学	南极周边海域同位素与POPs 考察	中国南极科学考察航次海水化学中同位素等样品所涉及的采样、过滤及船上预处理	钱前坤 朱　晶
国家海洋局第一海洋研究所	南极周边海域重金属及其他部分要素考察	负责部分海水化学参数样品采集	郑晓玲

表 3－4　中国第 31 次南极考察现场人员及分工

承担单位	课题名称	外业工作分配	现场人员
国家海洋局第二海洋研究所	南极周边海域海水化学与碳的生物地球化学过程考察	海水化学样品采集、过滤以及预处理工作；沉积物样品采集与现场前处理包括分样、离心间隙水等以及受控实验工作；同时兼顾沉积物捕获器系统布放回收工作	韩正兵 孙维萍 陈际雨
国家海洋局第三海洋研究所	南极周边海域温室气体与碳通量考察	海气界面样品采集与前处理工作，走航 pCO_2 观测以及大气化学样品采集	林　奇 汪燕敏 刘　健
厦门大学	南极周边海域同位素与POPs 考察	中国南极科学考察航次海水化学中同位素样品的采样、过滤及船上预处理	陈倩娜 李　琦
国家海洋局第一海洋研究所	南极周边海域重金属及其他部分要素考察	负责部分海水化学参数样品采集	郑晓玲

3.5　考察完成工作量

对比各个航次现场实施计划，除部分工作（如潜标回收）未能按计划完成外，其余各项任务均完成或超额完成，具体详见表 3－5 至表 3－8。

表 3-5　中国第 28 次南极考察现场工作量及完成情况

项目		计划样品数（份）	南极半岛海域采样数（份）	普里兹湾采样数（份）	合计（份）	完成率（%）
海水化学 1	DO	288	392	—	392	136.1
	营养盐	1 440	2 005	640	2 645	183.7
	悬浮颗粒物	288	401	91	492	170.8
	TAlk	288	390	100	490	170.1
	DIC	288	390	190	580	201.4
	pH	288	330	190	520	180.6
	^{2}H、^{18}O	288	457	157	614	213.2
	CFCs	288	411	48	459	159.4
海水化学 2	N_2O	100	390	—	390	390.0
	POC	100	260	90	350	350.0
	颗粒生物硅	100	260	91	351	351.0
	POM - ^{13}C、^{15}N	100	171	76	247	247.0
	$^{15}NO_3^-$	100	203	76	279	279.0
海水化学 3	重金属	90	111	89	200	222.2
	^{234}Th	75	170	5	175	233.3
	^{210}Pb、^{210}Po	75	304	—	304	405.3
	^{226}Ra、^{228}Ra	15	25	3	28	186.7
	初级生产力	—	261	48	309	100（额外）
	新生产力与再生生产力	—	174	32	206	100（额外）

表 3-6　中国第 29 次南极考察现场工作量及完成情况

内容		计划站位（站）	计划样品量（份）	实际样品量（份）	完成率（%）
海水化学 1	DO	35	280	476	170
	悬浮物	35	280	197	70.4
	硝酸盐	35	280	476	170
	活性磷酸盐	35	280	476	170
	硅酸盐	35	280	476	170
	亚硝酸盐	35	280	476	170
	铵盐	35	280	476	170
	DIC	35	280	506	180.7
	TA	35	280	354	126.4
	pH	35	280	506	180.7
	^{18}O	35	280	549	118.6
	^{2}H	35	280	549	118.6
	CFCs	35	280	0	162.1
	TN	35	280	403	143.9
	TP	35	280	403	143.9

续表

内容		计划站位（站）	计划样品量（份）	实际样品量（份）	完成率（%）
海水化学 2	生物硅	20	100	120	120
	POC	20	100	120	120
	N_2O	35	100	209	209
	CH_4	35	100	100	100
	钙离子	35	100	100	100
	POC－^{13}C	20	100	258	291
	PN－^{15}N	20	100	258	288
	DOC	20	100	190	190
	重金属	20	20	39	195
海水化学 3	生物标志物	15	45	45	300
	重金属	15	45	39	260
	^{226}Ra	15	15	48	100
	^{228}Ra	15	15	48	100
	^{210}Po	15	75	100	100
	^{210}Pb	15	75	100	100
	放射性同位素	35	75	116	154.6

表 3－7　中国第 30 次南极考察现场工作量及完成情况

内容		计划站位（站）	计划样品量（份）	实际样品量（份）	完成率（%）
海水化学 1	DO	35	280	388	139
	硝酸盐	35	280	397	142
	活性磷酸盐	35	280	397	142
	硅酸盐	35	280	397	142
	亚硝酸盐	35	280	397	142
	铵盐	35	280	397	142
	DIC	35	280	373	133
	TA	35	280	373	133
	pH	35	280	373	133
	^{18}O	35	280	330	118
	^{2}H	35	280	330	118
	TN	35	280	266	95
	TP	35	280	266	95
海水化学 2	生物硅	20	100	162	162
	POC	20	100	166	166
	N_2O	35	100	373	373
	CH_4	35	100	373	373
	钙离子	35	100	373	373
	POC－^{13}C	20	100	236	236
	PN－^{15}N	20	100	236	236
	DOC	20	100	145	145

续表

内容		计划站位（站）	计划样品量（份）	实际样品量（份）	完成率（%）
海水化学3	生物标志物	15	45	148	329
	重金属	15	45	120	267
	^{226}Ra	15	15	31	207
	^{228}Ra	15	15	31	207
	^{210}Po	15	75	109	145
	^{210}Pb	15	75	109	145
	放射性同位素	35	75	99	132

表3－8　中国第31次南极考察现场工作量及完成情况

内容		计划站位（站）	计划样品量（份）	实际站位（站）	实际样品量（份）	完成率（%）
海水化学1	DO	35	280	54	542	194
	硝酸盐	35	280	59	569	203
	活性磷酸盐	35	280	59	569	203
	硅酸盐	35	280	59	569	203
	亚硝酸盐	35	280	59	569	203
	铵盐	35	280	59	569	203
	DIC	35	280	61	666	238
	TA	35	280	61	666	238
	pH	35	280	62	676	241
	^{18}O、^{2}H	35	280	41	332	119
海水化学2	生物硅	20	100	38	200	200
	POC	20	100	41	225	225
	N_2O	20	100	60	605	605
	CH_4	20	100	61	666	666
	钙离子	20	100	62	673	673
	POC－^{13}C	20	100	22	132	132
	PN－^{15}N	20	100	22	132	132
	总氮、总磷	20	100	44	440	440
	DOC	20	100	35	175	175
	色素	15	75	40	200	267
海水化学3	重金属	15	15	49	64	427
	^{226}Ra、^{228}Ra	15	15	19	22	147
	^{210}Po、^{210}Pb	15	75	16	95	127
	^{234}Th、^{238}U	15	75	16	220	293

续表

内容		计划站位（站）	计划样品量（份）	实际站位（站）	实际样品量（份）	完成率（%）
大气化学	PCO_2	走航		全程	11 M	100
	NO、NO_2	走航		新西兰—上海	2 M	100
	N_2O	走航		全程	457 M	100
	气溶胶阴阳离子	20	20	25	25	125
	气溶胶重金属	20	20	25	25	125
	气溶胶 POPs	20	20	28	28	140
	大气悬浮颗粒物	20	20	28	28	140
生物地球化学潜标	回收	2 套	40	1 套	20	50
	布放	1 套	—	1 套	—	—

第4章　数据与样品的质量控制

4.1　数据与样品的获取方式

本项目现场调查工作主要依托“雪龙”船的平台，完成了中国第28、第29、第30、第31次南极科学考察，在延续传统研究内容的基础上，增加对南极半岛周边海域进行海洋化学基本要素调查，提供相关区域基础数据。所执行的现场任务包括全程走航采样、南极半岛断面作业调查和普里兹湾及埃默里冰架断面作业调查3部分内容。具体情况如下。

4.1.1　走航观测

按照“雪龙”船实际航线进行海气界面、海水化学以及大气化学样品采集，了解重要过程的空间变化特征。

4.1.1.1　大气化学

1）挥发性有机气体采集

采用密闭真空气罐采集大气，记录采样的经纬度、气温、气压。采样后带回实验室，分析挥发性有机气体，如卤代烃、二甲基硫等。

2）生物气溶胶采集

采用FA－1型撞击式空气微生物采样器（按粒径大小分为6级），分别以营养琼脂、2216E、改良马丁氏培养皿采集并培养总细菌、海洋源细菌、真菌。采样后培养48 h后对菌落计数，并带回实验室鉴定微生物的种属。

3）气溶胶采样

采用武汉天虹TH－1000C总悬浮颗粒采样器采集气溶胶，每份样品采集48 h，采样后冷藏保存，带回实验室分析K、Na、Ca、Mg、N、P、S等元素，持久性有机污染物、二次有机气溶胶等有机颗粒物。

4）分级颗粒物采样

采用PIXE撞击式分级采样器（按粒径大小分为10级），以透射电镜铜网收集不同粒径的大气颗粒物。采样后带回实验室，用投射电子显微镜分析矿物成分、晶体结构。

5）大气汞在线监测

采用TEKRAN 2537＋1130＋1135高分辨率在线获取气态总汞（TGM）、活性气态汞（RGM）和颗粒态汞（TPM）的数据。一个检测周期为2 h。

6）南极浮冰区气体排放通量监测

将密闭箱罩在中山站附近的海冰上，每隔 5 min 抽取密闭箱内气体，带回实验室分析卤代烃、挥发性硫化物等气体的排放通量。

4.1.1.2 海水化学

海水化学全程走航采样。“雪龙”船从国内出发抵达南极考察站期间，根据实际航线以人工采集结合走航自动采水系统采集表层海水样品，每天采样 2 次。走航采样主要是为了分析表层水 DO、营养盐（硝酸盐、活性磷酸盐、硅酸盐、亚硝酸盐、铵盐）、POM－^{13}C、^{15}N、pCO_2、N_2O、^{234}Th 的含量与分布，目的在于探究全球尺度上的海洋环境基本参数，CO_2 和 N_2O 的源汇效应，大洋表层水生物活动的空间分布及变化情况，便于与南大洋的断面调查结果进行比对。

4.1.2 大面调查

现场开展海水化学各要素的样品以及沉积物样品的采集工作，了解调查要素的空间分布、季节变化规律。

4.1.2.1 海水化学

海洋化学的取样、样品前处理和测量方法主要采用《极地海洋水文气象、化学和生物调查技术规程》（以下简称极地调查规程）。极地调查规程不包含的参数参照国内、国际上通用的分析方法，包括《Methods of Seawater Analysis》（Grasshoff et al.，1999）、《海洋调查规范》（GB/T 12763－2007）、《海洋监测规范》（GB 17378－2007）、《海洋化学调查技术规程》、《同位素海洋学研究文集》及最近出版的论文和专著。具体内容如下。

DO：采集水样装入体积约为 120 mL 的棕色瓶（事先测定准确至 0.1 mL）中：使用乳胶管慢慢注入水样，待水样溢出瓶体积 1/2，瓶内不可有气泡。使用自动加液器依次加入 1.0 mL氯化锰溶液和 1.0 mL 碱性碘化钾溶液。加液后立即塞紧瓶盖，将水瓶缓慢地上下翻转 20 次。有效保存时间 24 h。按照《极地海洋水文气象、化学和生物调查技术规程》中分析方法进行测定。

营养盐：采集水样取 250 mL；倒入预先安装好醋酸纤维滤膜的抽滤装置的滤杯上过滤，滤液放于营养盐水样瓶，加入氯化汞固定（Nalgen 过滤器）。间隙水营养盐用针筒过滤，滤膜为 25 cm 的醋酸纤维滤膜。按照《极地海洋水文气象、化学和生物调查技术规程》中分析方法进行测定。

重金属（铜、锌、镉）：采集水样取 250 mL；加入硝酸固定。按照《海洋监测规范》（GB 17378.4－2007）中阳极溶出伏安法测定。

DOC：水样采集后立即用预先经 450℃灼烧过的 GF/F 玻璃纤维膜过滤，收集 20 mL 滤液于 450℃下预灼烧过的棕色玻璃试剂瓶中，封口并放入冰库冷冻保存。带回陆上实验室分析，分析仪器：总有机碳分析仪（TOC－5000A 型，日本岛津公司），分析方法：高温催化（选用镀铂石英毛高灵敏度催化剂）氧化法。

总磷、总氮：水样采集后直接装入塑料小瓶中，冷冻保存，带回陆地实验室分析。用德国 Sub Ctech 公司 Marine SYSTEA 营养盐分析仪 Marine SYSTEA Nutrient Analyzer 测定 TN、TP 的浓度。

重金属（铅、锰、铀）：由于极地海水中重金属含量极低，考虑到船载 CTD 采集的海水有可能受到重金属的污染，影响到测定数据的可靠性和准确性，因此本次考察中，表层海水重金属样品的采集没有使用 CTD 采样，而改为使用特制的树脂材料制成的采水器采集海水。样品采集完成后即加入强酸进行固定密封，在4℃低温条件下保存，带回国内实验室进行仪器分析。海水化学重金属（铅、锰、铀）分析方法参照《Determination of Trace Elements in Marine Water by ICP－MS》（EPA method 200.10）。

POC：采集表层水样取 2 500～3 000 mL；分次倒入预先安装好 GF/F 滤膜（灼烧，孔径 0.47 μm，直径 47 cm）的抽滤装置的滤杯上过滤，滤膜放于灼烧过的铝箔（撕成小片）保存（贴好标签）（whatman 过滤器）。采用岛津总有机碳分析仪测定。

生物硅：采集表层水样取 1 500～2 000 mL；分次倒入预先安装好聚碳酸酯滤膜的抽滤装置的滤杯（塑料材质过滤器）上过滤，滤膜放于膜盒中保存（贴好标签）。将过滤有生物硅的滤膜放入 10 mL 塑料离心管中，加 0.2 mol/L 的氢氧化钠（NaOH）溶液混匀，在95℃水浴中提取 45 min，取出，冷却至室温加盐酸（HCl）中和，离心后按照《极地海洋水文气象、化学和生物调查技术规程》中硅酸盐的分析方法进行测定。

^2H：海水样品采集前，预先用少量样品水体洗涤 50 mL 聚氯乙烯（PVC）样品瓶，将连接至 Niskin 采水瓶的乳胶管伸入样品瓶底部，缓慢释放水样至瓶中。待海水溢出样品瓶体积的 1/3 后，小心旋紧瓶盖。将样品瓶倒置，观察瓶中是否存在气泡，若瓶中不存在气泡，则采样完毕。海水样品用 Parafilm 膜封口，室温保存，并做好相关记录，带回陆地实验室进行分析。

海水^2H 采用 Pt 催化的 H_2/H_2O 同位素平衡法进行测定，即在 Pt 催化剂存在下，将水样与高纯 H_2 在恒温（28℃）下进行同位素交换，当二者达到同位素交换平衡时，通过测定 H_2 的氢同位素组成获得海水的 δ^2H 值。氢同位素组成通过 Finnigan Delta^{plus} XP 稳定同位素比值质谱仪测定，测量精度为 ±0.5‰（陈敏等，2003）。

^{18}O：海水样品采集前，预先用少量样品水体洗涤 50 mL 聚氯乙烯（PVC）样品瓶，将连接至 Niskin 采水瓶的乳胶管伸入样品瓶底部，缓慢释放水样至瓶中。待海水溢出样品瓶体积的 1/3 后，小心旋紧瓶盖。将样品瓶倒置，观察瓶中是否存在气泡，若瓶中不存在气泡，则采样完毕。海水样品用 Parafilm 膜封口，室温保存，并做好相关记录，带回陆地实验室进行分析。海水^{18}O 同位素组成采用24℃恒温下的 CO_2/H_2O 同位素平衡法测量，由 Finnigan Delta^{plus} XP 稳定同位素比值质谱仪测定，测量精度为 ±0.05‰（陈敏等，2003）。

CFCs：水样用洁净的玻璃注射器直接从采水器中抽取，以避免大气沾污。采用痕量氟氯烃吹扫捕集—气相色谱电子捕获检测器联用系统进行分析测定（Cai et al.，2013）。

POC－^{13}C：将 5～10 mL 海水样品在预先经高温灼烧（450℃，4 h）的 GF/F 滤膜（47 mm）过滤，收集颗粒物。过滤时负压保持在低水平，以避免细胞等颗粒物的破裂。颗粒物经少量预过滤海水和蒸馏水的 2～3 次洗涤后，于 60℃下烘干，装入滤膜盒中，－20℃下冷冻保存，带回陆上实验室做进一步处理。

在实验室内，将含有颗粒物的滤膜于 60℃下烘干 24 h 后，放入装有浓盐酸的容器中熏蒸 48 h，去除其中的无机碳，润洗烘干后包入锡舟。颗粒有机物碳同位素组成通过高温催化灼

烧转化为 CO_2，由 Carlo Erba NC 2500 元素分析仪通过 ConFlo Ⅱ 开口分离器与 Finnigan $Delta^{plus}$ XP 稳定同位素比值质谱仪联机进行测定。测量条件设置为：氧化炉温度为 950℃，还原炉温度为 650℃；色谱柱（Porapak Q）温度为 50℃；He 流量为 90 cm^3/min；O_2 流量为 120 cm^3/min。分析过程中，每间隔 6 个待测样品插入 IAEA－C8 和 USGS－40 两种国际标准物质进行质量控制，颗粒有机物 $\delta^{13}C$ 测量精度优于 0.2‰（Finnigan，1995）。

PN－^{15}N：将 5～10 mL 海水样品在预先经高温灼烧（450℃，4 h）的 GF/F 滤膜（47 mm）过滤，收集颗粒物。过滤时负压保持在低水平，以避免细胞等颗粒物的破裂。颗粒物经少量预过滤海水和蒸馏水的 2～3 次洗涤后，于 60℃ 下烘干，装入滤膜盒中，－20℃ 下冷冻保存，带回陆上实验室做进一步处理。在实验室内，将含有颗粒物的滤膜于 60℃ 下烘干 24 h，包入锡舟。颗粒有机物氮位素组成通过高温催化灼烧转化为 N_2，由 Carlo Erba NC 2500 元素分析仪通过 ConFlo Ⅱ 开口分离器与 Finnigan $Delta^{plus}$ XP 稳定同位素比值质谱仪联机进行测定。测量条件设置为：氧化炉温度为 950℃，还原炉温度为 650℃；色谱柱（Porapak Q）温度 50℃；He 流量为 80 cm^3/min；O_2 流量为 120 cm^3/min。分析过程中，每间隔 6 个待测样品插入 IAEA－N2 和 IAEA－N3 两种国际标准物质进行质量控制，颗粒有机物 $\delta^{15}N$ 测量精度优于 0.3‰（Finnigan，1995）。

^{226}Ra：海水样品（180 mL）通过重力虹吸方式流经装有 5 g 白纤维和 12 g MnO_2 纤维的 PVC 管，流速控制在 250 cm^3/min 以内。海水全部流过纤维后，量取塑料桶中剩余的体积，计算出流经纤维的水体体积。将吸附了镭的 MnO_2 纤维取出，装入塑料袋中，带回陆上实验室进行后续处理。^{226}Ra 放射性活度采用 ^{222}Rn 直接射气－ZnS 闪烁法进行测量。将富集了镭同位素的锰纤维甩干后装入特制的扩散管中，抽真空。密封放置 5～7 天，让 ^{226}Ra 衰变产生的子体 ^{222}Rn 不断生长。5～7 天后，利用空气作为载体，将 ^{226}Ra 生长产生的 ^{222}Rn 送入预先抽成真空的 ZnS 闪烁室中，平衡 180 min 让 ^{222}Rn 子体得到充分生长，再用氡钍分析仪测定子体的放射性强度，进而计算出 ^{226}Ra 放射性活度。该方法分析 ^{226}Ra 的灵敏度好于 2×10^{-4} Bq/m^3（谢永臻等，1994）。

^{228}Ra：海水样品（180 mL）通过重力虹吸方式流经装有 5 g 白纤维和 12 g MnO_2 纤维的 PVC 管，流速控制在 250 cm^3/min 以内。海水全部流过纤维后，量取塑料桶中剩余的体积，计算出流经纤维的水体体积。将吸附了镭的 MnO_2 纤维取出，装入塑料袋中，带回陆上实验室进行后续处理。^{228}Ra 放射性活度采用 ^{228}Ac β 计数法进行测量。海水样品在 ^{226}Ra 分析完成后，将吸附在锰纤维上的 ^{228}Ra 用 2 mol/L 盐酸加热沥取出来，通过 Ba（Pb）SO_4 共沉淀法富集 Ra。离心分离后，加入碱性 EDTA 溶解，逐滴加入体积比为 1∶1 的 H_2SO_4，产生 $BaSO_4$ 沉淀。沉淀用 DTPA 溶液溶解后，静置 48 h 以上，让子体 ^{228}Ac 与 ^{228}Ra 达到放射性平衡。^{228}Ra 通过生成 $BaSO_4$ 沉淀去除，生长出来的 ^{228}Ac 用一氯乙酸溶液萃取，再利用稀 HNO_3（体积比为 1∶14）溶液将 ^{228}Ac 反萃取至硝酸（HNO_3）溶液中。利用 $Ce_2(C_2O_4)_3$ 沉淀法将 ^{228}Ac 转移到铺有定量滤纸的测量环上，经过红外灯烘干后，送入 α/β 低本底计数仪进行测量。方法分析 ^{228}Ra 的灵敏度好于 2×10^{-4} Bq/m^3（谢永臻等，1994）。

^{210}Po：海水样品 5～10 mL 采集于预先酸泡洁净的聚丙烯塑料瓶中，之后立即用直径 47 mm、孔径 0.4 μm 的聚碳酸酯滤膜过滤。滤液收集于预先酸洗洁净的聚丙烯塑料瓶中，加入 20 mL 1∶1 盐酸酸化至 pH 值小于 2，密封、室温保存。含有颗粒物的滤膜于 60℃ 下烘干，

保存与密闭的塑料袋中，-20℃下冷冻保存。滤液（溶解态）和颗粒物（颗粒态）样品送回陆上实验室进行后续处理。溶解态样品中加入适量的^{209}Po、Pb^{2+}示踪剂和Fe^{3+}载体，放置一段时间使示踪剂混合均匀。加入氨水调节pH值至8~10，使^{210}Pb、^{210}Po同$Fe(OH)_3$一起共沉淀。离心分离收集沉淀，并用1:1 HCl溶解沉淀，转入Teflon烧杯中。往溶液中滴加浓氨水，调节pH值0~2。之后依次加入适量抗坏血酸、20%盐酸羟胺溶液以及25%柠檬酸钠溶液，再用浓氨水调节pH值约为1.5。将溶液置于85℃水浴中，在电热磁力搅拌作用下，用银片自沉积4 h。用蒸馏水洗涤镀有Po的银片，晾干后送入α能谱仪进行测量。颗粒态组分转入Teflon烧杯后，依次加入Pb^{2+}和^{209}Po示踪剂，之后用HNO_3、$HClO_4$、HF混合酸进行消化。消化至澄清的溶液在电热板上加热至近干后转成HCl体系，之后按溶解态组分的流程进行^{210}Po的分析。所采用方法^{210}Po的检出限为小于0.013 Bq/m^3，计数统计误差小于10%（中华人民共和国国家标准GB 12376-90；杨伟锋等，2006）。

^{210}Pb：水样（10 L）用直径47 mm、孔径0.2 μm的聚碳酸酯膜过滤，分别收集颗粒相和溶解相组分。溶解态组分用浓硝酸酸化至pH值小于2，密封保存。颗粒态组分于60℃下烘干，装入滤膜盒中，冷冻保存至陆上实验室。颗粒态组分用HNO_3-HClO_4-HF消解，^{210}Pb采用^{210}Po生长—^{209}Po示踪—$Fe(OH)_3$共沉淀—银片自沉积的方法进行分离纯化，测量仪器为α能谱仪，并给出±1σ计数统计误差（杨伟锋等，2006）。

芳烃：海水样品（4 mL）采集后，用预先高温灼烧过的47 mm GF/F滤膜过滤，滤液收集于4 dm^3棕色瓶中，加入氘代示踪剂，将其流经活化后的C_{18}固相萃取柱，吸附溶解态芳烃，并将吸附了溶解态芳烃的小柱和含有颗粒物的滤膜于-18℃下冷冻保存，带回陆上实验室进行后续处理。在陆上实验室，向已经富集了PAHs的C_{18}小柱中加入替代物（萘-d_8，二氢苊-d_{10}，菲-d_{10}，屈-d_{12}，苝-d_{12}），用乙酸乙酯淋洗C_{18}小柱，收集洗脱液。用无水Na_2SO_4（450℃，灼烧4 h）除去样品中的水分。旋转蒸发，进行溶剂替换。浓缩加入内标（2-Fluorobiphenyl）定容至200 μL，于GC-MS上进行分析，分析相对偏差小于10%（中华人民共和国国家标准，GB/T 26411-2010）。

DIC：采样瓶采用40 mL棕色螺旋口玻璃瓶，瓶盖内衬橡胶和TeFlon垫用于气密。用水样清洗2~3遍采样瓶和瓶盖。采样时由乳胶管引流，采样管置瓶底部，溢流出至少瓶子体积的一半。滴加氯化汞来固定样品，用石蜡封口后保存在4℃低温实验室。

pH：采样瓶采用125 mL棕色螺旋细口瓶，瓶盖内衬橡胶和Teflon垫用于气密。pH采样方法基本和DIC一样，只是不需滴加$HgCl_2$。采样之后在4 h之内测定。

Talk：采样瓶为125 mL白色高密聚乙烯塑料细口瓶。采样前用样品润洗3次，采样时无须溢流采满即可，然后加入30 μL饱和$HgCl_2$固定。旋紧瓶盖，并将采样瓶颠倒数次以便$HgCl_2$混匀。样品保存在4℃低温实验室。

Ca^{2+}：Ca^{2+}样品的采样方法与TA的基本一致，只是不用滴加$HgCl_2$，它们的瓶子样，编号时通过两种不同颜色的记号笔加以区分。

N_2O：表层海水N_2O采样通过船上的泵进行，海水采样口应在水汽平衡器进水口之前。采样步骤如下：使用硅胶管进行采样，采样过程同溶解氧采样相似，采样时将硅胶管伸入采样瓶底部，让采样瓶中水样缓慢流出，并溢出采样瓶3倍体积；溢出1倍体积水样后，慢慢抽出硅胶管，并在采样瓶中加入200 μL $HgCl_2$饱和溶液，添加过程中应注意，移液枪枪尖应伸入瓶颈（磨口）以下，以免塞入瓶塞时将部分$HgCl_2$挤出，影响水样保存；在瓶塞上涂上真空油，缓慢将瓶塞塞紧；塞上瓶塞以后，样品瓶瓶塞应用塑料布和橡皮筋固定，然后摇匀，完成后的样品应存放在4℃和避光条件下。CTD水样采集方法和表层水样采集步骤一致，采样需要注意以下问题：采样应紧随溶解氧采样，溶解氧采样完毕立即进行溶解气体水样采集，采样通常在采水器中水样接触空气后的10 min内进行并完成。采样时CTD采水器中的水样不得少于其容积的9/10。水样采集完成后按照表层海水方法进行封口和保存。

海水中放射性核素^{234}Th：基于CTD采集真光层垂直剖面海水，每层需要水样8 L，4 L用来分析总^{234}Th，4 L用来分析颗粒态^{234}Th。颗粒态^{234}Th主要利用直径25 mm的QMA滤膜过滤、烘干、制源、测量，并于5个^{234}Th半衰期之后再次测量本底，根据探测效率而得到颗粒态^{234}Th，进一步拆开颗粒态源并测量颗粒有机物。总^{234}Th分析主要用MnO_2共沉淀，制源、测量。5个^{234}Th半衰期之后再次测量本底，进而得到净计数率，根据化学回收率与探测效率得到海水中的总^{234}Th。海水中^{234}Th测量方法主要依据国际发表文章的方法进行测量。

4.1.2.2 大气化学

海洋大气气溶胶要素：依据国家海洋局《我国近海海洋综合调查与评价专项技术规程》大气化学部分技术规程执行。

重金属分析：所有器具用15% HNO_3浸泡，并用milli－Q水冲洗干净。样品用浓硝酸10 mL消解后，定容至35 mL，混匀，待测。同时用相同程序制备样品空白。样品利用电感耦合等离子体质谱仪ICP－MS（7500ce，美国安捷伦公司）测定。选择各元素内标、选择各标准、引入各参数，由计算机绘制标准曲线、计算回归方程并计算样品中元素浓度。

阴阳离子：根据《我国近海海洋综合调查与评价专项——海洋化学调查技术规程》中7.3和7.4章节中的要求，采用离子色谱法进行海洋气溶胶中的阴、阳离子测量。取1/8张滤膜于洁净PP样品瓶中，准确加入50.00 g超纯水（电阻率18.2 mΩ/cm），旋紧瓶盖，放置在KQ－100E超声波清洗器中萃取30 min，摇匀静置，取上层溶液荡涤2次进样瓶，最后加5 mL样品于进样瓶加盖待测。阴离子测量用美国Dionex公司ICS－2500型离子色谱仪，阳离子测量用美国Dionex公司ICS－90A型离子色谱仪。样品测量采用外标法，先绘制工作曲线，再测量样品。每次测量带有标准样品进行当日校正。

通过安装在“雪龙”号破冰船上的在线气态汞分析仪（Tekran 2537B）获取气态总汞（TGM）的数据。采用FA－1型撞击式空气微生物分级采样器，分别以营养琼脂和改良马丁氏培养皿采集并培养细菌和真菌。采样后培养48 h后对菌落计数，并带回实验室鉴定微生物的种属。

采用总悬浮颗粒采样器采集气溶胶，每份样品采集48 h，采样后冷藏保存，带回实验室进行化学分析。

采用密闭真空气罐采集的大气样品，分析挥发性有机气体，如卤代烃等。用PIXE撞击式分级采样器，以透射电镜铜网收集不同粒径的大气颗粒物，用透射电子显微镜分析矿物成分、晶体结构等。

POPs（PAHs、PCBs、OCPs）在“雪龙”号船甲板最高处，安装大体积主动式采样器，采用玻璃纤维滤膜和puff，采集气溶胶样品。从考察船起航开始，采集气溶胶样品，每3天更换滤膜一次，直到返回国内停船为止。回实验室样品处理过程大致技术路线为：萃取、浓缩、柱层析、浓缩、测定。考察北极海域污染大气中OCPs的来源、时空分布格局和长距离输送机制，评估环境变化和人类活动对极地海域生态系统的影响。

4.1.2.3 沉积化学

利用多管沉积物采集器、重力柱沉积物采集器、箱式沉积物采集器获取设计站位表层沉积物样品、多管沉积物样品、重力柱沉积物样品，现场分割部分样品离心间隙水后 -20℃下冷冻保存。

有机碳：在实验室，将沉积物置于冷冻干燥机中冷冻干燥，干燥后的样品利用 CHN 元素分析仪测定。

生物硅：在实验室，将沉积物置于冷冻干燥机中冷冻干燥，干燥后的样品采用碳酸钠提取法（Mortlock & Frölich，1989）。提取液中硅酸盐含量按照海洋调查规范（GB 17378 - 2007）中硅钼黄法测定。

铜、锌、镉：在实验室，将沉积物置于冷冻干燥机中冷冻干燥，针对硅或有机质含量高的沉积物，依据美国环境保护署规范方法 USEPA Method 3052 采用硝酸（HNO_3）和氢氟酸（HF）的混合酸（HNO_3 和 HF 体积比为 7:3）利用高通量密闭微波消解系统（CEM Mars，美国）消解沉积物。消解液用 Milli - Q 制备的去离子水稀释后利用 ICP - MS（Angilent 7700，美国）测定了金属元素铜、锌、镉的浓度。

铅、锰、铀：分析方法参照《Acid Digestion of Sediments，Sludge and Soils》（EPA method 3050），利用电感耦合等离子体质谱法测定。

^{13}C：在陆上实验室，将沉积物于 60℃下烘干，之后用研钵研磨至粒度均一。取研磨好的沉积物（0.5 g）转入沥水坩埚中，用 1 mol/dm^3 HCl 浸泡，去除其中的无机碳，经蒸馏水洗涤至中性后，将沉积物在 60℃下烘干，取适量包入锡舟中。颗粒有机物碳同位素组成通过高温催化灼烧转化为 CO_2，由 Carlo Erba NC 2500 元素分析仪通过 ConFlo II 开口分离器与 Finnigan Delta^{plus} XP 稳定同位素比值质谱仪联机进行测定。测量条件设置为：氧化炉温度为 950℃，还原炉温度为 650℃；色谱柱（Porapak Q）温度为 50℃；He 流量为 90 cm^3/min；O_2 流量为 120 cm^3/min。分析过程中，每间隔 6 个待测样品插入 IAEA - C8 和 USGS - 40 两种国际标准物质进行质量控制，颗粒有机物 $\delta^{13}C$ 测量精度优于 0.2‰（Finnigan，1995）。

^{15}N：在陆上实验室，将沉积物于 60℃下烘干，取适量包入锡舟中。颗粒有机物氮位素组成通过高温催化灼烧转化为 N_2，由 Carlo Erba NC 2500 元素分析仪通过 ConFlo II 开口分离器与 Finnigan Delta^{plus} XP 稳定同位素比值质谱仪联机进行测定。测量条件设置为：氧化炉温度为 950℃，还原炉温度为 650℃；色谱柱（Porapak Q）温度为 50℃；He 流量为 80 cm^3/min；O_2 流量为 120 cm^3/min。分析过程中，每间隔 6 个待测样品插入 IAEA - N2 和 IAEA - N3 两种国际标准物质进行质量控制，颗粒有机物 $\delta^{15}N$ 测量精度优于 0.3‰（Finnigan，1995）。

^{226}Ra、^{210}Pb 和 ^{210}Po：在陆上实验室，将沉积物放入冷冻干燥机中冷冻干燥 24 h，干燥后的沉积物用研钵研磨至粒度均一。研磨好的沉积物密封于密实袋中，放置 20 天以上，使 ^{226}Ra 与其子体 ^{214}Pb 达到久期平衡。将密封的沉积物样品装入 70 mm × 50 mm 的聚乙烯测量盒中，压实呈规则的圆柱形，置于配有高纯锗探头的 γ 能谱仪进行测量。^{210}Pb 采用 46.5 keV（分支比 4.0%）的 γ 射线峰进行测定；^{226}Ra 采用其子体 ^{214}Pb 的 295.2 keV（分支比 18.4%）和 609.3 keV（分支比 45.49%）的 γ 射线峰进行测量；^{210}Po 因半衰期仅 138 天，测量时间距采样时间相隔大于 1.5 年，其放射性活度与母体 ^{210}Pb 达到久期平衡，由此计算获得。测量过程中保证 ^{210}Pb 和 ^{226}Ra 的净计数均大于 1 000，确保其计数统计误差（±1σ）均小于 3%（刘广

山，黄奕普，1998；海洋化学调查技术规程，2006）。

4.1.3 锚系观测

在南极周边海域选择 1 个站位布放锚锭式时间序列沉积物捕获器，拟布放层次为两层，拟布放时间为 1 年，取样间隔为 17 天或 41 天。样品收集后，过筛网进行筛选。通过筛网的样品采用旋转分样器均匀分成若干份用于各项分析，主要包括颗粒有机碳、生物硅、颗粒通量等季节性变化等。

4.2 获取的主要数据与样品

4.2.1 海水化学与大气化学

表 4－1　中国第 28 航次至第 30 航次南极周边海域海水化学与碳的生物地球化学考察获取的数据

内容		计划站位（站）	计划数据量（份）	实际数据量（份）	完成率（%）
海水化学 1	DO	106	848	1 307	154.13
	悬浮物	71	568	689	121.30
	硝酸盐	106	848	1 598	188.44
	活性磷酸盐	106	848	1 598	188.44
	硅酸盐	106	848	1 598	188.44
	亚硝酸盐	106	848	1 598	188.44
	铵盐	106	848	1 598	188.44
海水化学 2	生物硅	60	300	402	134.00
	POC	60	300	360	120.00
海水化学 3	生物标志物	45	135	205	151.85
	重金属	45	135	78	57.78

表 4－2　中国第 28 航次至第 30 航次南极周边海域温室气体与碳通量考察获取的数据

内容		计划站位（站）	计划数据量（份）	实际数据量（份）	完成率（%）
海水化学 1	DIC	150	684	1 502	221
	TA	150	684	1 502	221
	pH	144	684	1 442	215
海水化学 2	N_2O	144	300	1 402	483
	钙离子	115	300	1 212	445
海水化学 3	放射性同位素	42	270	555	206
走航	pCO_2				100 以上
	气溶胶无机		60	109	169
	气溶胶重金属		60	93	137
	有机物 POPs		30	105	330

表 4－3 中国第 28 航次至第 30 航次同位素与 POPs 考察获取的数量

内容		计划站位（站）	计划数据量（份）	实际数据量（份）	完成率（%）
海水化学 1	^{18}O	137	840	1 379	164
	^{2}H	38	280	333	119
海水化学 2	POC－^{13}C	55	300	497	166
	PN－^{15}N	61	300	569	190
海水化学 3	^{226}Ra	61	45	76	169
	^{228}Ra	60	45	75	167
	^{210}Po	29	225	518	230
	^{210}Pb	6	225	98	44

表 4－4 中国第 28 航次至第 30 航次南极周边海域重金属及其他部分要素考察

内容		采样站位数目（站）	样品数量（份）	完成率（%）
海水化学 2	TN、TP	119	403	338
	DOC	105	190	181
海水化学 3	重金属	119	39	33
大气化学	大气氮氧化物	70	90	129

表 4－5 中国第 31 航次考察获取的样品量（总）

内容		计划站位（站）	计划样品量（份）	实际站位（站）	实际样品量（份）	完成率（%）
海水化学 1	DO	35	280	54	542	194
	硝酸盐	35	280	59	569	203
	活性磷酸盐	35	280	59	569	203
	硅酸盐	35	280	59	569	203
	亚硝酸盐	35	280	59	569	203
	铵盐	35	280	59	569	203
	DIC	35	280	61	666	238
	TA	35	280	61	666	238
	pH	35	280	62	676	241
	$^{18}O/^{2}H$	35	280	41	332	119
海水化学 2	生物硅	20	100	38	200	200
	POC	20	100	41	225	225
	N_2O	20	100	60	605	605
	CH_4	20	100	61	666	666
	钙离子	20	100	62	673	673
	POC－^{13}C	20	100	22	132	132
	PN－^{15}N	20	100	22	132	132
	总氮、总磷	20	100	44	440	440
	DOC	20	100	35	175	175

续表

内容		计划站位（站）	计划样品量（份）	实际站位（站）	实际样品量（份）	完成率（%）
海水化学 3	色素	15	75	40	200	267
	重金属	15	15	49	64	427
	$^{226}Ra/^{228}Ra$	15	15	19	22	147
	$^{210}Po/^{210}Pb$	15	75	16	95	127
	$^{234}Th/^{238}U$	15	75	16	220	293
大气化学	PCO_2	走航		全程	11M	100
	NO、NO_2	走航		新西兰—上海	2M	100
	N_2O	走航		全程	457M	100
	气溶胶阴阳离子	20	20	25	25	125
	气溶胶重金属	20	20	25	25	125
	气溶胶 POPs	20	20	28	28	140
	大气悬浮颗粒物	20	20	28	28	140
生物地球化学潜标	回收	2 套	40	1 套	20	50
	布放	1 套	—	1 套	—	—

4.2.2 沉积化学

表 4-6 中国第 29 航次南极考察沉积化学处理与分析工作内容及工作量

区域	表层	柱状样（子样 30 个/根）	常规项目合计参数	标志物合计参数	放射性合计参数
普里兹湾	15	150	1 980	810	150

表 4-7 中国第 30 航次南极考察沉积化学处理与分析工作内容及工作量

区域	表层	柱状样（子样 30 个/根）	常规项目合计参数	标志物合计参数	放射性合计参数
南极半岛	10	100	1 320	330	100

4.2.3 生物地球化学综合锚系

2011 年 12 月 18 日，回收中国第 27 次南极考察时布放在普里兹湾的锚碇式时间序列沉积物捕获器潜标 1 套（M4-27 站位，68°28.630′S、76°34.212′E），获得为期 1 年的沉降颗粒物通量样品 20 份。

2013 年 2 月 20 日，在 M-new 回收中国第 28 次南极布放潜标锚系 1 套，获取时间序列沉积物捕获器半年周期样品 10 份。

2015 年 2 月 12 日，在 M8 回收中国第 30 次南极考察布放潜标锚系 1 套，获取时间序列沉积物捕获器样品 20 份。

4.3 质量控制与监督管理

在质量管理体系方面，任务承担单位持有国家质量技术监督局颁发的《中华人民共和国计量认证合格证书》，各要素分析过程中严格按照《计量认证/审查认可（验收）评审准则》建立质量管理体系，进行质量保证和质量监督。充分理解委托项目的质量目标，对采用的已有文献、资料的合法性、单位制、溯源性、准确度、时效性、可靠性、容量、密度及适用区域等有明确的质量要求，并进行具体质量分析、评估。

在现场样品的采集、保存与运输方面，按照国家标准 GB/T 17378.3－1998 中的《样品采集、储存和运输》开展现场样品采集、保存与运输的质量控制。现场准确记录样品状态，并做唯一性标识，填写有关样品记录。送回实验室的样品，做好样品流转过程中的标识转移，确保在任何情况下样品不被混淆，并在运输过程中保证样品不被丢失和损坏。每航次前开展一次实验室内的样品分析测试，确保海上采集样品的质量。调查人员经过必要的岗前培训，对调查人员应明确质量责任，并进行质量意识教育。所有参加项目的调查研究人员均具备相关分析项目的分析经历或经验。对海水获取的样品、资料进行现场质量检查。航次结束后，对原始资料、样品进行全面质量验收。对样品的分析、测试、鉴定结果和资料处理结果进行质量检查。

所有样品的处理与分析均在各参与单位化学实验室进行，具有恒温、恒湿等良好实验环境，严格实施实验室环境控制。

在仪器质量控制方面，所用到的分析测量仪器均在法定检定机构的检定、校准有效期内，确保仪器达到性能。每次使用仪器前通过测量标准点源或自检等方法检查仪器稳定性；定期检测仪器空白，确保仪器的低水平本底；定期检测仪器的分辨率及探测效率；使用两台以上的仪器工作时检查仪器的一致性，确保两台仪器测量结果的相对标准偏差小于10%。

分析中所采用的标准物质由国家法定计量部门提供或认定，或者可溯源于此的标准物质。化学试剂均在规定期限内使用，用于放射性调查的化学试剂满足放化分析要求。严格控制每一测试项目分析流程和试剂空白（图4－1）。

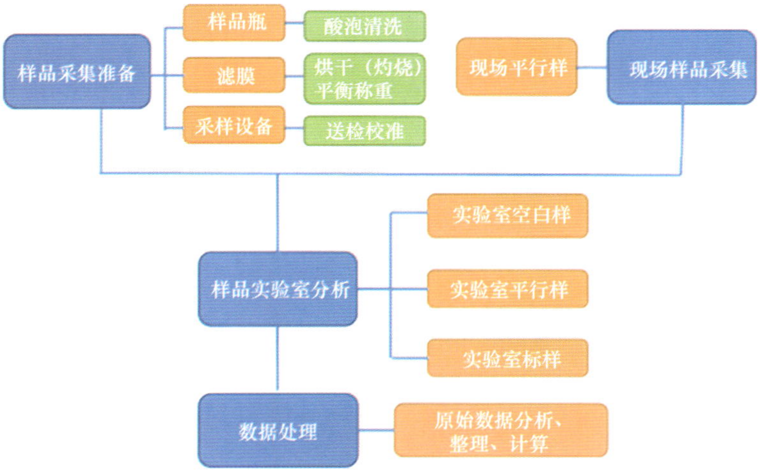

图4－1 质量控制示意图

第 5 章　主要分析与研究成果

5.1　海水化学与碳通量过程的分析和认识

南大洋是全球高营养盐低叶绿素（HNLC）的典型海域之一，南大洋的水文结构复杂多变，Gordon（1977）和 Emery（1977）等通过南大洋的温盐特征，将其锋面系统从北到南依次划分为：亚热带锋（STF，Subtropical Front）、亚南极锋（SAF，Sub Antarctic Front）、南极极地锋（APF，Antarctic Polar Front）。并将南大洋海区划分为亚南极区（SAZ，Sub Antarctic Zone）、极锋区（PFZ，Polar Front Zone）、南极区（AZ，Antarctic Zone）。根据其温盐结构，可将南大洋分为 6 个水团：南极陆架水、南极地层水、绕极深层水、南极表层水、亚南极表层水和南极中层水。由于西风与地球自转偏向力的作用，使得寒冷的南极表层水北流，下沉在密度相对较小的南极次表层水之下，形成了向北运动的南极中层水，由于这种下沉而形成的稳定换风带围绕着南极，形成了南极辐合带，或称为南大洋极锋，也是南大洋划分为南极海区和亚南极海区的界限。南大洋各水团的运动将直接影响各水体的物质交换，尤其是生物生产过程中所需的营养要素的循环过程。

本专题重点分析了南大洋的普里兹湾及南极半岛附近海域的营养盐、碳酸盐体系、稳定同位素、放射性同位素及生源物质碳氮等的分布特征及规律，以对这些海域进行更全面的认识。

5.1.1　营养盐及微量营养元素的分布特征和变化规律

5.1.1.1　主要营养盐的分布特征和变化规律

1）平面分布

（1）南极半岛周边海域

中国第 28 次南极考察期间（2011—2012 年），南极半岛邻近海域表层海水中硝酸盐浓度为 9. 64 ~ 53. 03 μmol/L，均值为（33. 45 ± 9. 64）μmol/L。浓度分布呈现出西高东低的趋势，南设得兰群岛至南极半岛附近海域呈现出高值中心区，最高值出现在 D1 – 9，浓度为 53. 03 μmol/L，可能是南极半岛的物质输入造成的。最低值出现在 D4 – 11，浓度为 18. 91 μmol/L，受到融冰淡水输入的影响。海水 50 m 层的浓度范围在 26. 95 ~ 49. 58 μmol/L 之间，分布趋势基本与表层一致（图 5 – 1 和图 5 – 2）。中国第 30 次南极考察期间（2013/2014），南极半岛附近海域表层硝酸盐浓度范围为 6. 80 ~ 52. 86 μmol/L，均值为（39. 50 ± 11. 54）μmol/L，也呈现出西高东低的分布趋势，南极半岛东侧茹安维尔海岭附近出现高值区。低值区依然在南奥克尼岛附近，这与该区域的高叶绿素值相对应，主要是由于生物生产的消耗所造成的。50 m 层海水中硝酸盐的分布趋势基本与表层一致，浓度范围为 11.60 ~ 69.30 μmol/L，均值为（47 ± 7.99）μmol/L，比表层略高，这是真光层底部和表层生物吸收利用的差异造成的。D2 - 8 站位的硝酸盐浓度为最大值，为 69.30 μmol/L（图 5 - 3 和图 5 - 4）。

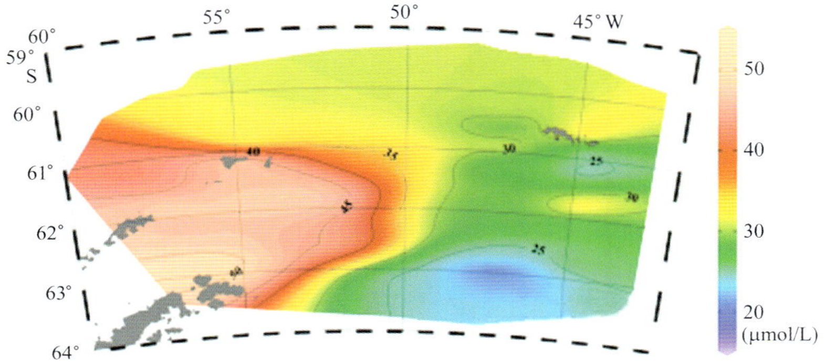

图 5 - 1　中国第 28 次南极考察南极半岛周边海域表层硝酸盐分布

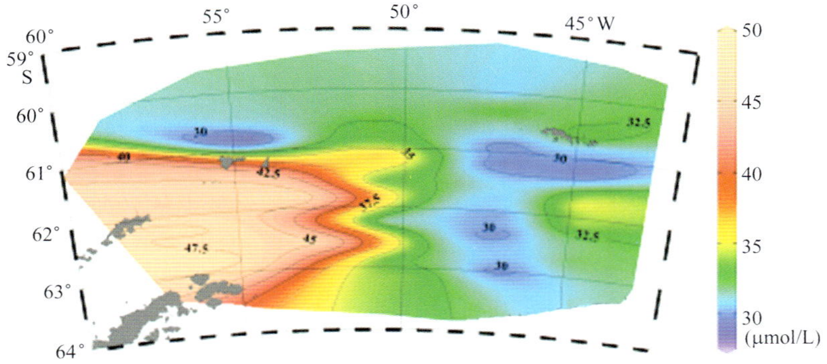

图 5 - 2　中国第 28 次南极考察南极半岛周边海域 50 m 层硝酸盐分布

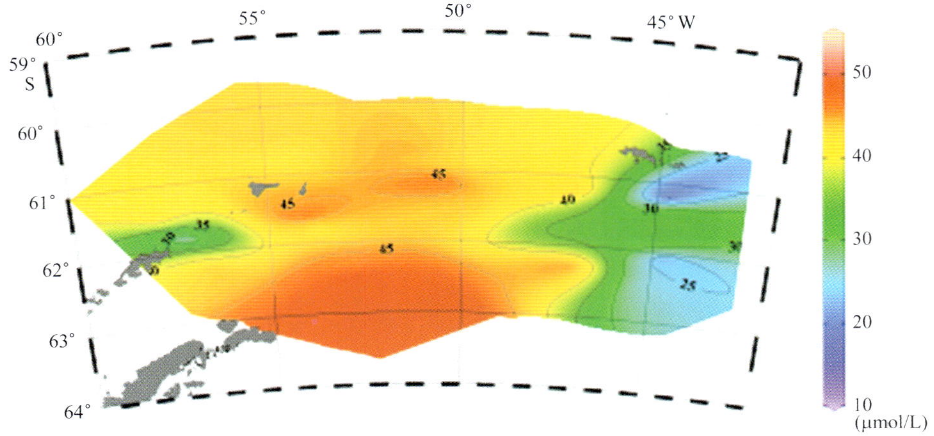

图 5 - 3　中国第 30 次南极考察南极半岛周边海域表层硝酸盐分布

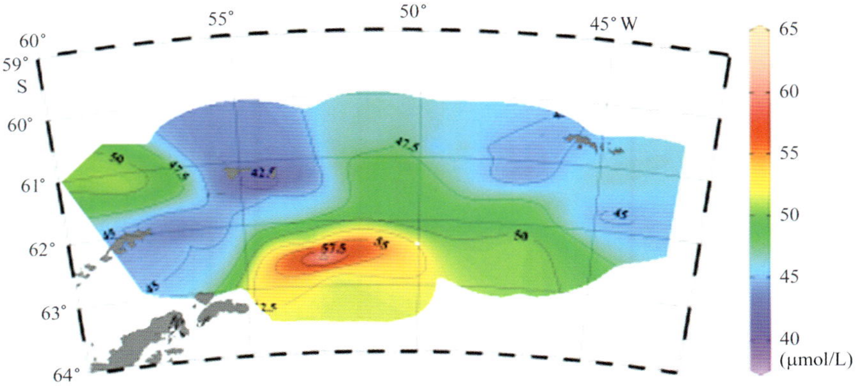

图 5－4　中国第 30 次南极考察南极半岛周边海域 50 m 层硝酸盐分布

中国第 28 次南极考察期间，南极半岛邻近海域磷酸盐的浓度范围为 0.47～2.73 μmol/L，均值为（1.78±0.35）μmol/L，在南斯科舍海岭附近呈现最大值，在 62°S 以南的威德尔海域和南奥克尼岛附近相对较低（图 5－5 至图 5－7）。南奥克尼岛的低值区主要是由于浮游植物的旺发对磷酸盐的消耗造成的，而造成威德尔海表层的磷酸盐的低值的原因与硝酸盐的一致，主要是受到融冰淡水输入的影响。磷酸盐在 50 m 层的分布趋势与表层基本一致，浓度范围在 1.71～2.45 μmol/L，均值为（1.94±0.17）μmol/L，略高于表层。在南斯科舍海岭（161°S、51°W）附近出现高值，与表层相同。鲍威尔海盆区与南奥克尼岛出现低值区，三要是由生物物理耦合作用造成的。底层的磷酸盐分布主要是由底层水的水团性质决定的，分别在南斯科舍海岭、鲍威尔海盆以及南奥克尼岛附近出现高值，这些区域均有南极底层水的特征，相对较高的磷酸盐从一定程度上可以反映这些水团的特性以及变化。中国第 30 次南极考察期间，南极半岛附近海域的表层磷酸盐浓度范围为 0.79～2.26 μmol/L，均值为（1.89±0.37）μmol/L。其分布与硝酸盐基本一致，呈现出西高东低的趋势（图 5－8）。造成这种分布趋势的主要原因仍然是浮游植物的生长繁殖。由于南奥克尼岛的叶绿素 a 浓度相对较高，浮游植物生物量高，造成了该区域磷酸盐的消耗量大，海水中的含量就相对偏低。这个现象与第 28 次南极考察所观测到的一致。

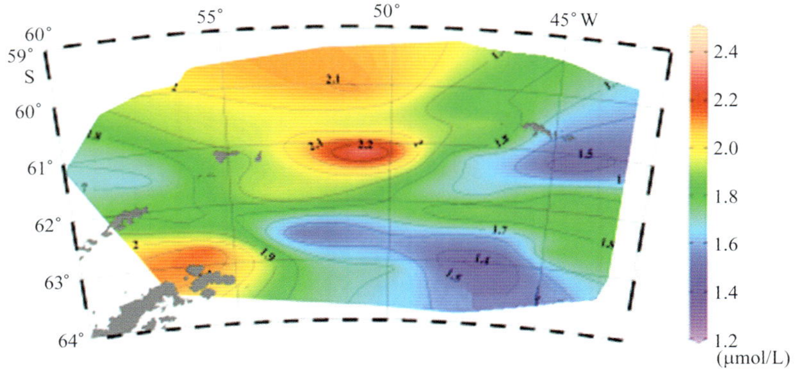

图 5－5　中国第 28 次南极考察南极半岛周边海域表层磷酸盐分布

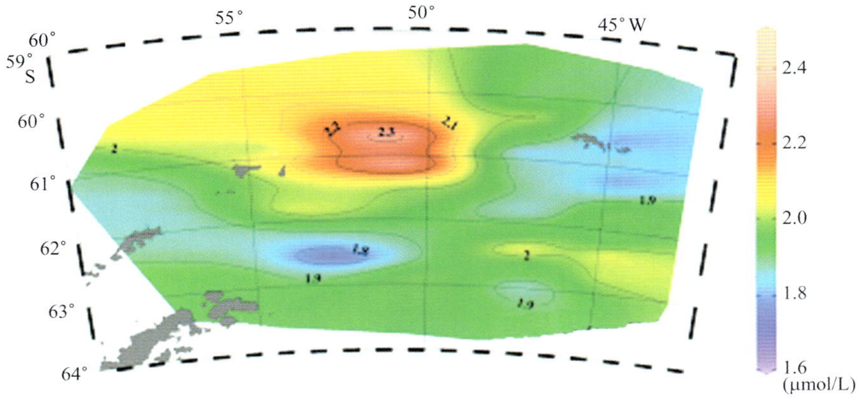

图 5-6　中国第 28 次南极考察南极半岛周边海域 50 m 层磷酸盐分布

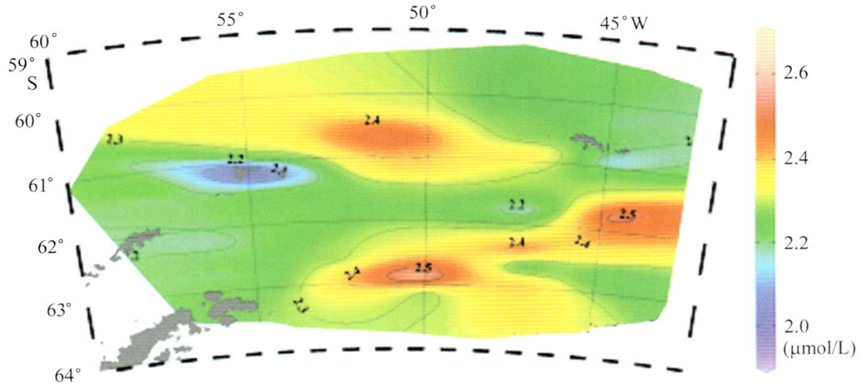

图 5-7　中国第 28 次南极考察南极半岛周边海域底层磷酸盐分布

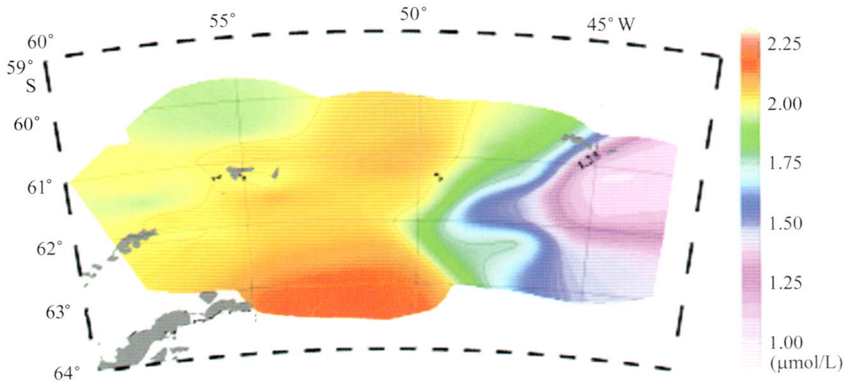

图 5-8　中国第 30 次南极考察南极半岛周边海域表层磷酸盐分布

中国第 28 次南极考察期间，南极半岛周边海域表层海水中硅酸盐的浓度范围为 43.15 ~ 85.25 μmol/L，均值为（70.53 ± 6.49）μmol/L；50 m 层海水中的浓度范围为 50.36 ~ 90.51 μmol/L，均值为（72.98 ± 6.36）μmol/L，比表层略高。硅酸盐分布趋势与磷酸盐基本一致，在南斯科舍海岭出现硅酸盐和磷酸盐的高值区，说明两者的来源一致。而底层则受到南极绕极流的影响，在南斯科舍海岭以北和南奥克尼岛南侧的威德尔海区，硅酸盐的浓度相对较高（图 5 - 9 至图 5 - 11）。中国第 30 次南极考察期间，南极半岛周边海域表层海水中硅酸盐的浓度范围为 27.74 ~ 77.93 μmol/L，均值为（55.60 ± 13.78）μmol/L，其分布趋势与磷酸盐和硝酸盐基本一致（图 5 - 12）。在南奥克尼岛附近以及南设得兰群岛以北出现较低的硅酸盐浓度，而在南极半岛东侧陆架区至鲍威尔海盆区呈现较高的浓度，这是生物过程与物理过程相耦合的结果。

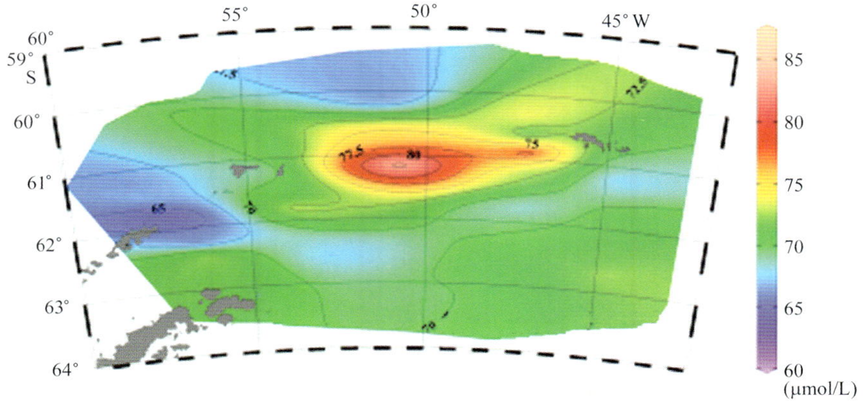

图 5 - 9　中国第 28 次南极考察南极半岛周边海域表层硅酸盐分布

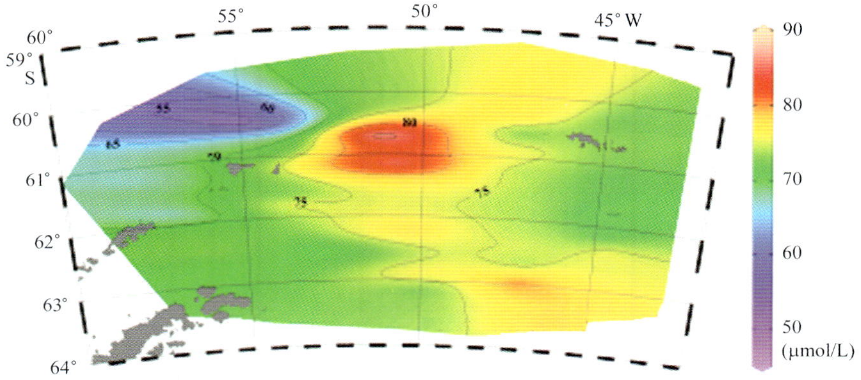

图 5 - 10　中国第 28 次南极考察南极半岛周边海域 50 m 层硅酸盐分布

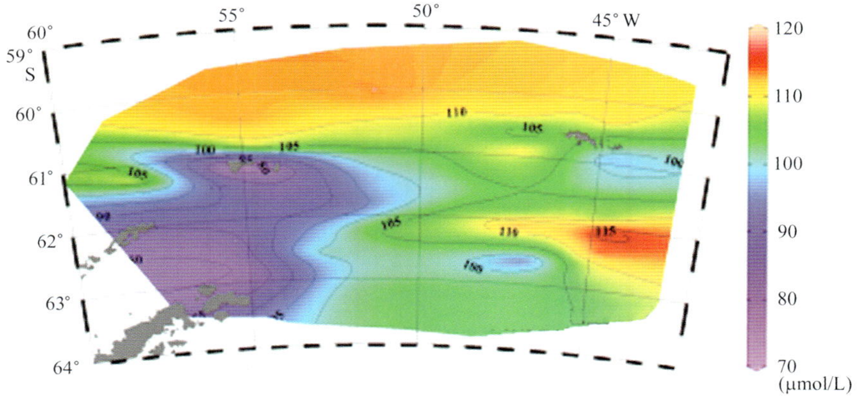

图 5 - 11　中国第 28 次南极考察南极半岛周边海域底层硅酸盐分布

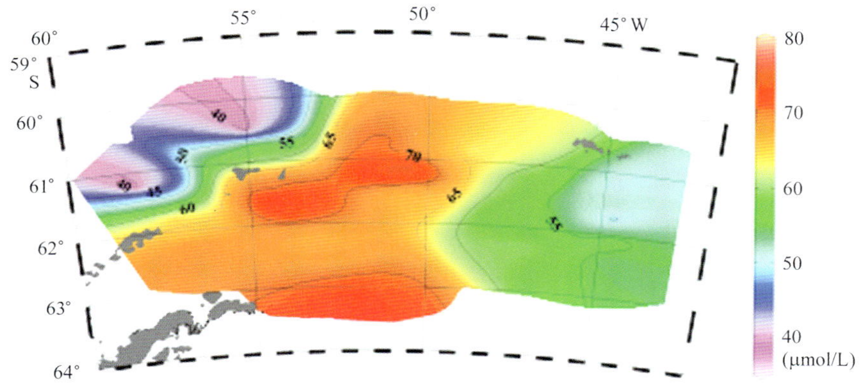

图 5 - 12　中国第 30 次南极考察南极半岛周边海域表层硅酸盐分布

中国第 28 次南极考察期间，南极半岛表层海水中的铵盐浓度为 0.47 ~ 2.70 μmol/L，均值为（1.28 ± 0.48）μmol/L。62°S 以南陆架区出现高值区，并向东南延伸，直至威德尔海（图 5 - 13）。铵盐主要指示上层水体的生物活动，南极海域主要来源于浮游动物或游泳动物粪便的分解，铵盐高值可能是该区域上层水体中强烈的生物活动（如磷虾繁殖）造成的。50 m 深海水层中铵盐的浓度范围为 0.78 ~ 1.94 μmol/L，均值为（1.22 ± 0.31）μmol/L，分别在南极半岛东侧的陆架区和南斯科舍海岭以南的斯科舍海存在高值区（图 5 - 14），根据前期调查，这两个海区具有较为丰富的磷虾资源，与铵盐的高值区分布一致。中国第 30 次南极考察期间，表层海水中铵盐的浓度范围为 0.15 ~ 5.00 μmol/L，均值为（1.71 ± 1.23）μmol/L。其浓度分布趋势与硝酸盐、硅酸盐和磷酸盐的分布趋势相反，呈现出中间低、东西两侧高的分布特征（图 5 - 15）。位于南奥克尼岛南部的高值中心区大于 4.5 μmol/L，前文已经提到铵盐主要是由生物的粪便降解而来。该区域为叶绿素高值区，浮游植物的旺发可以为浮游动物、磷虾等提供比较丰富的饵料，从而导致该区域的铵盐相对较高。此外，在南极半岛附近海域的高值（ > 1.5 μmol/L）可能主要由近岸的输入造成。

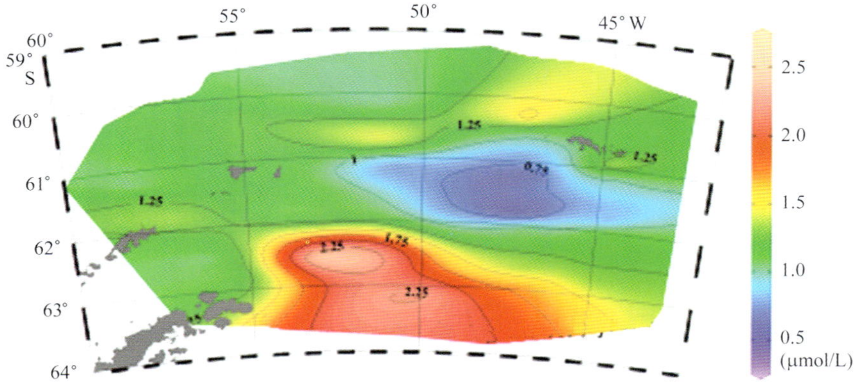

图 5 - 13　中国第 28 次南极考察南极半岛周边海域表层铵盐分布

中国第 28 次南极考察期间，表层海水中亚硝酸盐的浓度范围为 0.03 ~ 0.39 μmol/L，在南设得兰群岛与鲍威尔海盆区出现相对高值的区域，而南极半岛附近的陆架区则出现浓度相对较低的区域（图 5 - 16）。亚硝酸盐的分布会受到水团、氧化还原条件、生物活动等多种因

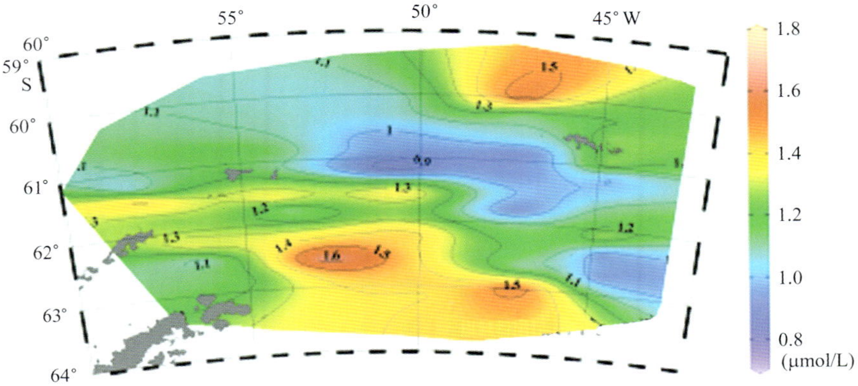

图 5 – 14　中国第 28 次南极考察南极半岛周边海域 50 m 层铵盐分布

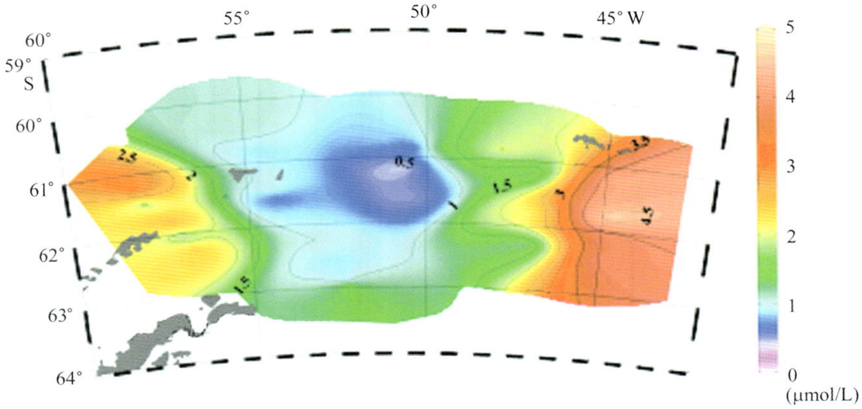

图 5 – 15　中国第 30 次南极考察南极半岛周边海域表层铵盐分布

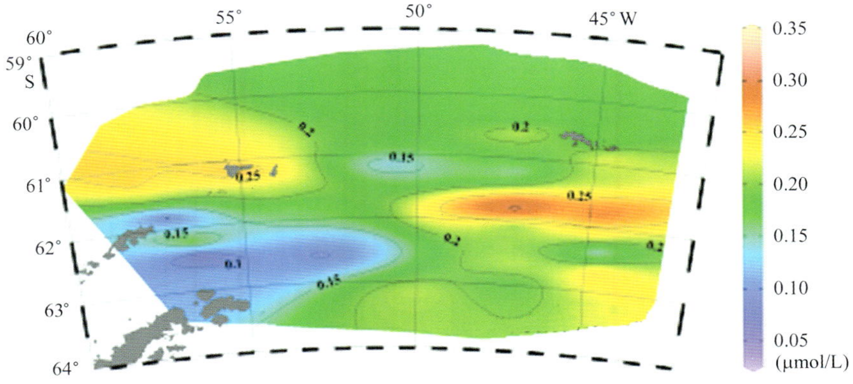

图 5 – 16　中国第 28 次南极考察南极半岛周边海域表层亚硝酸盐分布

素的影响。南极半岛周边海域的亚硝酸盐与水体中溶解氧呈现相反的分布趋势，说明氧化还原条件是调控该海域亚硝酸盐的关键影响因子。中国第 30 次南极考察期间，表层海水中亚硝酸盐的浓度范围为 0. 16 ~ 0. 85 μmol/L，均值为（0. 41 ± 0. 16）μmol/L。亚硝酸盐浓度的高值区仍然在南奥克尼岛以南（图 5 – 17），可能是较活跃的浮游生物活动所致。

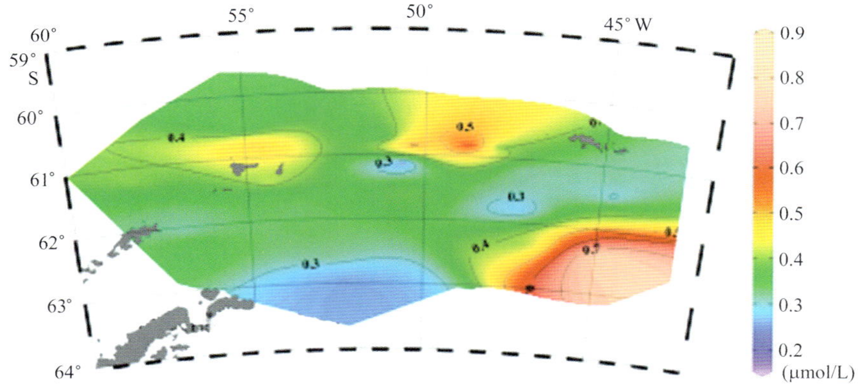

图5－17　中国第30次南极考察南极半岛周边海域表层亚硝酸盐分布

（2）普里兹湾及其邻近海域

中国第29次南极考察期间2013年1月至2013年3月，表层海水中硝酸盐的浓度范围为16.85～31.26 μmol/L，均值为（26.54±3.48）μmol/L。硝酸盐的分布呈现明显的区域性特征，从湾内向湾外具有逐渐增加的分布趋势（图5－18）。在湾内冰架前沿，硝酸盐的浓度出现最小值，这是由于冰边缘区浮游生物旺发消耗所造成的。以67°S陆坡为界，湾外深水区为硝酸盐浓度的相对高值区。50 m层海水中的硝酸盐含量均值为（54.59±4.8）μmol/L，其分布趋势及其主要影响因素基本与表层一致（图5－19），即由生物生产力所控制。在湾外，71°E以东出现一个更为明显的高值区域。底层的硝酸盐分布趋势与表层和50 m层一致，并且在湾外东侧海域出现一个高值区（图5－20），主要与普里兹湾湾外ACC流的输入有关。

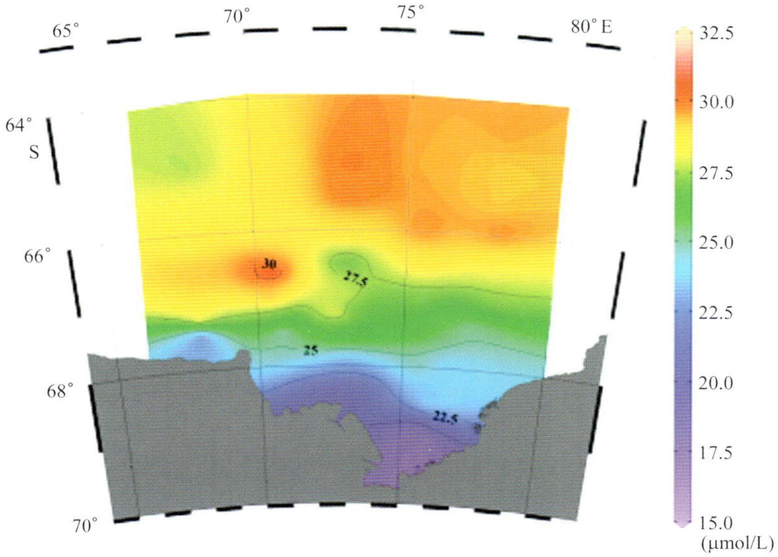

图5－18　中国第29次南极考察普里兹湾表层硝酸盐分布

普里兹湾表层海水中磷酸盐的浓度范围为1.16～2.56 μmol/L，均值为（2.14±0.30）μmol/L。50 m层海水中磷酸盐的浓度范围为1.72～2.61 μmol/L，均值为（2.33±

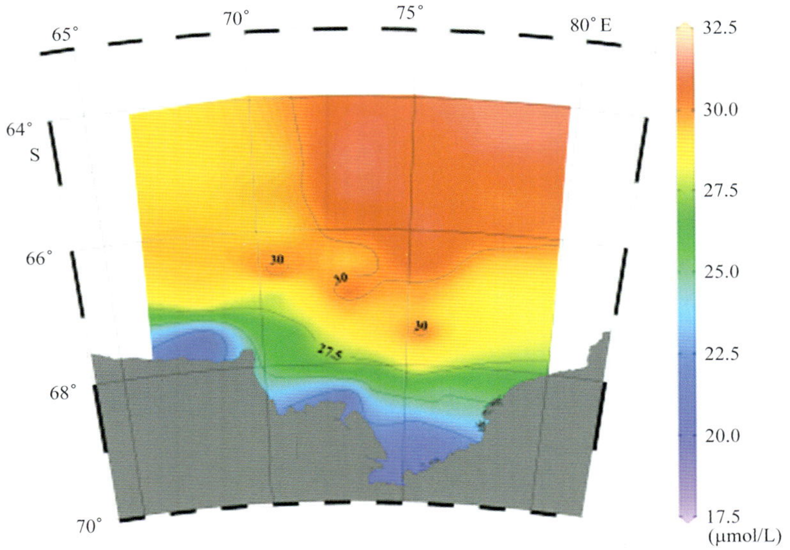

图 5-19　中国第 29 次南极考察普里兹湾 50 m 层硝酸盐分布

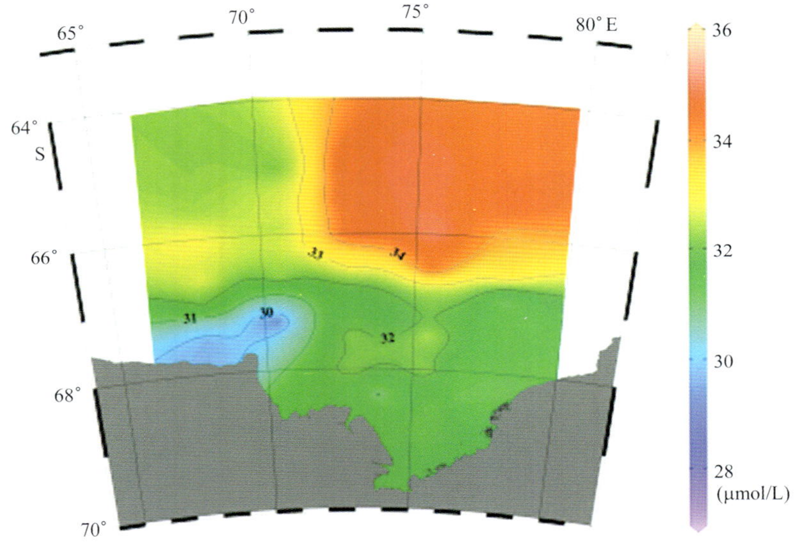

图 5-20　中国第 29 次南极考察普里兹湾底层硝酸盐分布

0.21）μmol/L，比表层略高。表层海水中磷酸盐的分布特征与硝酸盐类似，湾内含量低而湾外含量高。湾内埃默里冰架前缘表层水体中磷酸盐含量最低（<1.5 μmol/L）。以陆坡为界，湾外基本高于 2.25 μmol/L（图 5-21）。50 m 层和底层海水中的磷酸盐浓度变化趋势基本与表层一致，湾内低值区沿岸向两侧扩散，这主要与沿岸冰边缘区的高生产力相关。由于湾内外水深差异较大，底层磷酸盐浓度在湾内受到上层水体初级生产的影响，尤其是在湾内两侧四女士浅滩和弗拉姆浅滩上，均出现较低的浓度。而湾外底层水主要表征南极底层水的高营养盐特性，底层磷酸盐在湾外左侧出现一个相对高值区，这与湾外底层硝酸盐有所不同，进一步表明普里兹湾湾外底层水的来源是有差异的（图 5-22 和图 5-23）。

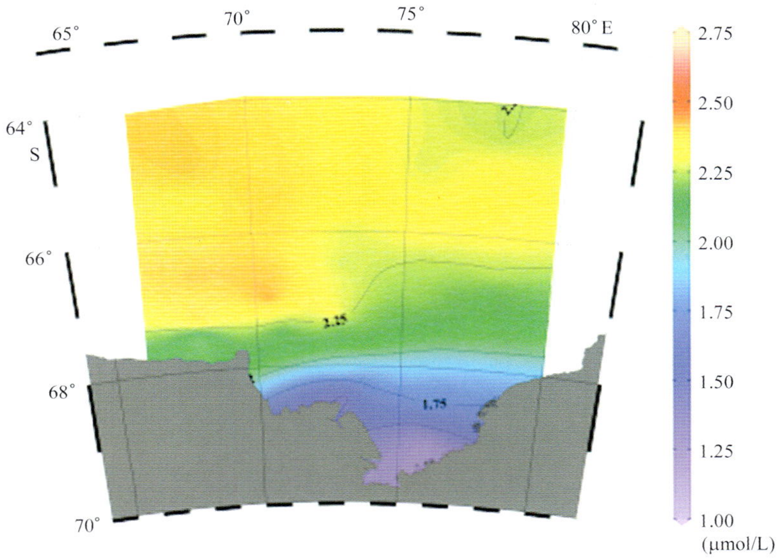

图 5-21　中国第 29 次南极考察普里兹湾表层磷酸盐分布

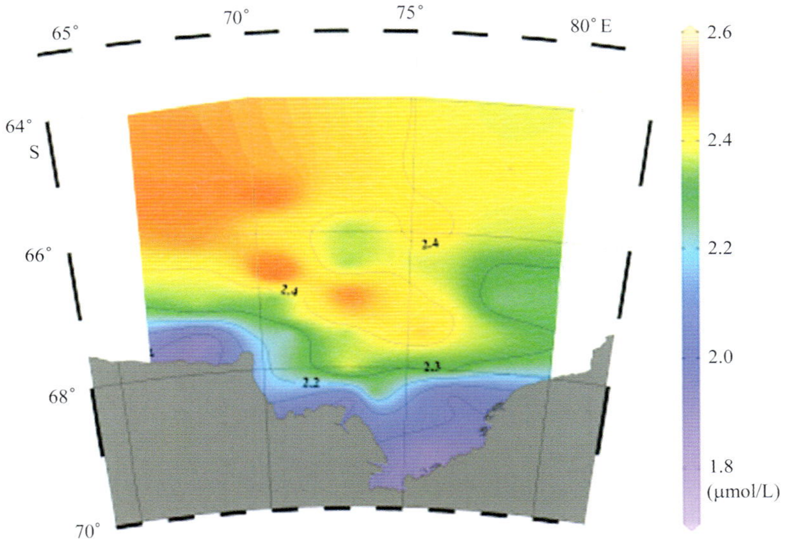

图 5-22　中国第 29 次南极考察普里兹湾 50 m 层磷酸盐分布

普里兹湾表层海水中硅酸盐的浓度范围为 35.48 ~ 66.30 μmol/L，均值为（50.33 ± 6.12）μmol/L，具有湾内低湾外高的分布特征（图 5-24），与硝酸盐和磷酸盐的分布特征基本一致。湾内中心区表层海水中硅酸盐的浓度低于 40 μmol/L，由于浮游植物生长繁殖的差异，湾外的浓度高于 50 μmol/L。50 m 层海水中的硅酸盐浓度范围为 40.27 ~ 62.12 μmol/L，均值为（54.59 ± 4.81）μmol/L，在沿岸海域浓度相对较低。弗拉姆浅滩邻近海域 50 m 层海水中的硅酸盐浓度出现一个低于 45 μmol/L 的低值区，说明该区域 50 m 层的海洋生物生产过程较为强烈（图 5-25）。底层海水中的硅酸盐浓度主要由湾内外底层水水团性质的差异所控制：以 67°S 为界，湾内底层水的硅酸盐浓度均低于 70 μmol/L，而

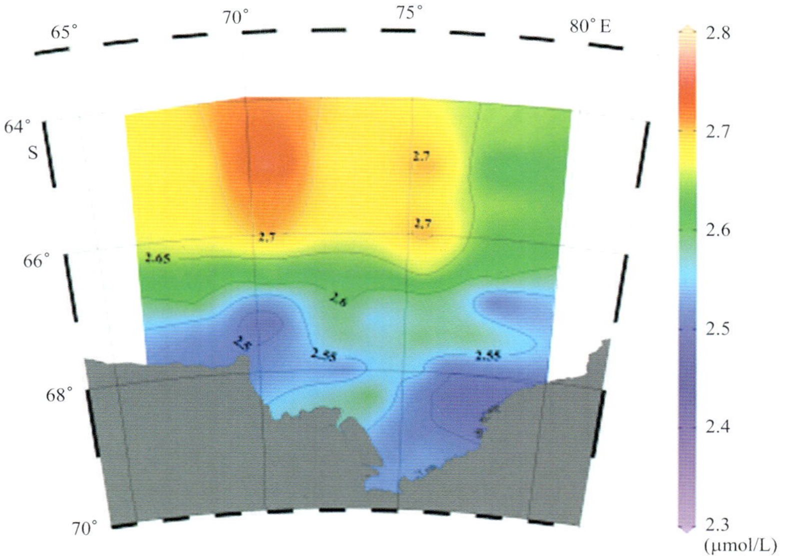

图 5 - 23　中国第 29 次南极考察普里兹湾底层磷酸盐分布

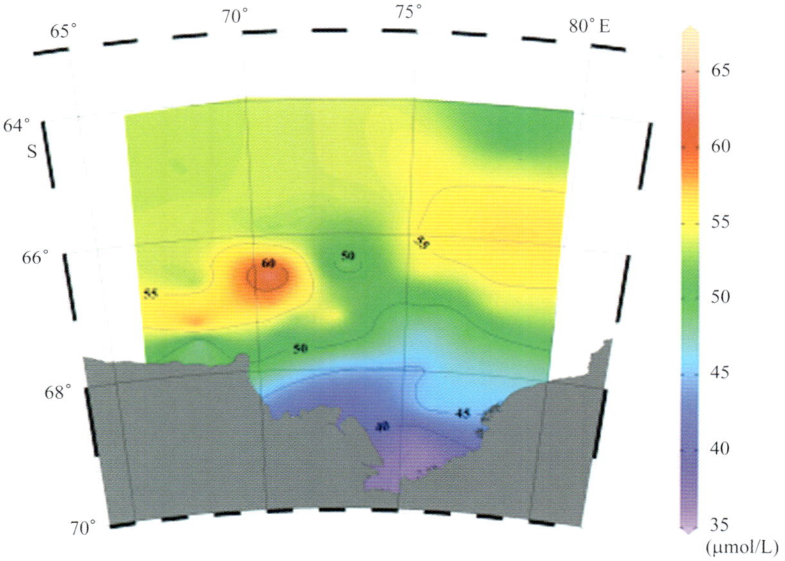

图 5 - 24　中国第 29 次南极考察普里兹湾表层硅酸盐分布

湾外底层水的硅酸盐浓度基本高于 100 μmol/L，湾外东侧底层硅酸盐的浓度偏高（- 120 μmol/L）（图 5 - 26）。

普里兹湾表层海水中铵盐的浓度范围为 0.18 ~ 3.83 μmol/L，均值为（1.24 ± 0.71）μmol/L，除了湾外东侧出现了一个高值区，湾内外差异相对较小。海水中高浓度的铵盐通常是由浮游动物新陈代谢物质输入所造成的，在 66°S、78°E 附近的高值区与之前观测的较为密切的磷虾活动一致（图 5 - 27），该高值区（ > 2 μmol/L）可判断为磷虾的活动（如排粪等行为）造成的。

普里兹湾海水中的亚硝酸盐浓度范围为 0.17 ~ 0.67 μmol/L，均值为（0.33 ±

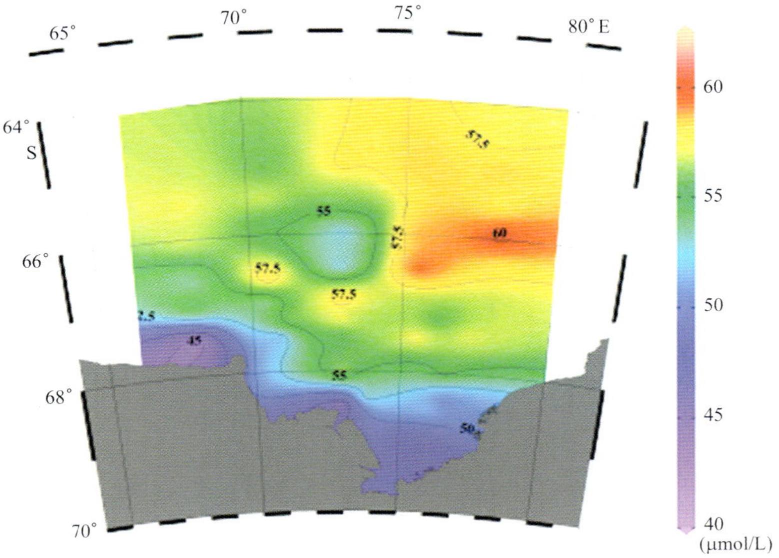

图 5-25　中国第 29 次南极考察普里兹湾 50 m 层硅酸盐分布

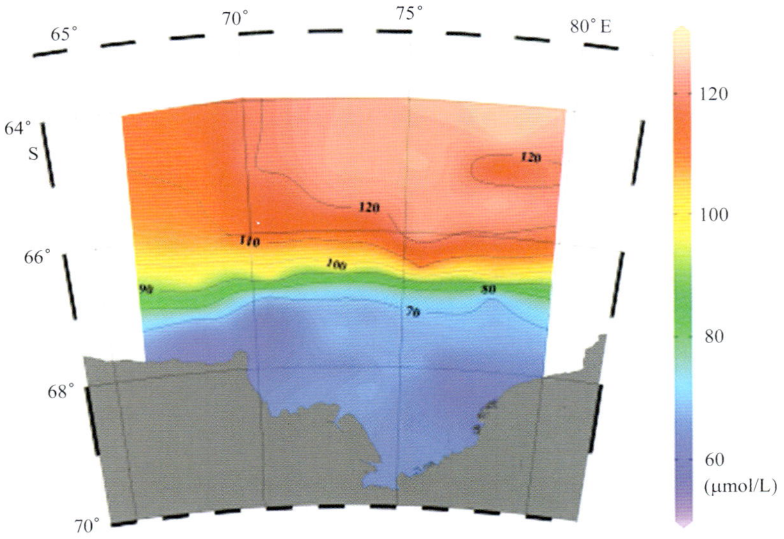

图 5-26　中国第 29 次南极考察普里兹湾底层硅酸盐分布

0.10）μmol/L。其含量呈现湾内高、湾外低的分布趋势，埃默里冰架东侧的高值区大于 0.55 μmol/L（图 5-28）。亚硝酸盐通常受到生物、物理及化学多种过程的影响，湾内生物活动较为强烈，生物过程是造成湾内外浓度差异的主要因素。

2）剖面分布

（1）南极半岛周边海域 D1 断面

中国第 28 次南极考察期间，D1 断面的观测时间为 2012 年 1 月 16 日至 2012 年 1 月 17 日，该断面是位于观测海域离南极半岛最近的一个断面，横跨布兰斯菲尔德海峡，北部达南设得兰海槽，其硝酸盐的分布呈现表层低底层高的趋势（图 5-29），这主要是由于上层浮游植物光合作用的消耗所造成的。其中在南设得兰海槽和布兰斯菲尔德海峡出现高值区

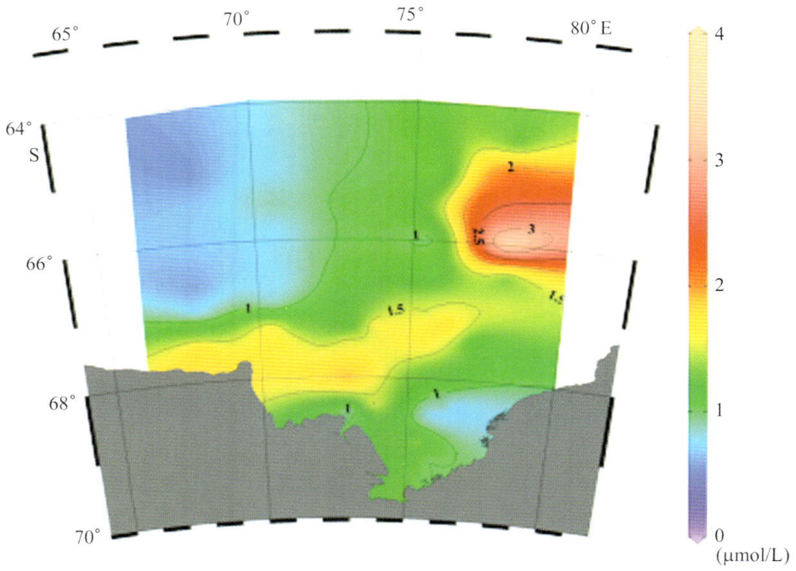

图 5－27　中国第 29 次南极考察普里兹湾表层铵盐分布

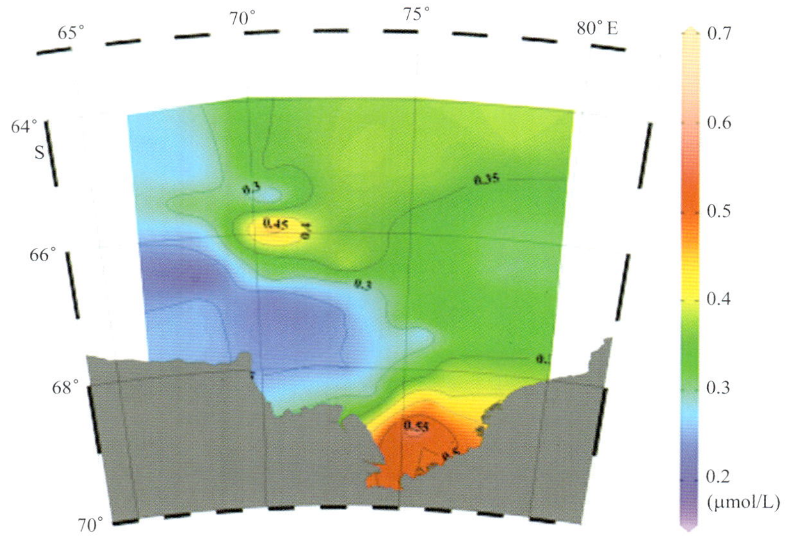

图 5－28　中国第 29 次南极考察普里兹湾表层亚硝酸盐分布

（－55 μmol/L），范围为 500～1 500 m，这是不同水团差异所造成的。该断面北侧的硝酸盐高值主要是受到南极半岛北侧的南极深层水所影响，而布兰斯菲尔德海峡的高值则是由于海峡东侧水西进所造成的。中国第 30 次南极考察期间，对 D1 断面的观测时间为 2014 年 2 月上旬，其分布趋势与中国第 28 次南极考察所观测的结果基本一致，即表层低，并随着深度具有含量升高的分布趋势（图 5－30）。仅在 D1 断面北部，中国第 30 次所观测的结果要比中国第 28 次的高。南极浮游植物的旺发具有强烈的季节性特征，中国第 28 次和中国第 30 次观测时间分别为 1 月下旬和 2 月上旬，D1 断面表层硝酸盐的差异可能是由于浮游植物消耗的季节性差异造成的。

中国第 28 次南极考察期间，D1 断面磷酸盐的浓度表层低，浓度随着水深升高（图 5－31）。断面北侧 1 500 m 以下含量均高于 2.2 μmol/L，与南极中层高营养盐的特征一致。磷酸

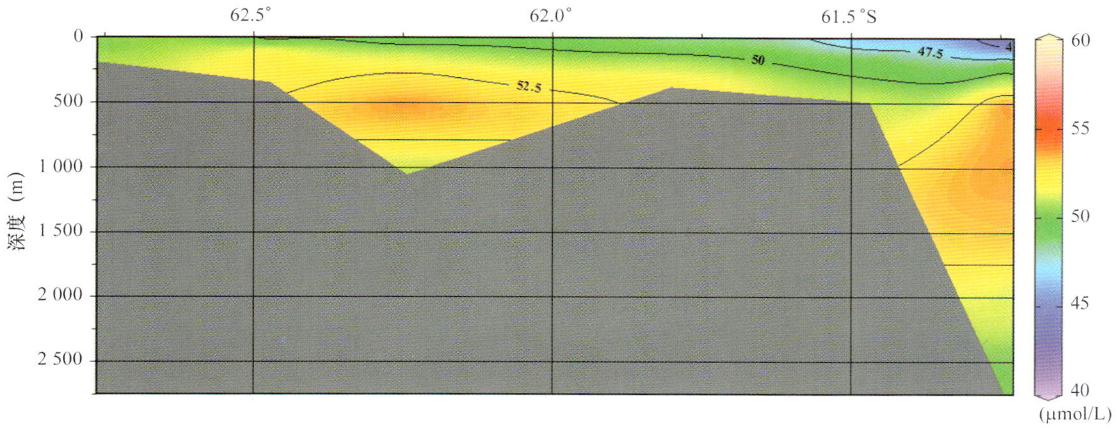

图 5－29　中国第 28 次南极考察南极半岛周边海域 D1 断面硝酸盐剖面

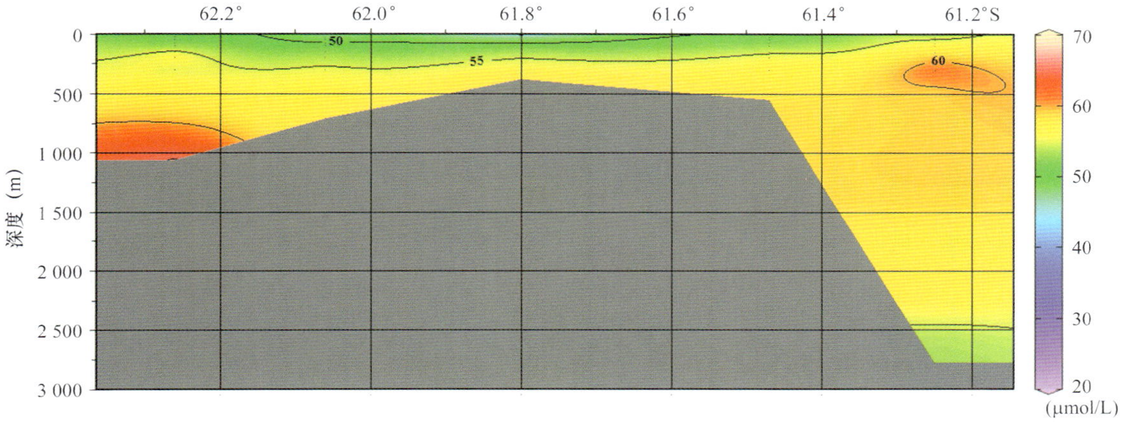

图 5－30　中国第 30 次南极考察南极半岛周边海域 D1 断面硝酸盐剖面

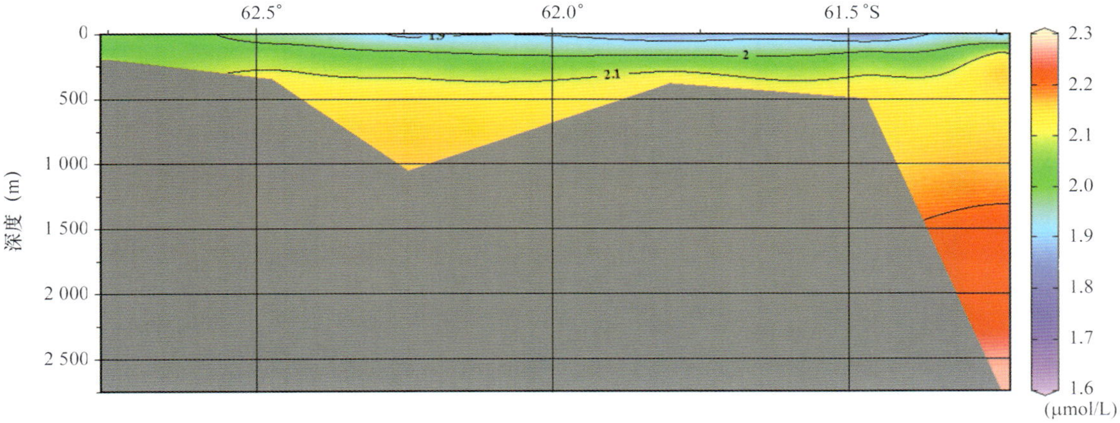

图 5－31　中国第 28 次南极考察南极半岛周边海域 D1 断面磷酸盐剖面

盐在西海盆底部的含量较高，与硝酸盐的观测较一致，可能受到海盆东侧输入的影响。中国第30次南极考察所观测到的D1断面磷酸盐的分布特征与中国第28次的观测一致，并且在断面北侧1 500 m附近海域也出现磷酸盐的高值（图5-32），说明这个高值区没有受到季节性变化的影响。而表层水体中，第30次观测到的磷酸盐浓度略高，这种季节性差异与硝酸盐一致，是浮游植物旺发的时间差异所致。

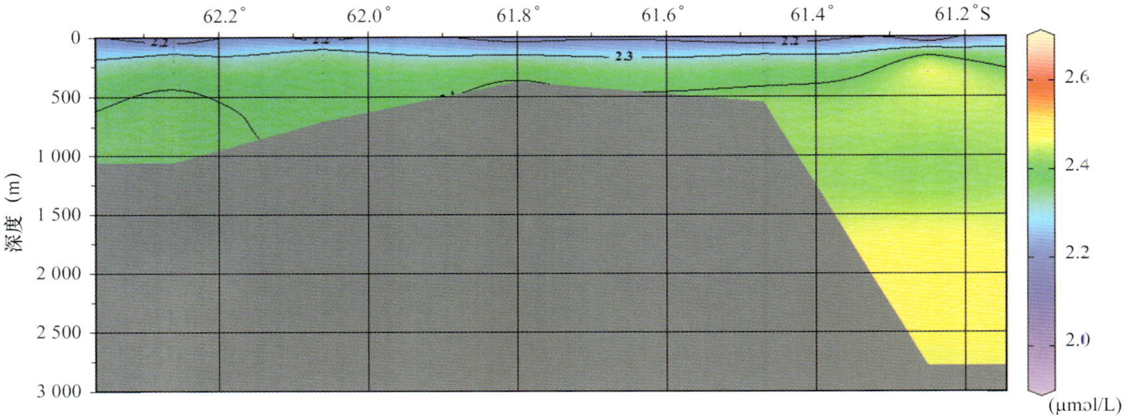

图5-32　中国第30次南极考察南极半岛周边海域D1断面磷酸盐剖面

D1断面的硅酸盐含量的分布特征与硝酸盐和磷酸盐的分布特征一致，中国第28次和中国第30次观测到的结果表明，由于上层水体中浮游植物的消耗，上层100 m水体中的含量均低于70 μmol/L，随着水深的增加，硅酸盐浓度逐渐升高，断面北部南设得兰海槽1 500 m以深，硅酸盐浓度达到极大值（-120 μmol/L）（图5-33和图5-34）。

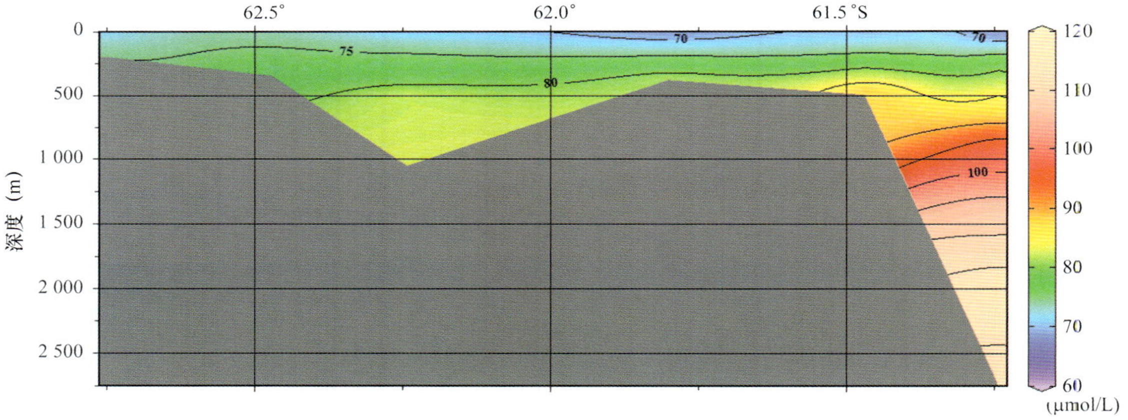

图5-33　中国第28次南极考察南极半岛周边海域D1断面硅酸盐剖面

（2）南极半岛周边海域D3断面

中国第28次南极考察期间，D3断面从斯科舍海岭向南延伸至鲍威尔海盆。硝酸盐浓度呈现从表层随着水深逐渐升高的分布趋势。从整体上看，D3断面的硝酸盐浓度比D1断面略高。尤其在62°—63°S之间的1 000 m以深水体，出现硝酸盐含量的高值（图5-35），具有威德尔海深层水和威德尔海底层水的水团特征。

中国第28航次期间，D3断面表层海水中磷酸盐浓度较低，受到浮游生物消耗的影响。

菲利普海岭（61°S）邻近海域底层海水中出现大于2.5 μmol/L的高值区。在海岭以南的鲍威尔海盆1 000 m以深也是高值区，这部分水体主要来自于威德尔海的深层水和底层水，均具有较高的营养盐特性（图5－36）。菲利普海岭以北是埃斯佩里兹海槽，水文资料表明该水槽中水体来源于威德尔海底层水，但埃斯佩里兹海槽海水中的磷酸盐含量比鲍威尔海盆略高，可能是停留时间和沉积再悬浮过程的差异造成的。

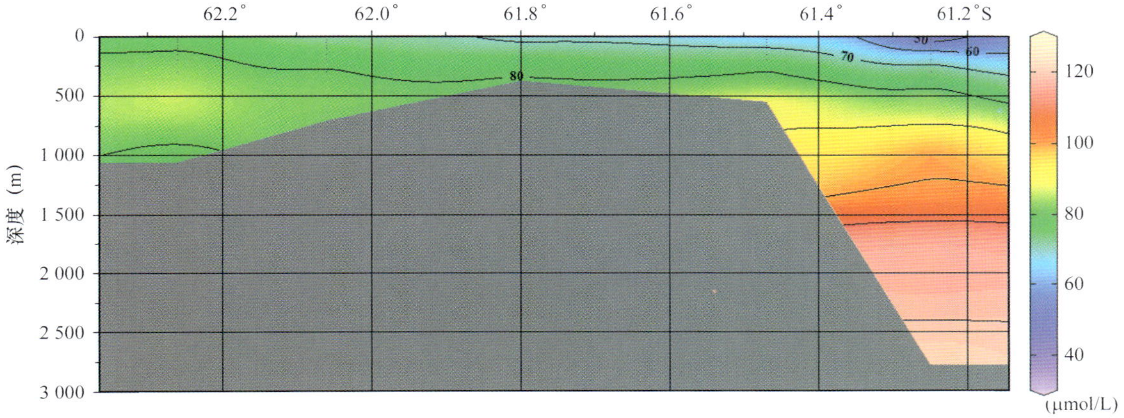

图5－34　中国第30次南极考察南极半岛周边海域D1断面硅酸盐剖面

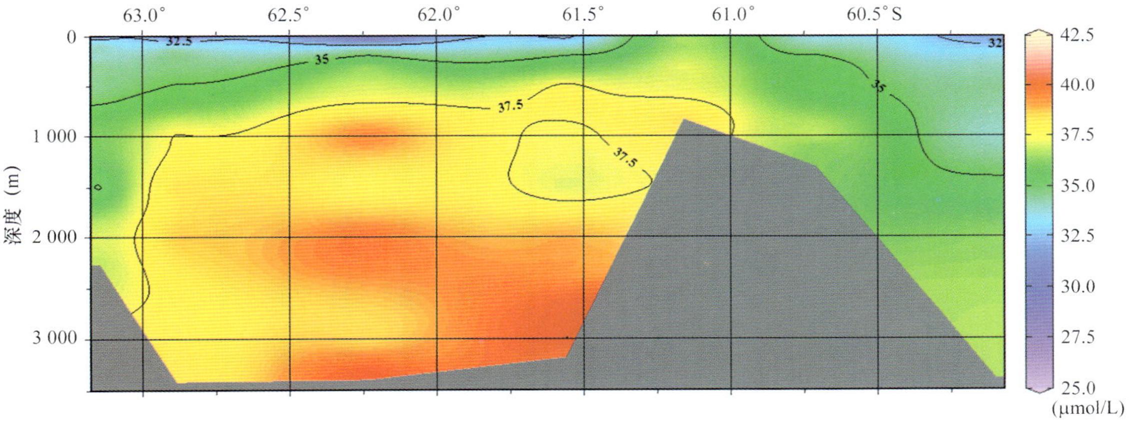

图5－35　中国第28次南极考察南极半岛周边海域D3断面硝酸盐剖面

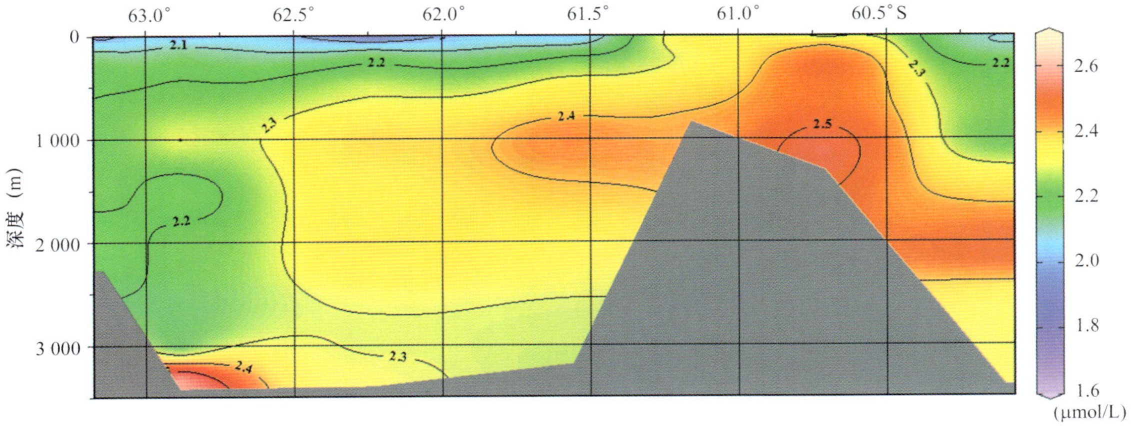

图5－36　中国第28次南极考察南极半岛周边海域D3断面磷酸盐剖面

D3 断面的硅酸盐含量则表现出明显的层化现象，表层最低，并随着深度的增加而升高（图 5 - 37），与硝酸盐和磷酸盐的垂直分布特征一致，生物消耗是上层水体营养盐偏低的主要因素。磷酸盐含量在 1 000 ~ 2 500 m 水深处达到最大值（ - 120 μmol/L），这是典型的威德尔海深层水输入的特征。61. 5°S 以南的底层水中的硅酸盐浓度偏低，这也与威德尔海底层水的特征一致。但是在菲利普海岭北侧 2 500 m 以深，海水中的硅酸盐含量依然较高（ >110 μmol/L）。

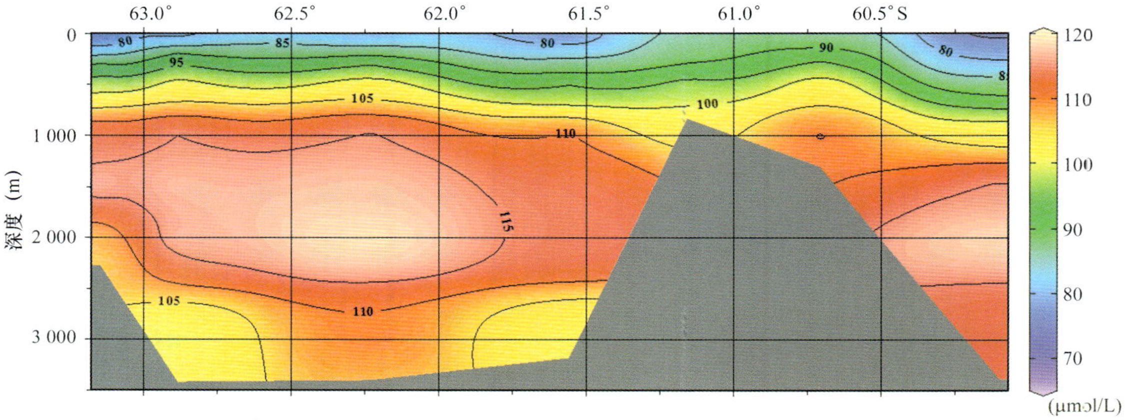

图 5 - 37　中国第 28 次南极考察南极半岛周边海域 D3 断面硅酸盐剖面

（3）普里兹湾及其邻近海域 P3 断面

中国第 29 次南极考察期间，普里兹湾 P3 断面海水中硝酸盐的含量呈现出湾内低湾外高的分布趋势，并随着水深的增加逐渐升高（图 5 - 38）。以陆坡（67. 25°S）为界，湾内硝酸盐浓度（ <30 μmol/L）明显低于湾外（ >30 μmol/L）。P3 断面陆坡以南是弗拉姆浅滩，水深较浅，冰边缘区强烈的光合作用消耗致使水体硝酸盐浓度均处于相对较低的水平。而在湾外深水区，由于水团的差异，尤其是绕极深层水上涌等水文物理过程，导致湾外真光层以下硝酸盐浓度较高；而真光层硝酸盐浓度则偏低，是由生物生产消耗以及温盐跃层阻碍了下层营养盐向上的供给所导致的。

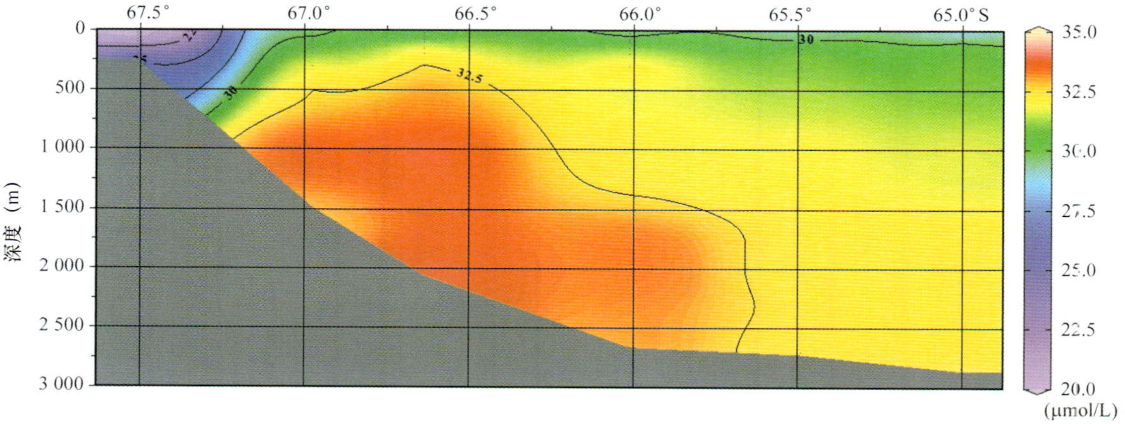

图 5 - 38　中国第 29 次南极考察普里兹湾 P3 断面硝酸盐剖面（μmol/L）

P3 断面海水中磷酸盐与硝酸盐含量的分布趋势基本一致，湾内低，湾外高；表层低，底层高（图5-39）。以陆坡为界，湾内水深较浅，水体层化明显，海水中磷酸盐与硝酸盐含量明显低于湾外。湾外水体中，浮游植物的消耗导致真光层水体中磷酸盐比下层水体低；而真光层以下水体中的磷酸盐浓度基本大于2.5 μmol/L，1 000 m以深水体中的高磷酸盐含量特征更为明显，具有南极深层水和底层水高营养盐的特性。

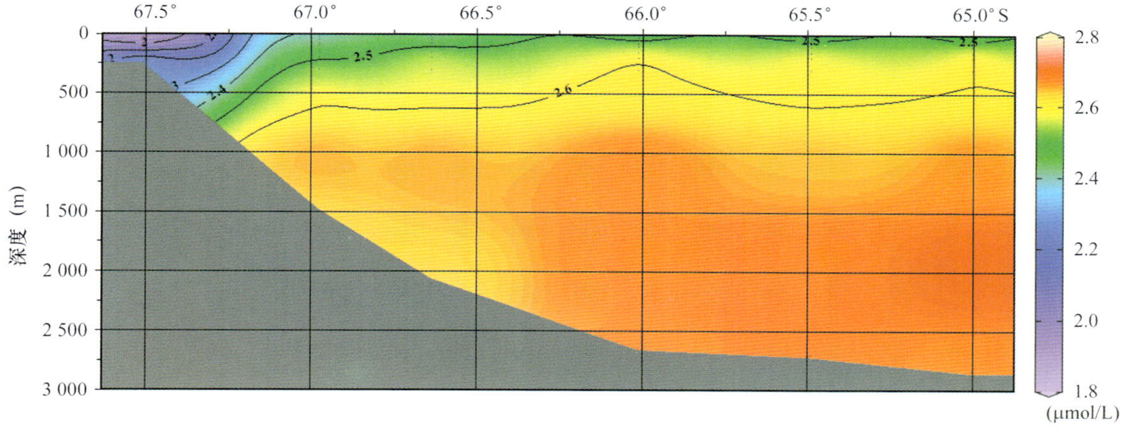

图5-39　中国第29次南极考察普里兹湾P3断面磷酸盐剖面

P3断面海水中硅酸盐含量仍然具有内低外高的分布特征（图5-40），湾内海水中的含量基本上均低于50 μmol/L。与硝酸盐和磷酸盐的分布相比，硅酸盐的垂直分布具有更明显的层化特征，主要表现为湾外200 m以深水体中硅酸盐含量随着水深的增加逐渐升高，底层含量基本高至~110 μmol/L。

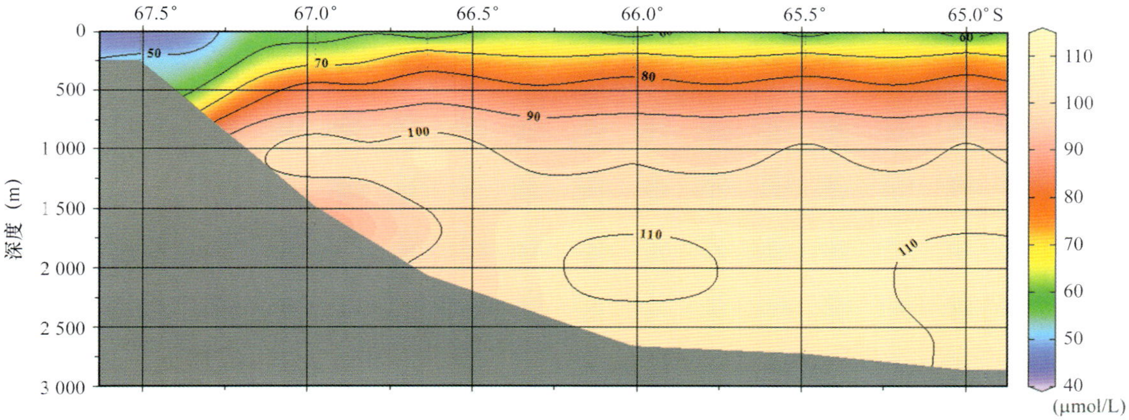

图5-40　中国第29次南极考察普里兹湾P3断面硅酸盐剖面

P3断面海水中铵盐的分布趋势与上述营养盐具有明显的差异，铵盐含量湾内高湾外低（图5-41）。以陆坡为界，湾内铵盐浓度基本高于1 μmol/L，湾外则低于0.75 μmol/L。这种分布特征表明湾内陆架区（弗拉姆浅滩）具有较为活跃的生物活动，湾内海洋生产力较高。

（4）普里兹湾及其邻近海域P5断面

普里兹湾P5断面位于73°E的普里兹湾水道，是普里兹湾内外水交换的关键区域，湾外对湾内关键营养要素的供给将对整个普里兹湾的初级生产和碳汇能力产生重要的影响。P5断面海水中的硝酸盐含量在湾内湾外均表现出表层低，并随着水深增加含量升高的分布特征

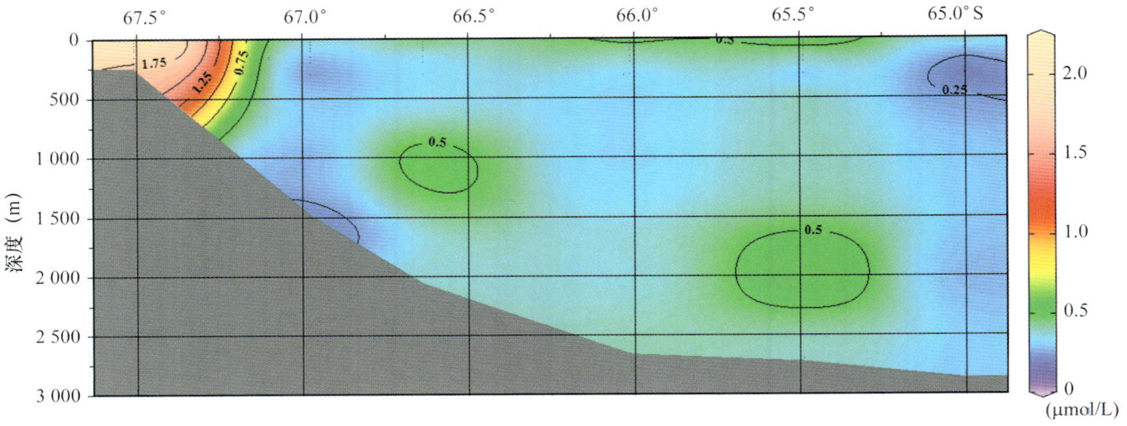

图 5－41　中国第 29 次南极考察普里兹湾 P3 断面铵盐剖面

（图 5－42）。湾内近埃默里冰架表层海水中出现硝酸盐含量最低值，表明冰架前缘初级生产高，生物对营养盐的消耗大。从冰架前缘向北，硝酸盐的浓度逐渐升高，而其控制因素也由生物控制为主转为生物－物理作用共同控制。湾外上层水体受到浮游植物光合作用的影响，这种影响随着深度的增加而逐渐降低，直到温盐跃层，由于上下水交换受到跃层的阻隔，跃层以下水体中硝酸盐含量则表现出南极深层水和南极底层水高营养盐的特性。

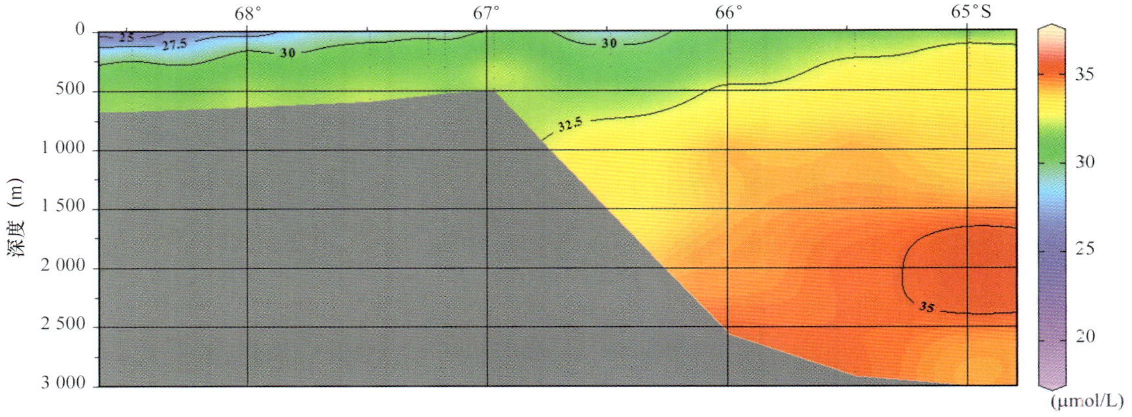

图 5－42　中国第 29 次南极考察普里兹湾 P5 断面硝酸盐剖面

P5 断面海水中磷酸盐浓度的分布特征与硝酸盐类似，湾内表层水体中最低，随着深度的增加而逐渐升高（图 5－43）。沿 P5 断面向北，磷酸盐浓度逐渐升高，表层从湾内 P5－11 站位的 1.26 μmol/L 升高到湾外 P5－1 站位的 2.34 μmol/L。在垂直分布上，磷酸盐与硝酸盐相似，生物消耗成为上层水体中磷酸盐浓度变化的主导因素，而深水层则受到南极深层水和南极底层水的影响。

P5 断面硅酸盐的浓度范围为 38.37～124.97 μmol/L，湾内冰架前缘 P5－11 站位邻近海域海水中的浓度最低，湾外深水区 P5－1 站位的底层水中浓度最高（图 5－44）。从整体上看，其分布特征与磷酸盐和硝酸盐一致，湾内层化明显，并随着深度逐渐升高；湾外则受到温盐跃层的影响，中深层水体中硅酸盐浓度较高，具有绕极深层水的特点。

P5 断面海水中铵盐的分布特征与 P3 断面相似，呈现出湾内高湾外低、表层高底层低的

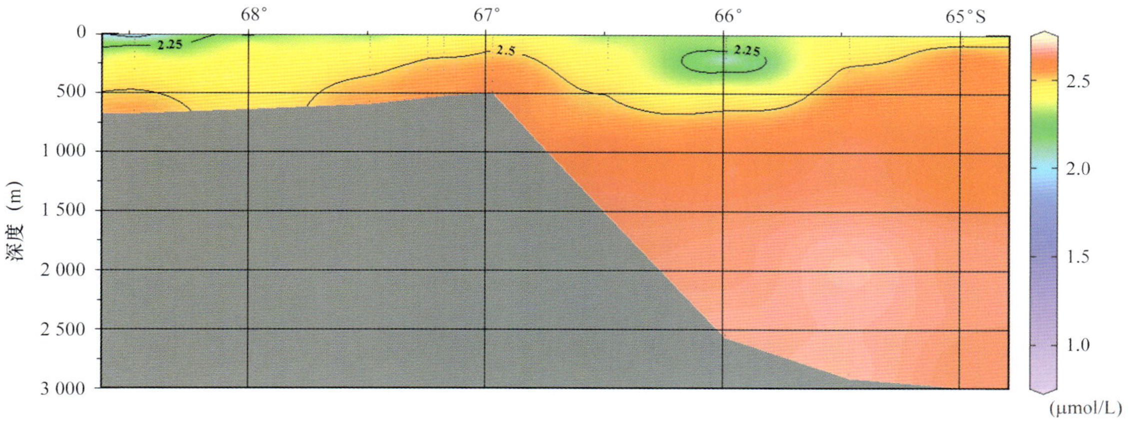

图 5－43　中国第 29 次南极考察普里兹湾 P5 断面磷酸盐剖面

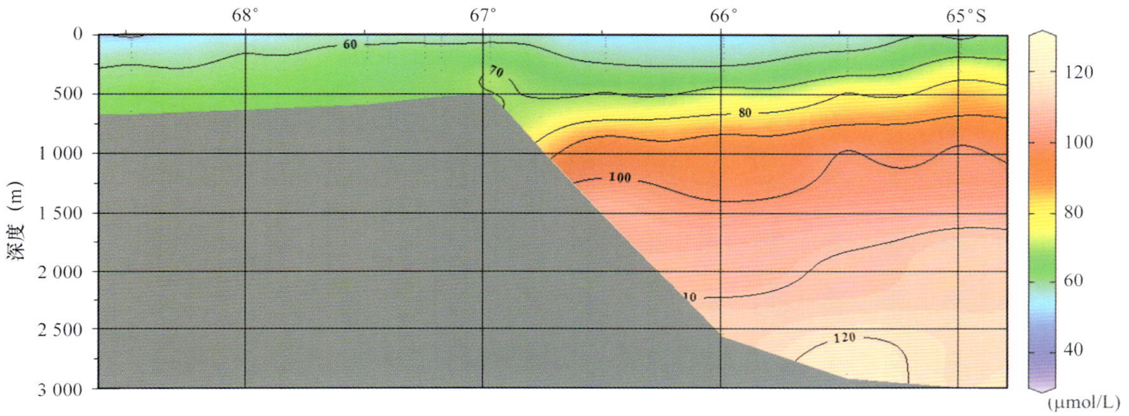

图 5－44　中国第 29 次南极考察普里兹湾 P5 断面硅酸盐剖面

特征（图 5－45）。从整体上看，P5 断面湾内海水中铵盐的浓度高于 P3 断面同纬度海水中铵盐的浓度，冰架边缘表层海水中的含量达到最高值，表明此处的生物活动最强。

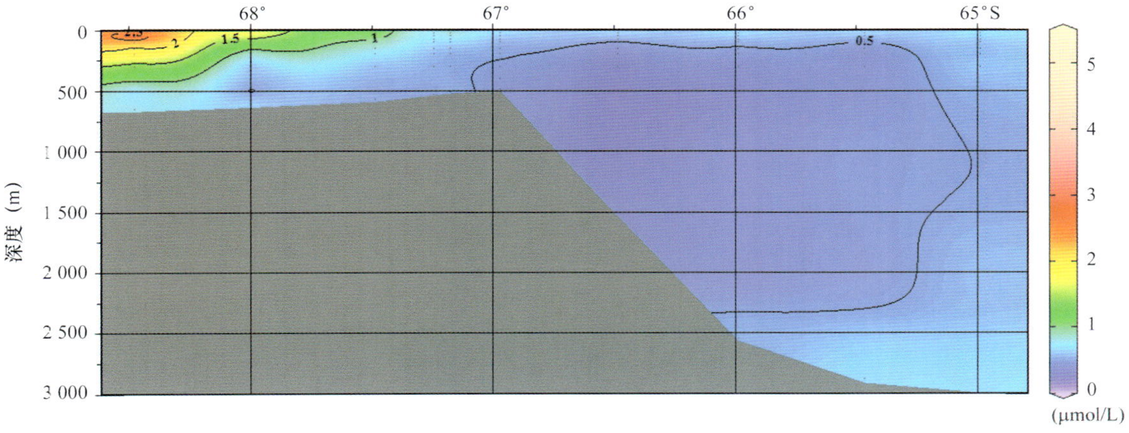

图 5－45　中国第 29 次南极考察普里兹湾 P5 断面铵盐剖面

5.1.1.2 总氮、总磷的分布特征及控制因素

1）平面分布

（1）南极半岛周边海域

表层总氮、总磷浓度的分布大致具有西部海域较高，东部海域较低的特征。对于总氮来说，西北部海域出现研究海域中的最高浓度，东北部和中东部海域出现研究海域中的最低浓度；对于总磷来讲，在西北部和西南部海域出现最高浓度，整个东部海域出现最低浓度。研究海域被明显地分割为两个区域。即D1断面总氮明显高于D2、D3、D4、D5断面，在D4－05和D5－07，D5－08表层总氮浓度明显高于其北部的几个站位。总氮最小值出现在D4－04和D5－04测站（6.5 μmol/L和6.6 μmol/L），最大值出现在D1－03测站（29.5 μmol/L）。

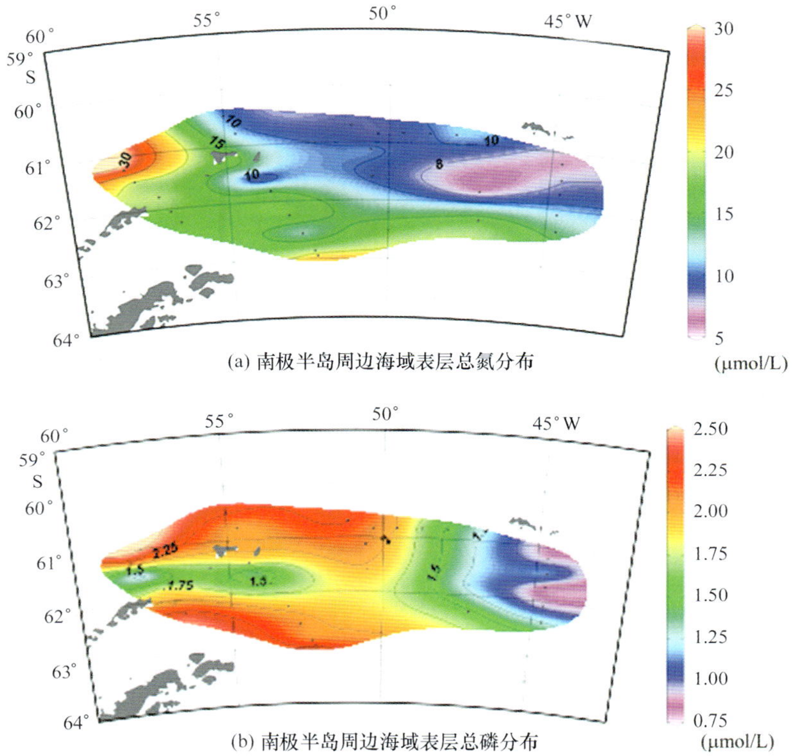

(a) 南极半岛周边海域表层总氮分布

(b) 南极半岛周边海域表层总磷分布

图5－46 中国第30次南极考察南极半岛周边海域表层总氮、总磷分布

研究海域表层海水总磷的变化趋势与总氮的变化趋势基本一致，仍然是西部浓度高于东部，西南部和西北部总氮浓度高于西中部区域，这个变化趋势仍可以看作是浮游植物、动物和水体水平流的共同影响。一般认为，大个体动物的排泄是铵盐的主要来源，因此总氮异常高值可能反映了大个体动物活动的影响（王海燕等，2007）。此外，根据有关学者的研究，南极半岛的陆架陆坡夏季上层水具有北向扩展的特征（程彦杰等，2003）。

50 m层总氮、总磷浓度的分布大致具有西部海域较高，东部海域较低的特征。对于总氮来说，西南部海域出现研究海域中的最高浓度，东北部和中东部海域出现研究海域中的最低浓度；对于总磷来讲，在西北部和西南部海域出现最高浓度，整个东部海域出现最低浓度。研究海域被明显地分割为两个区域。即D1断面总氮明显高于D2、D3、D4、D5断面，在

D1－05的50 m层总氮浓度明显高于其北部的几个站位。总氮最小值出现在D3－02和D5－06测站（9.4 μmol/L和9.7 μmol/L），最大值出现在D1－05测站（49.0 μmol/L）。总磷最小值出现在D1－04测站（0.81 μmol/L），最大值出现在D2－09测站（2.75 μmol/L）。

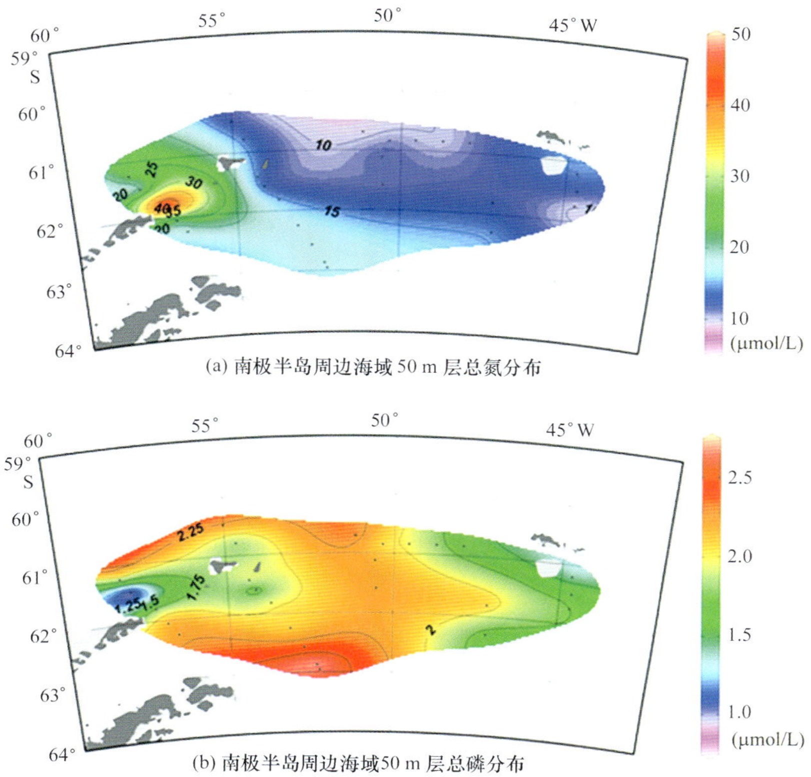

(a) 南极半岛周边海域50 m层总氮分布

(b) 南极半岛周边海域50 m层总磷分布

图5－47　中国第30次南极考察南极半岛周边海域50 m层总氮、总磷分布

底层总氮、总磷浓度的分布大致具有西部海域较高，东部海域较低的特征。对于总氮来说，西南部海域出现研究海域中的最高浓度，东北部和中东部海域出现研究海域中的最低浓度；对于总磷来讲，在整个西部海域出现最高浓度，整个东部海域出现最低浓度。研究海域被明显地分割为两个区域。即D1断面总氮明显高于D2、D3、D4、D5断面。总氮最小值出现在D4－04测站（4.4 μmol/L），最大值出现在D2－07测站（23.9 μmol/L）。总磷最小值出现在D5－04测站（1.59 μmol/L），最大值出现在D2－02测站（2.56 μmol/L）。

（2）普里兹湾及其邻近海域

图5－49为中国第29次南极科学考察普里兹湾及附近海域表层总氮、总磷浓度平面分布。夏季，普里兹湾表层海水总氮、总磷浓度变化较大，总氮的浓度变化范围为11.99～42.60 μmol/L，平均值为25.142 μmol/L，最大值出现在湾外开阔海域的P4－3站位，最低值则出现在湾内P6－12站位。总体来看，普里兹湾及附近海域表层总氮浓度呈现出从湾内陆架区向湾外深水区升高的趋势，具体区域变化为：冰架前缘小于陆架区小于陆坡区小于湾外深水区，指示了不同的生物活动强度。TP也表现出相似的区域变化，其TP的浓度变化范围为1.69～5.06 μmol/L，平均值为3.25 μmol/L，最大值出现在湾外开阔海域的P3－2站位，最低值则出现在湾外近岸的P5－11站位，湾内及邻近近岸海域TP浓度明显低于湾外开阔海域，这可能与浮游动物排泄有关（郑少军等，2011）。

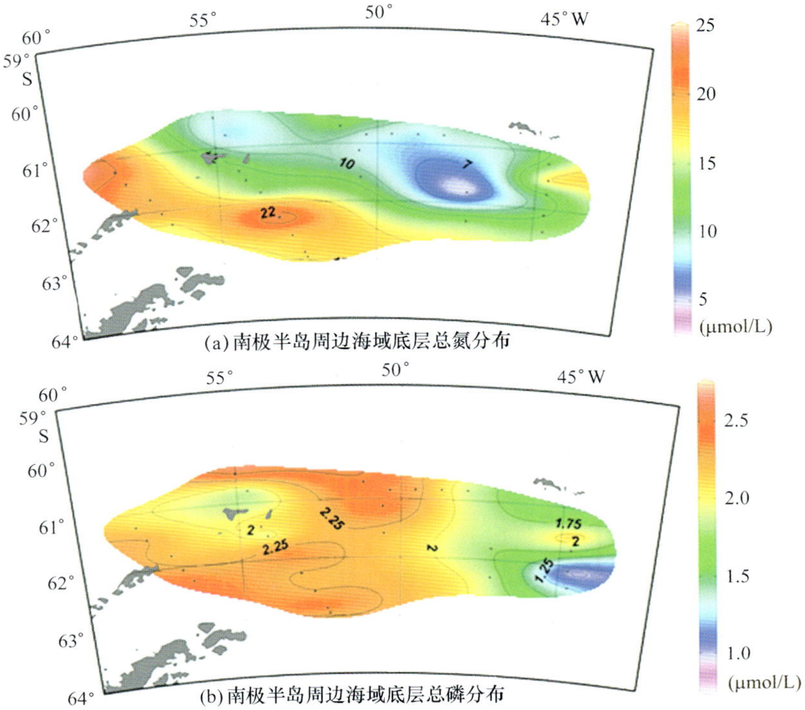

(a) 南极半岛周边海域底层总氮分布

(b) 南极半岛周边海域底层总磷分布

图 5－48　中国第 30 次南极考察南极半岛周边海域底层总氮、总磷分布

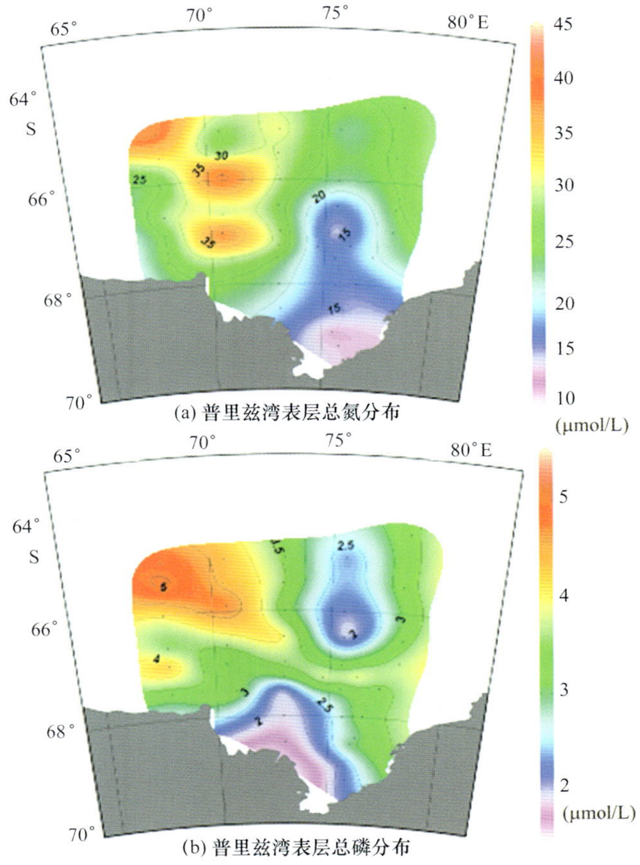

(a) 普里兹湾表层总氮分布

(b) 普里兹湾表层总磷分布

图 5－49　中国第 29 次南极考察普里兹湾表层总氮、总磷分布

图5-50为中国第29次南极科学考察普里兹湾及附近海域50 m层总氮、总磷浓度平面分布。夏季，普里兹湾表层海水总氮、总磷浓度变化较大，总氮的浓度变化范围为15.1～42.96 μmol/L，平均值为25.69 μmol/L，最大值出现在湾外开阔海域的P4-3站位，最低值则出现在湾内P7-12站位。总体来看，普里兹湾及附近海域表层总氮浓度呈现出从湾内陆架区向湾外深水区升高的趋势，具体区域变化为：冰架前缘小于陆架区小于陆坡区小于湾外深水区，指示了不同的生物活动强度。TP也表现出相似的区域变化，其TP的浓度变化范围为1.48～5.51 μmol/L，平均值为3.40 μmol/L，最大值出现在湾外开阔海域的P3-1站位，最低值则出现在湾内的P5-11站位和湾外开阔海域的P6-03站位。

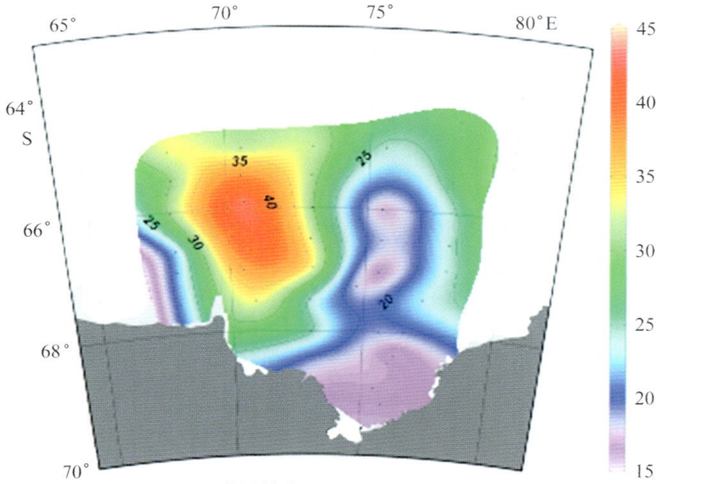

(a) 普里兹湾50 m层总氮分布

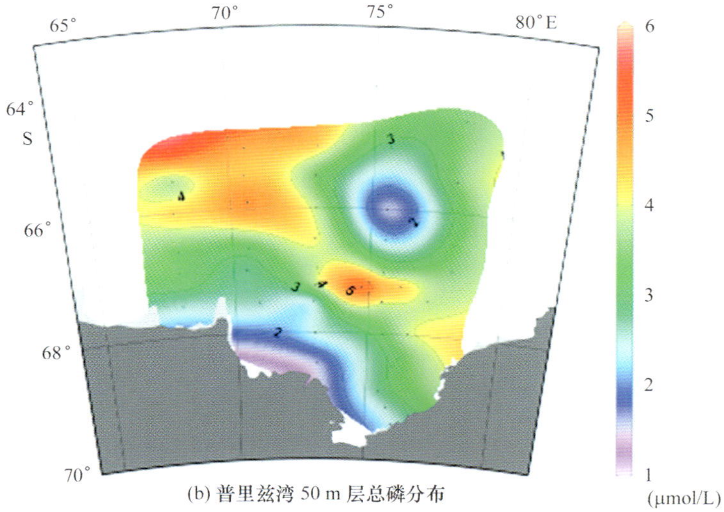

(b) 普里兹湾50 m层总磷分布

图5-50 中国第29次南极考察普里兹湾50 m层总氮、总磷分布

图5-51为中国第29次南极科学考察普里兹湾及附近海域底层总氮、总磷浓度平面分布。夏季，普里兹湾表层海水总氮、总磷浓度变化较大，总氮的浓度变化范围为16.54～48.09 μmol/L，平均值为28.33 μmol/L，最大值出现在湾外开阔海域的P4-3和P4-9站位，最低值则出现在湾内P5-7站位。其TP的浓度变化范围为4.84～14.76 μmol/L，平均

值为 7.46 μmol/L，最大值出现在湾外开阔海域的 P3 - 1 和 P4 - 2 站位，最低值则出现在湾内的 P5 - 11 站位。

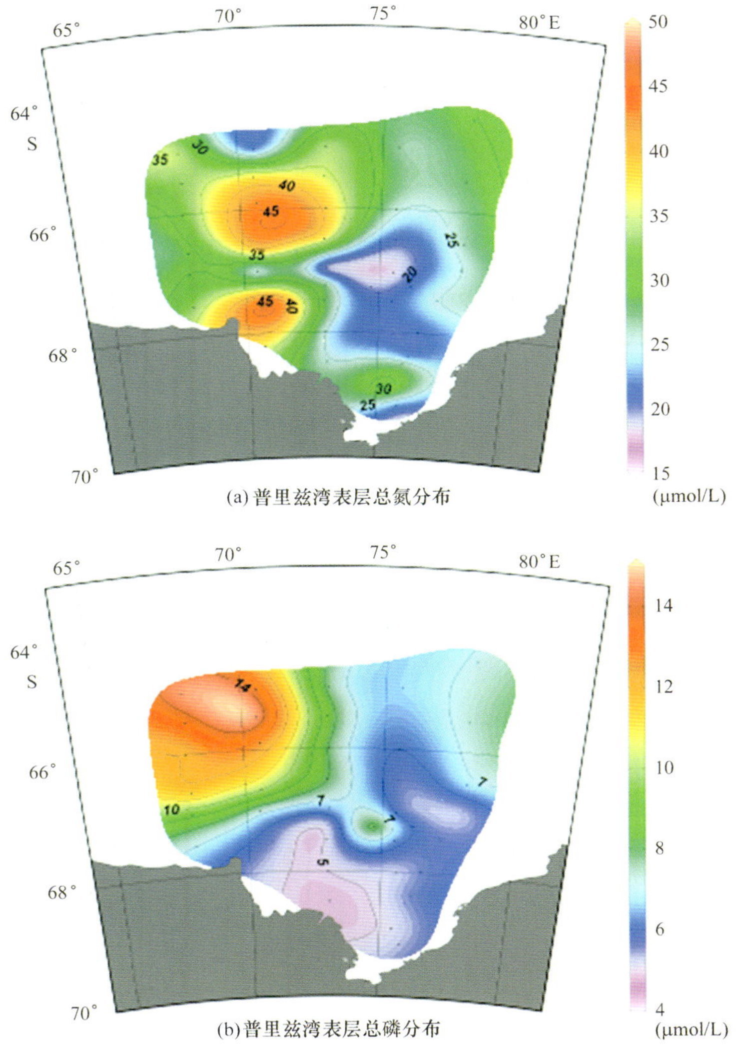

(a) 普里兹湾表层总氮分布

(b) 普里兹湾表层总磷分布

图 5 - 51　中国第 29 次南极考察普里兹湾底层总氮、总磷分布

2）剖面分布

（1）南极半岛周边海域

上层水体中浮游植物通过光合作用吸收营养盐进行生物生产，上层产生的有机物沉积到深层被微生物分解再矿化为营养盐（刘瑞娟等，2014）。总氮和总磷在各断面都呈现出上层浓度低，深层浓度高的特点。D1 - 03、D1 - 04 站位与 D1 - 06、D1 - 07 站位相比总氮浓度较高，D1 - 05 站位是过渡站位，研究海域被明显地分割为两个区域。D1 - 03、D1 - 04 站位 200 m 以浅总磷浓度较其他站位小（图 5 - 52）。

D2 - 02、D2 - 03、D2 - 04、D2 - 05 站位与 D2 - 07、D2 - 08、D2 - 09、D2 - 10 站位相比总氮浓度较低，位于海脊处的 D2 - 06 站位是过渡站位，研究海域被明显地分割为两个区域。D2 - 02、D2 - 10 站位总磷浓度较其他站位大（图 5 - 53）。

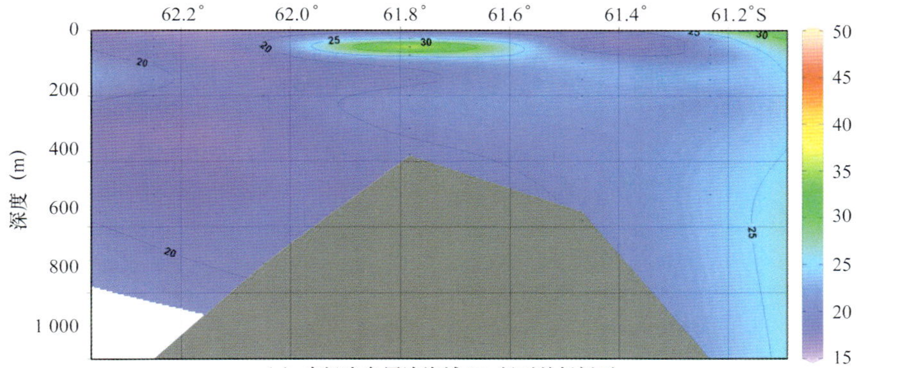

(a) 南极半岛周边海域 D1 断面总氮剖面

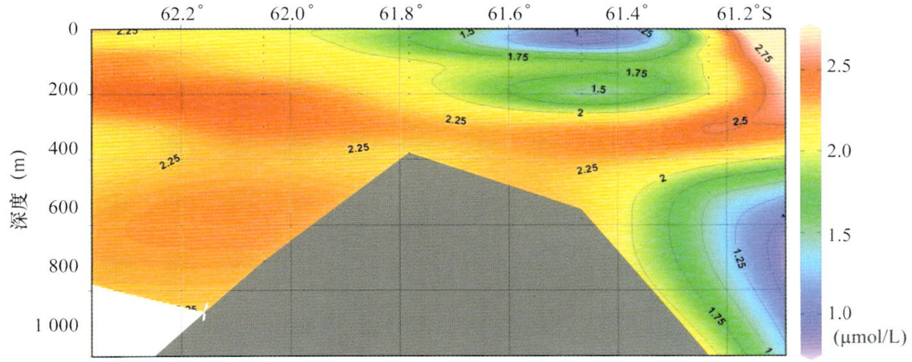

(b) 南极半岛周边海域 D1 断面总磷剖面

图 5－52　中国第 30 次南极考察南极半岛周边海域 D1 断面总氮、总磷剖面

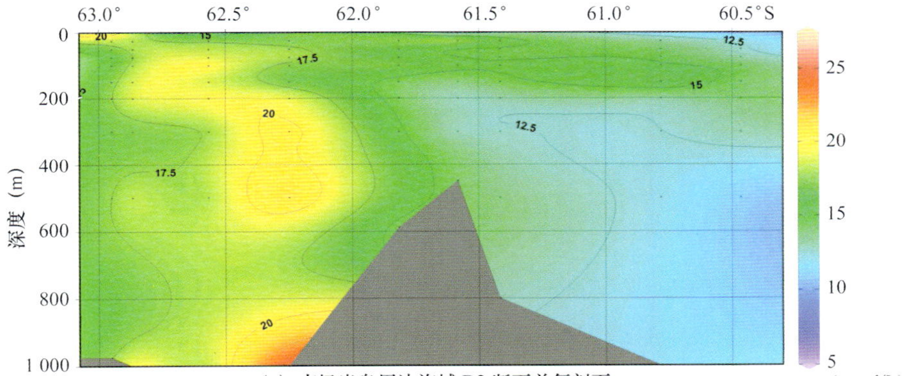

(a) 南极半岛周边海域 D2 断面总氮剖面

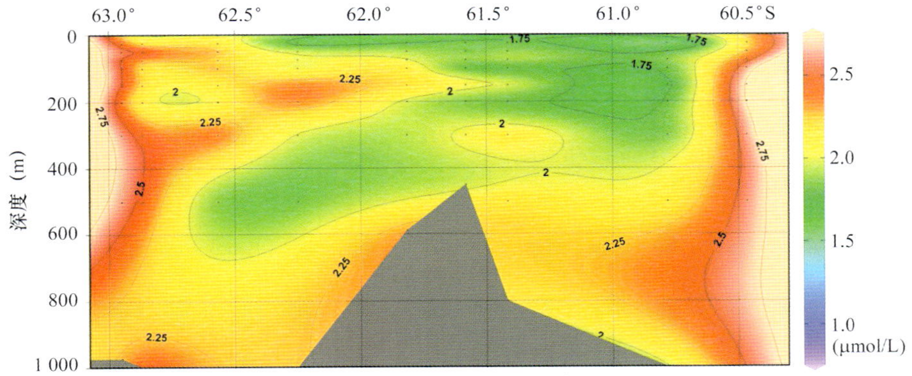

(b) 南极半岛周边海域 D2 断面总磷剖面

图 5－53　中国第 30 次南极考察南极半岛周边海域 D2 断面总氮、总磷剖面

D5 断面对于总氮来说，随深度的增加，总氮浓度增大，但明显 75 m 层出现浓度跃层。对于总磷来说，随深度的增加，总磷浓度增大的现象较为明显。由于 D5－07 和 D5－08 站位只采了表层水，导致该断面分布不太完整（图 5－54）。

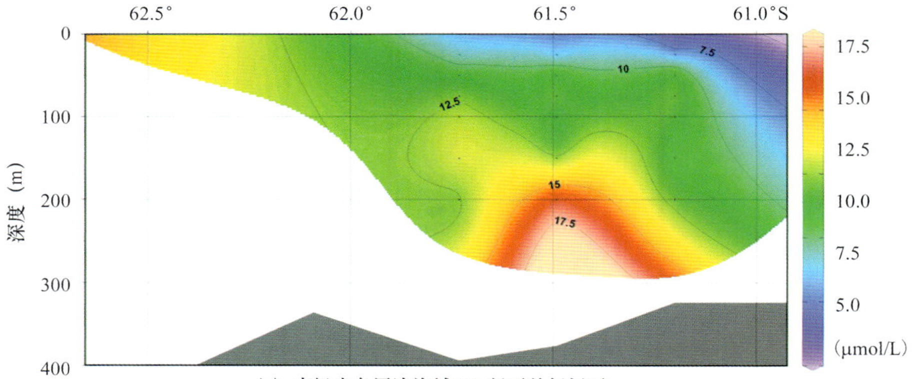

（a）南极半岛周边海域 D5 断面总氮剖面

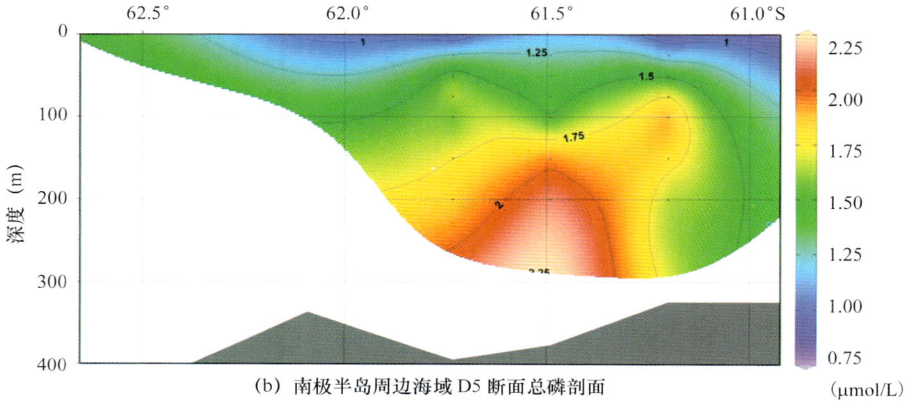

（b）南极半岛周边海域 D5 断面总磷剖面

图 5－54　中国第 30 次南极考察南极半岛周边海域 D5 断面总氮、总磷剖面

DA 断面对于总氮来说，随深度的增加，总氮浓度变化不大，但明显 150 m 处出现浓度极小值层。对于总磷来说，随深度的增加，总磷浓度增大的现象较为明显；并且从该断面看出，西部海域总磷浓度明显高于东部海域，研究海域被明显地分割为两个区域（图 5－55）。

（2）普里兹湾及其邻近海域

图 5－56 是 P6 断面总氮、总磷剖面分布。上层水体中浮游植物通过光合作用吸收营养盐进行生物生产，上层产生的有机物沉积到深层被微生物分解再矿化为营养盐。总氮和总磷在各断面都呈现出上层浓度低，深层浓度高的特点。上层总氮、总磷浓度变化与表层相似，在各径向断面上湾外总氮浓度明显高于湾内浓度，而总磷浓度则是湾外低于湾内。

图 5－57 是 P3 断面总氮、总磷剖面分布。总氮和总磷在该断面呈现出上层浓度低，深层浓度高的特点。上层总氮、总磷浓度变化与表层相似，在各径向断面上湾外总氮浓度明显高于湾内浓度，总磷浓度也是湾外高于湾内。

图 5－58 是 P4 断面总氮、总磷剖面分布。总氮和总磷在该断面呈现出上层浓度低，深层浓度高的特点。总氮浓度出现由湾内到湾外由低到高再到低的变化趋势。该断面总磷浓度由湾内到湾外变化较小。

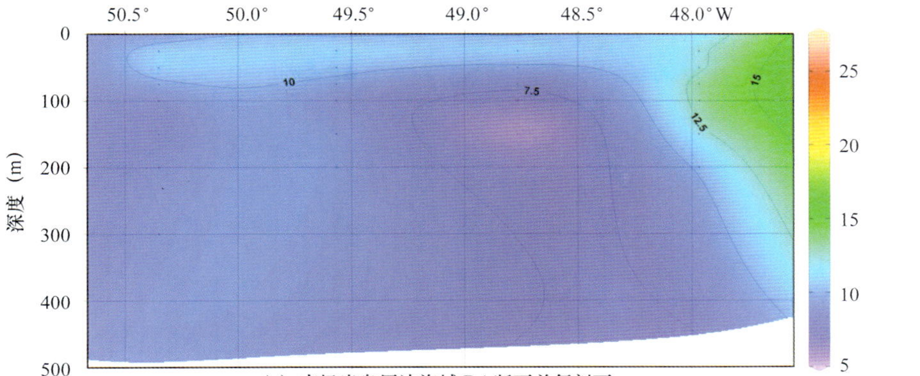

（a）南极半岛周边海域 DA 断面总氮剖面

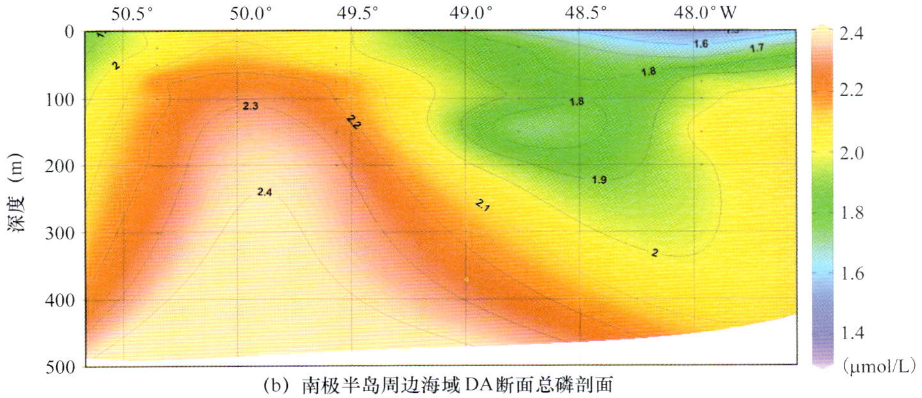

（b）南极半岛周边海域 DA 断面总磷剖面

图 5－55　中国第 30 次南极考察南极半岛周边海域 DA 断面总氮、总磷剖面

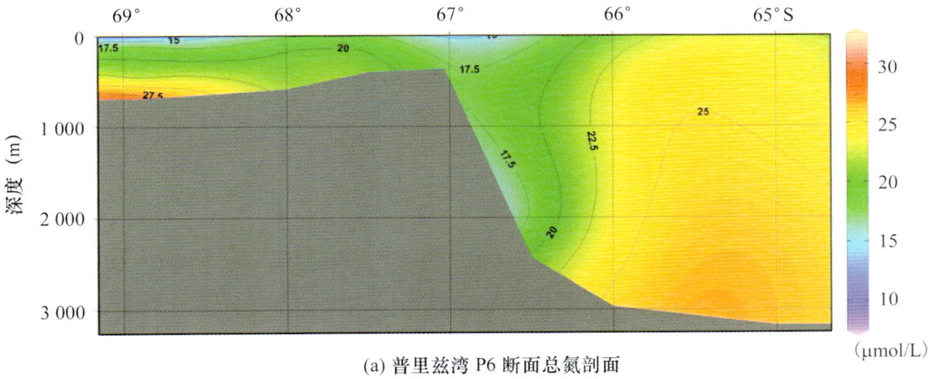

（a）普里兹湾 P6 断面总氮剖面

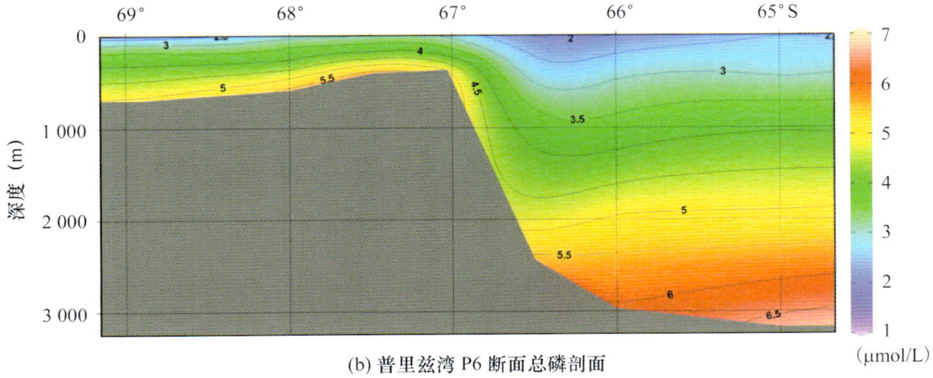

（b）普里兹湾 P6 断面总磷剖面

图 5－56　中国第 29 次南极考察普里兹湾 P6 断面总氮、总磷剖面

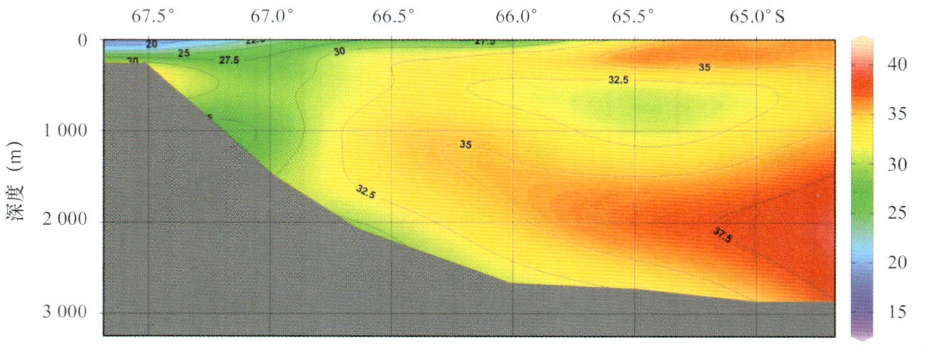

(a) 普里兹湾 P3 断面总氮剖面

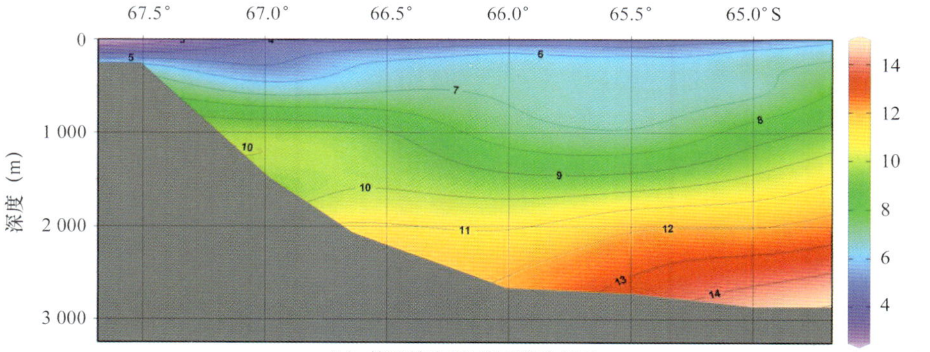

(b) 普里兹湾 P3 断面总磷剖面

图 5－57　中国第 29 次南极考察普里兹湾 P3 断面总氮、总磷剖面

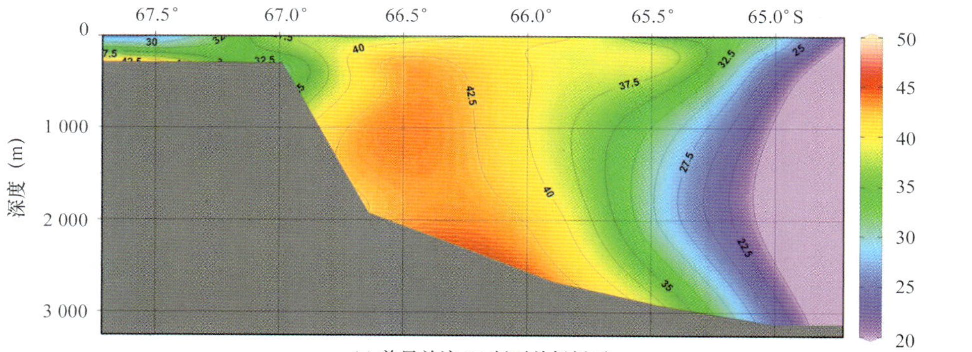

(a) 普里兹湾 P4 断面总氮剖面

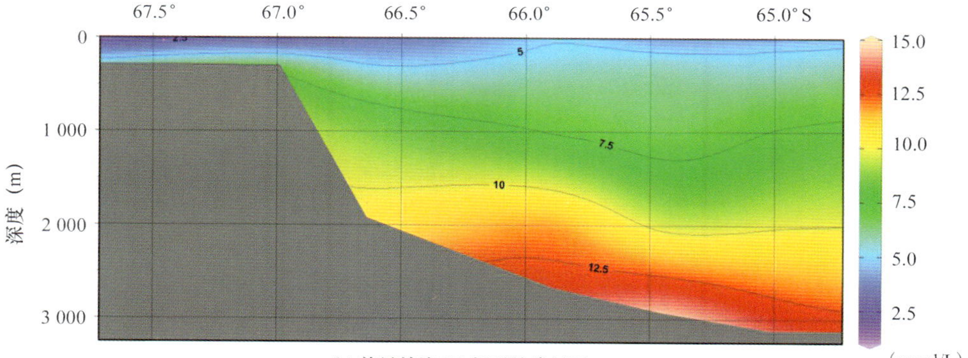

(b) 普里兹湾 P4 断面总磷剖面

图 5－58　中国第 29 次南极考察普里兹湾 P4 断面总氮、总磷剖面

图5－59是P5断面总氮、总磷剖面分布。总氮在该断面上层浓度低、深层浓度高的特点并不明显，但在陆架向陆坡过渡区上层出现总氮浓度的极高值、下层出现极低值，该现象较为典型。总磷在该断面呈现出上层浓度低，深层浓度高的特点。

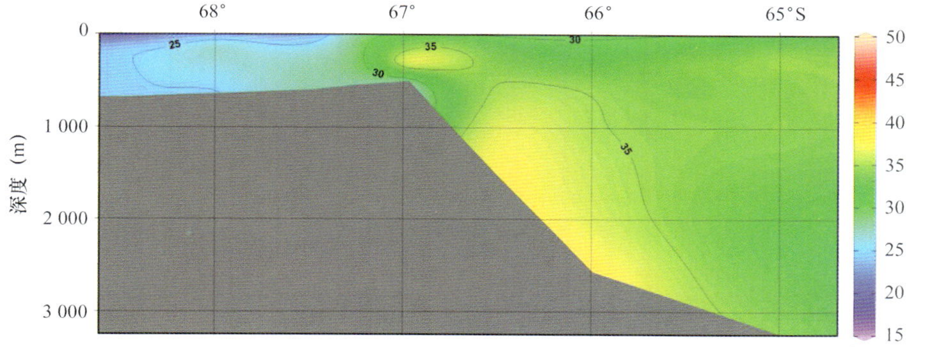

(a) 普里兹湾P5断面总氮剖面

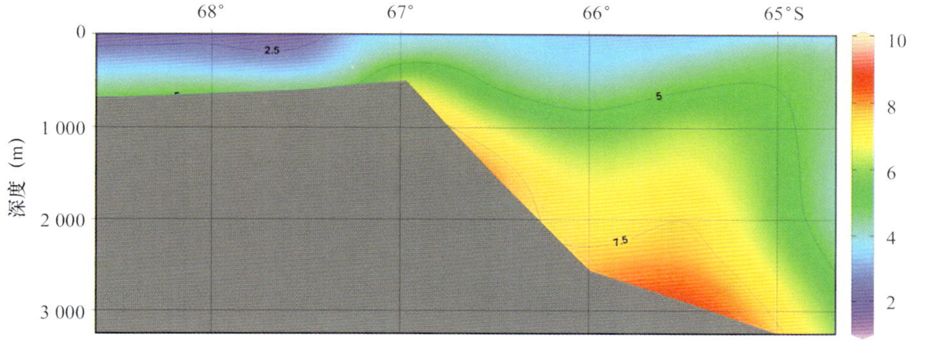

(b) 普里兹湾P5断面总磷剖面

图5－59　中国第29次南极考察普里兹湾P5断面总氮、总磷剖面

图5－60是P7断面总氮、总磷剖面分布。总氮和总磷在该断面呈现出上层浓度低，深层浓度高的特点。总氮浓度出现由湾内到湾外由低到高的变化趋势。该断面总磷浓度由湾内到湾外变化较小。

5.1.1.3　微量元素的分布特征及控制因素

南极半岛海域（中国第28航次、中国第30航次）和普里兹湾（中国第29航次）表层海水中微量元素镉、铜、锌的含量和分布分别见表5－1和图5－61。由表5－1可见，南极半岛海域和普里兹湾表层海水中微量元素的含量具有镉小于铜小于锌的特征。镉含量极低，两个海域均有50%以上站位的含量都低于检测限。而铜和锌的含量相对较高，且南极半岛海域表层海水中的含量明显高于普里兹湾。从总体上看，本次研究海域表层海水微量元素镉的含量与南大洋其他海域（表5－2）具有很好的可比性，而铜、锌的含量明显高1～2个数量级，这与海水样品前处理方式相关。为了避免二次污染，本次研究海水样品未过滤，实际上测定的含量包括吸附于悬浮颗粒物上的微量元素。而同为未过滤的南大洋海水中的锌、铜含量也分别达到1.68 μg/L、0.54 μg/L的浓度（Löscher，1999），与本次研究结果较一致。

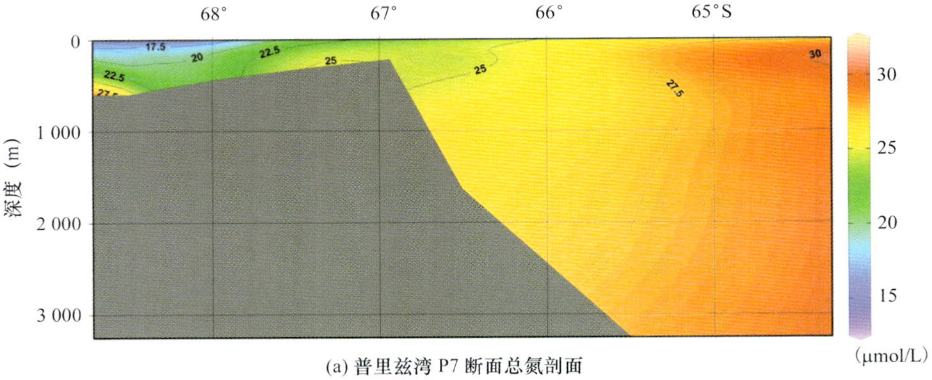

(a) 普里兹湾 P7 断面总氮剖面

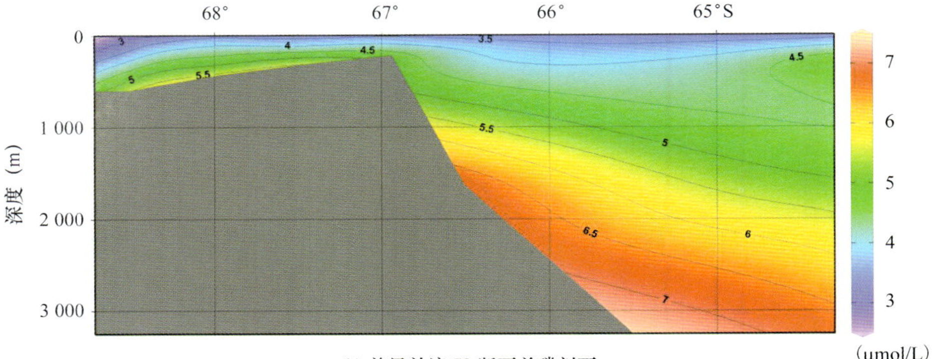

(b) 普里兹湾 73 断面总磷剖面

图 5－60　中国第 29 次南极考察普里兹湾 P7 断面总氮、总磷剖面

从表层海水中微量元素的平面分布来看（图 5－61），南极半岛海域表层海水中镉含量在鲍威尔海盆相对较高，并在南设得兰海槽出现另一高值，而在海盆的东西两侧基本上低于检测限 0.05 μg/L；表层海水中铜含量在南设得兰群岛海域较高，并具有向东浓度递减的分布趋势；锌与铜的分布特征相似，两者 Pearson 相关系数为 0.656（$p<0.05$，$n=14$）。锌与硝酸盐具有良好的相关性，Pearson 相关系数为 0.636（$p<0.01$，$n=28$）。锌作为金属酶的辅助因子参与浮游生物的重要生物过程（Vallee & Auld，1990，1993），通过组成碳酸酐酶直接作用于浮游植物的光合作用，大洋海水中的锌与硝酸盐具有良好的线性关系（Bruland et al.，1991；Fitzwater et al.，2000；Löscher，1999）。本次研究中锌－NO_3 线性关系的斜率明显高于报道数据 1～2 数量级，也是与未过滤海水中锌含量异常高有关的。

在普里兹湾海域，表层海水中镉含量具有湾外大于湾内的分布趋势；铜含量则在海湾东侧相对较高；锌含量则具有湾口较低、湾内和湾外相对较高的分布特征。海水中镉表现出与营养盐的良好相关性，与磷酸盐、硅酸盐和硝酸盐的 Pearson 相关系数分别为 0.810（$p<0.05$，$n=7$）、0.842（$p<0.01$，$n=7$）、0.895（$p<0.05$，$n=7$）。镉和营养盐的良好相关性不但反映了镉作为微量营养元素被海洋生物吸收利用的行为特征，海水中镉和 PO_4 的关系也是指示大洋环流的一个重要指标。Boyle（1988）利用大洋海水中镉和 PO_4 的关系重建了冰川时期大洋环流的模式，建立了全球大洋深层海水中溶解态镉和 PO_4 的线性关系模型：以 PO_4 约为 1.3 μmol/L 为拐点，当 PO_4 大于 1.3 μmol/L 时，两者线性关系式的斜率约为 0.4，截距略小于 0；当 PO_4 小于 1.3 μmol/L 时，斜率约为 0.21，截距约为－0.25。此后，大量研

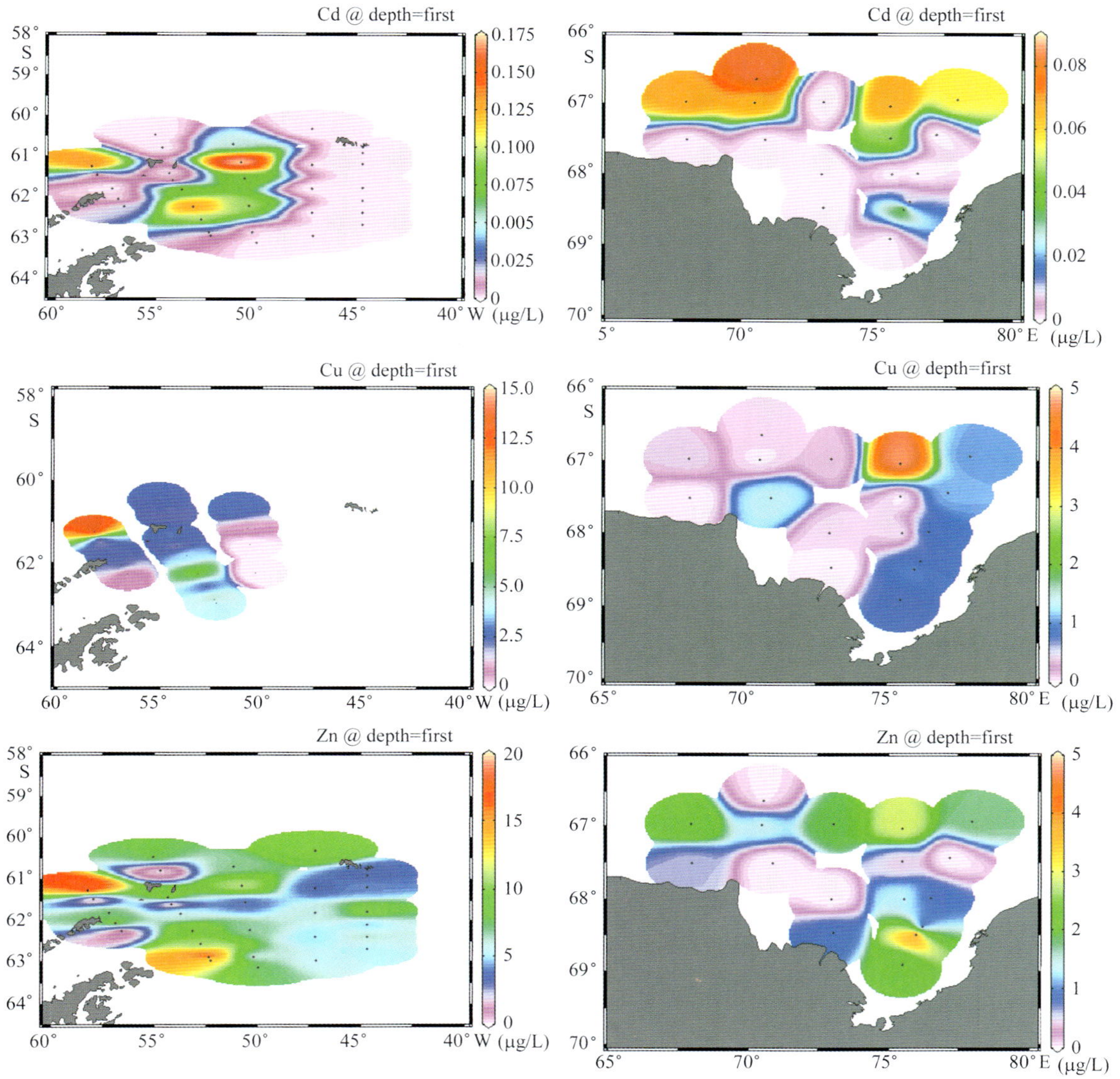

图 5-61　南极周边海域表层海水中微量元素的平面分布

（左侧图为南极半岛海域，右侧图为普里兹湾）

究都为 Boyle 的“PO_4拐点说”提供了有力的证据（Frew & Hunter，1992，1995；De Baar et al.，1994；Frew，1995；Yeats et al.，1995，1998）。普里兹湾为高营养盐海域，镉与磷酸盐的线性关系也与 Boyle（1988）的研究结果较一致。

表 5-1　南极周边海域表层海水中微量元素的含量　　单位：μg/L

海域	镉		铜		锌	
	范围	均值*	范围	均值*	范围	均值*
南极半岛	ND-0.175	0.029	ND-14.369	3.097	ND-19.092	6.860
普里兹湾	ND-0.083	0.025	ND-4.741	0.739	ND-4.69	1.246

注：ND 表示低于检测限，镉、铜、锌的仪器检测限均为 0.05 μg/L；* 表示低于检测限的含量以“0”记。

表 5－2　南大洋其他海域上层水体（<50 m）微量元素的含量　　单位：μg/L

海域	镉	铜	锌	文献
威德尔海 斯科舍海	0.032～0.085	0.11～0.63	0～0.39	Nolting et al., 1991; Croot et al., 2011
罗斯海	0.004～0.110	0.02～0.47	0.016～0.42	Fitzwater et al., 2000; Abollino et al., 2001
6°W	0.022～0.134	ND～0.38	ND～0.34	Löscher et al., 1998; 1999
155°—160°E	0～0.006	0～0.06	0～0.03	Ellwood et al., 2008

5.1.2　生源要素的分布特征和变化规律

5.1.2.1　溶解有机碳的分布特征和变化规律

1）平面分布

（1）南极半岛周边海域

表层溶解有机碳浓度的分布大致具有西南海域较高，东北海域较低的特征。此外，D2、D3、D4 之间断面溶解有机碳分布较均匀，而在 D1 和 D2，DA 和 D5 断面之间溶解有机碳的变化幅度较大。产生这种分布的原因在于 D1－03、D5－05、D5－06 三测站溶解有机碳浓度较高。溶解有机碳最小值出现在 D1－04 测站（0.57 mg/L），最大值出现在 D5－05 测站（1.62 mg/L）。除以上三测站溶解有机碳浓度异常高之外，其他测站溶解有机碳浓度都绞为平均，其平均值为 0.82 mg/L。一般认为，大个体动物的排泄是 NH_4^+ 的主要来源（张乃星等，2013），因此溶解有机碳异常高值可能受到了大个体动物活动的影响。此外，根据有关学者的研究（陈红霞，2014），南极半岛的陆架陆坡夏季上层水具有北向扩展的特征。D5－05、D5－06 测站出现高溶解有机碳的现象可能与浮游植物光合作用所释放的物质有关，即浮游植物的光合作用可能是导致高溶解有机碳的重要原因。D4－04、D5－04 测站表层溶解有机碳浓度较低，因此陆架夏季上层水北向扩展对 D5－05 和 D5－06 测站高溶解有机碳的影响不明显，Wiebinga 等（1998）指出，高总有机碳的局部水体可能是由浮游植物水华的大量沉降或高溶解有机碳水体的水平平流所导致的。

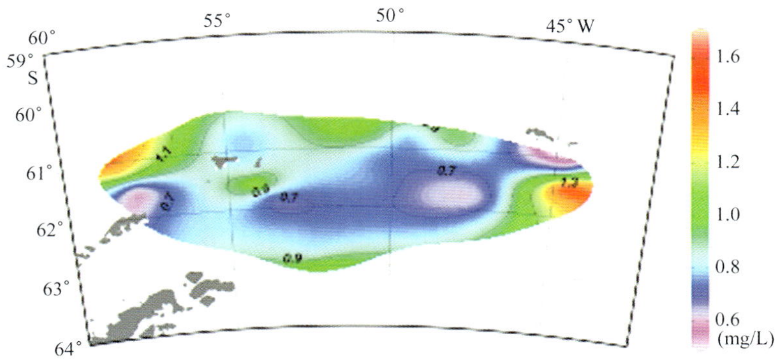

图 5－62　中国第 30 次南极科学考察南极半岛周边海域表层溶解有机碳分布

整体来看，50 m 层溶解有机碳浓度的分布大致具有西南海域较高，东北海域较低，但是在东南部海域出现极大值的特征。此外，D2、D3之间断面溶解有机碳分布较均匀，而在D1和D2，D4和D5断面之间溶解有机碳的变化幅度较大。产生这种分布的原因在于D5-06测站溶解有机碳浓度较高。溶解有机碳最小值出现在D4-04测站（0.50 mg/L），最大值出现在D5-06测站（2.24 mg/L）。50 m层溶解有机碳浓度平均值为0.80 mg/L。

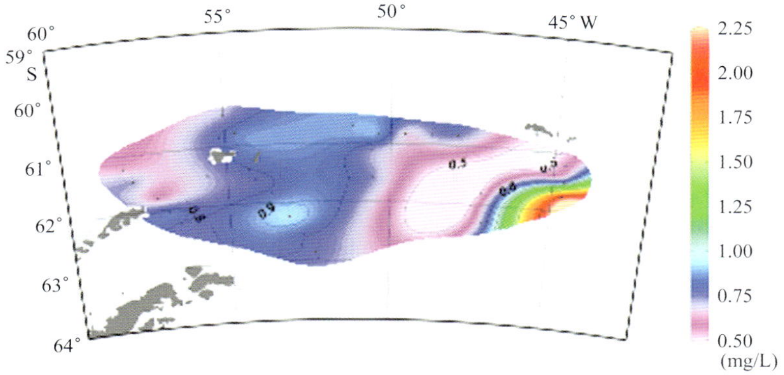

图5-63 中国第30次南极科学考察南极半岛周边海域50 m层溶解有机碳分布

（2）普里兹湾及其邻近海域

由图5-64可知，表层溶解有机碳浓度的水平分布呈现随纬度增高而升高的趋势，普里兹湾内溶解有机碳浓度高于湾外开阔海域。表层溶解有机碳浓度在0.236～1.309 mg/L之间变化，平均值为0.719 mg/L；以P6断面为例，在开阔海域的P6-9站溶解有机碳浓度最低，处在湾内的P6-12站溶解有机碳浓度最高。总体上看，普里兹湾溶解有机碳浓度明显高于世界其他海域，尤其是高于典型的表层溶解有机碳浓度，这可能是由于普里兹湾表层溶解有机碳的生产大于消耗而使得溶解有机碳得以聚集，从而含量较高。由图5-65可知，50 m层溶解有机碳浓度的水平分布呈现随纬度增高而升高的趋势，普里兹湾内溶解有机碳浓度高于湾外开阔海域。50 m层溶解有机碳浓度在0.339～1.479 mg/L之间变化，平均值为0.616 mg/L。普里兹湾属于较为封闭的系统，水体稳定度大，有利于浮游植物的生长繁衍，在湾北部的陆

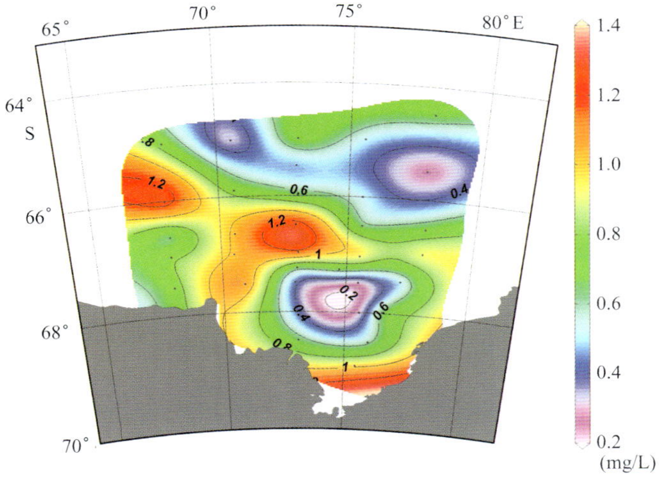

图5-64 中国第29次南极科学考察普里兹湾及附近海域
表层溶解有机碳浓度平面分布

架浅滩由于冰山和浮冰的堆积，风浪难以传播，水体稳定性同样增加（宁修仁等，1993）。本研究海域在夏季，温度升高，海冰的融化有利于短期内浮游植物迅速繁殖。溶解有机碳浓度从湾内到湾外逐渐减小，这种分布与叶绿素的分布类似。在普里兹湾表层溶解有机碳浓度比深层的含量高，表明溶解有机碳在真光层中有现场生成，并在表层有一定的积累，这些均证明初级生产力是溶解有机碳的最终来源（Wiebinga et al.，1998），但确切的机制仍需深入探究。

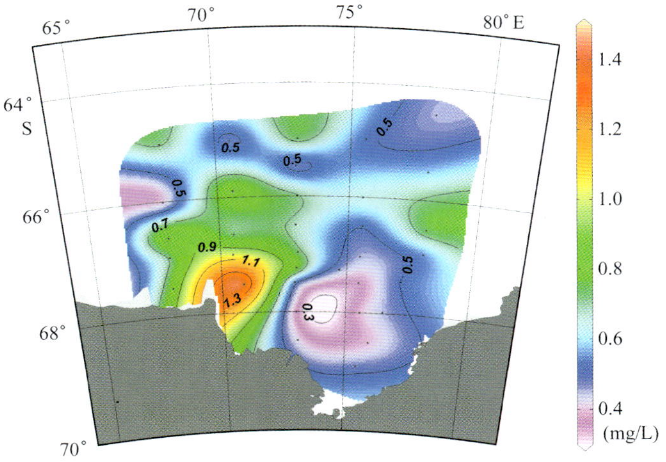

图 5-65　中国第 29 次南极科学考察普里兹湾及附近海域 50 m 层溶解有机碳浓度平面分布

2）剖面分布

（1）南极半岛周边海域

D1-03 站位 200 m 处为 D1 断面溶解有机碳的高值中心区。D1-05 站位 380 m 处为 D1 断面溶解有机碳的低值中心区。该断面溶解有机碳断面分布的趋势是水体表层溶解有机碳含量高于深层水体溶解有机碳含量，与其他海域的断面分布趋势基本一致。

图 5-67 是中国第 30 次南极科学考察南极半岛 D2 断面总溶解有机碳剖面。相比其他断面，该断面溶解有机碳浓度分布较均匀，变化幅度较小。总的趋势是水体表层溶解有机碳含量高于深层水体溶解有机碳含量，与其他海域的断面分布趋势基本一致。

（2）普里兹湾及其邻近海域

对于 P6 断面，P6-10 站位 75 m 处为 P6 断面溶解有机碳剖面分布的低值中心区，此低值区延伸至 P6-7 站位的 75 m 处。P3 断面溶解有机碳垂向分布的趋势是水体表层溶解有机碳含量高于深层水体溶解有机碳含量，与其他海域的垂向分布趋势基本一致。在 25 m 附近溶解有机碳出现浓度最大值，主要由于浮游植物产生的易降解有机物在表层水中存在而在深层水中则缺乏，表层溶解有机碳浓度的增高是由于与初级生产有关的溶解有机碳的生产提高所至（Michaels et al.，1995）。而 P6 断面上，150～200 m 处也出现了溶解有机碳浓度高值区，这可能由于溶解有机碳自海水表层向中层的输运，这个区域被认为是最大的/异养消化者（Benner et al.，2001）（图 5-68）。

P4-9 站位 25 m 处为 P4 断面溶解有机碳剖面分布的高值中心区，此高值区延伸至 P4-3

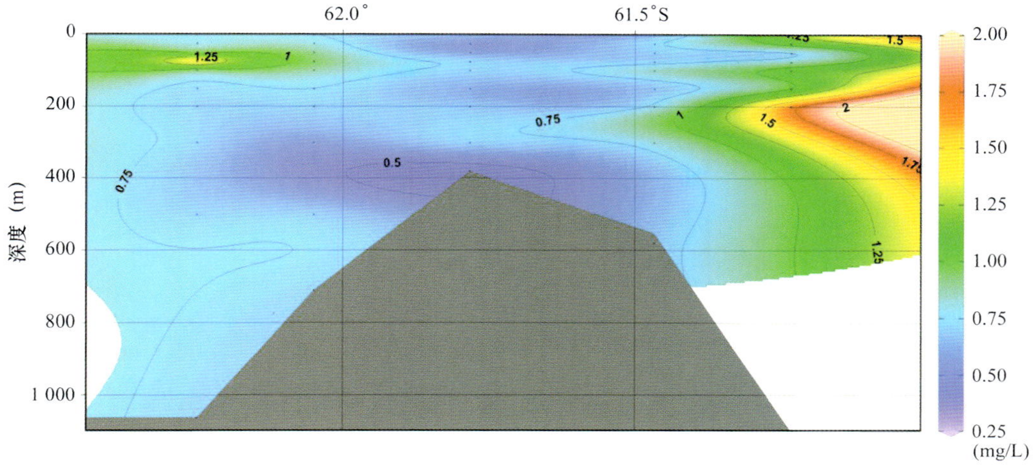

图 5-66　中国第30次南极科学考察南极半岛周边海域D1断面溶解有机碳剖面

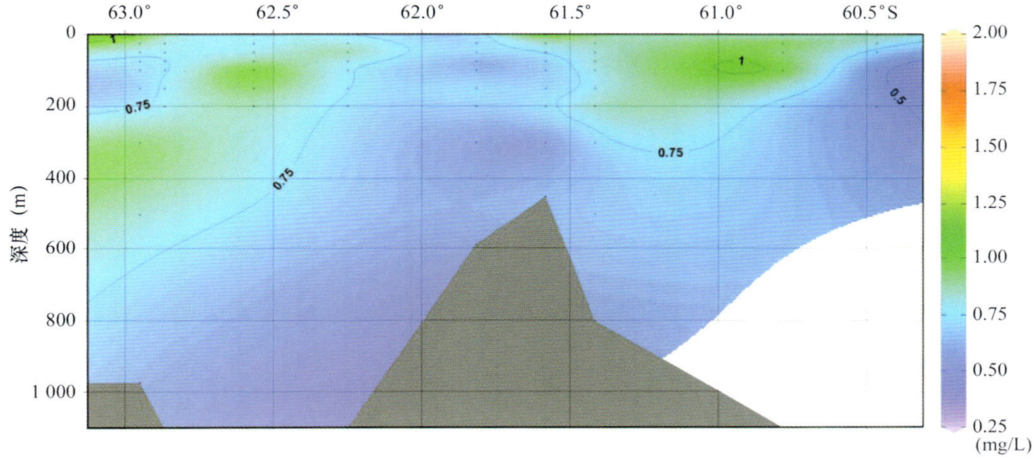

图 5-67　中国第30次南极科学考察南极半岛周边海域D2断面溶解有机碳剖面

站位的25 m处。在25 m附近溶解有机碳出现浓度最大值，主要由于浮游植物产生的易降解有机物在表层水中存在而在深层水中则缺乏，表层溶解有机碳浓度的增高是由于与初级生产有关的溶解有机碳的生产提高所至。剖面分布的总体趋势是水体表层溶解有机碳含量高于深层水体溶解有机碳含量，与其他海域的剖面分布趋势基本一致（图5-69）。

P7-12站位25 m处，由陆架区向陆坡延伸处为P7断面溶解有机碳剖面分布的高值中心区，并且随水深溶解有机碳浓度迅速降低。其他区域溶解有机碳浓度分布较为均匀（图5-70）。

P5-02站位150 m处为P5断面溶解有机碳剖面分布的低值中心区，P5-10站位100 m处为另一低值中心区。同一深度，总体趋势按照离岸由远及近呈现有低浓度到高浓度再变低的趋势。这一特点与其他断面相比较为特殊，可能与其位置的特殊性相关（图5-71）。

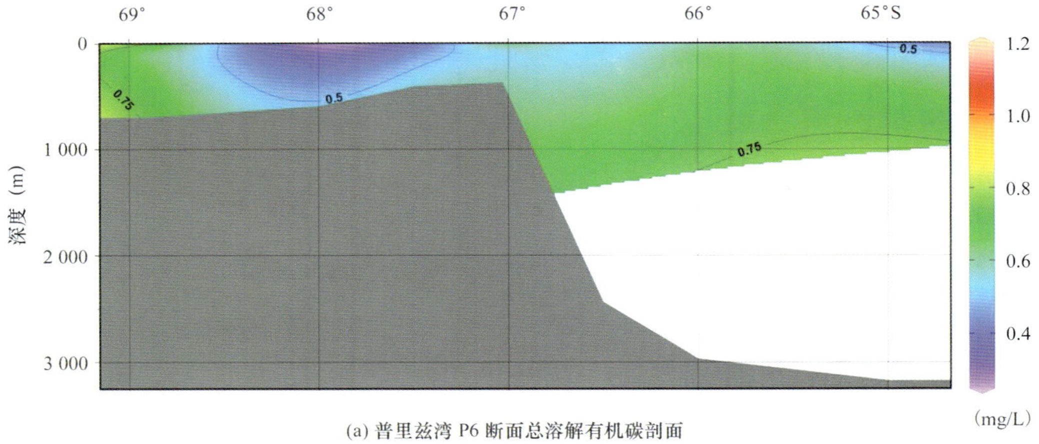

(a) 普里兹湾 P6 断面总溶解有机碳剖面

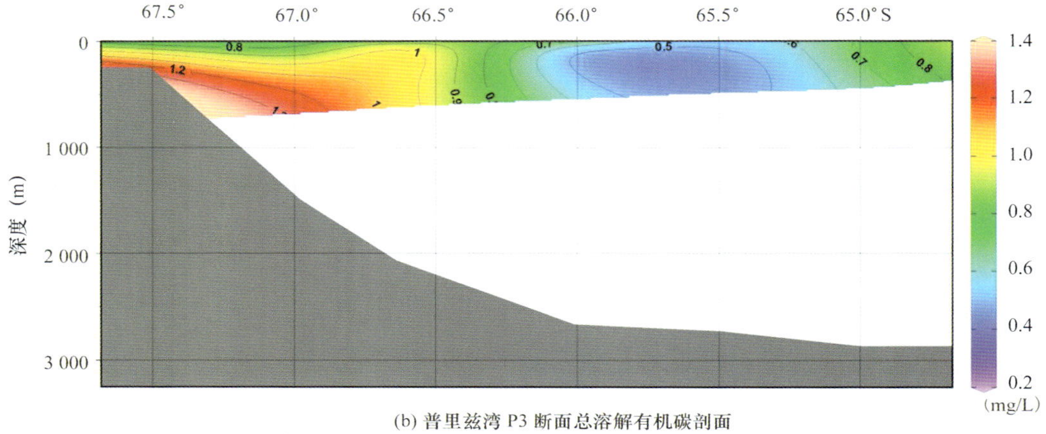

(b) 普里兹湾 P3 断面总溶解有机碳剖面

图 5－68　中国第 29 次南极科学考察普里兹湾 P6 断面（a）、P3 断面（b）溶解有机碳剖面分布

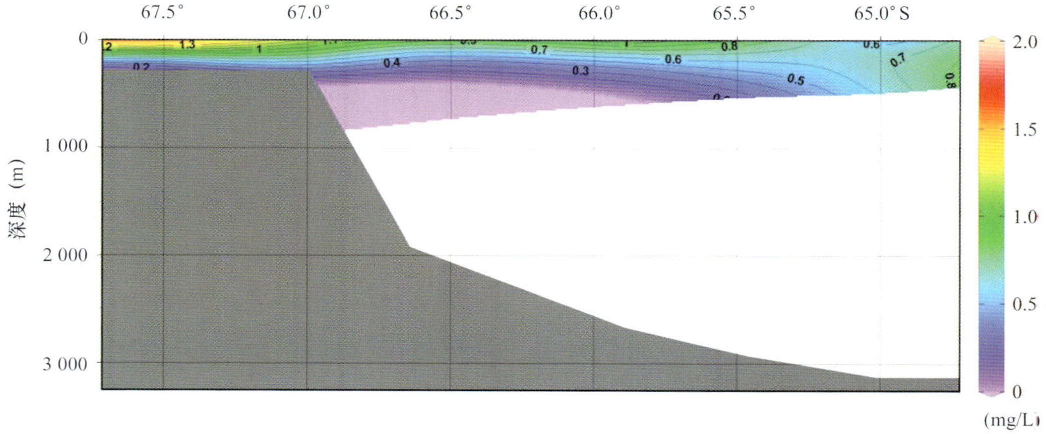

图 5－69　中国第 29 次南极科学考察普里兹湾 P4 断面溶解有机碳剖面分布

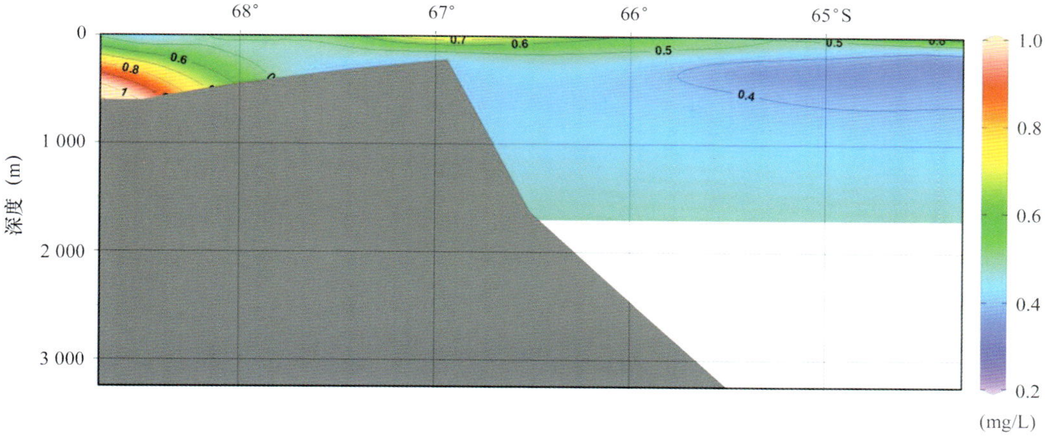

图5-70 中国第29次南极科学考察普里兹湾P7断面溶解有机碳剖面分布

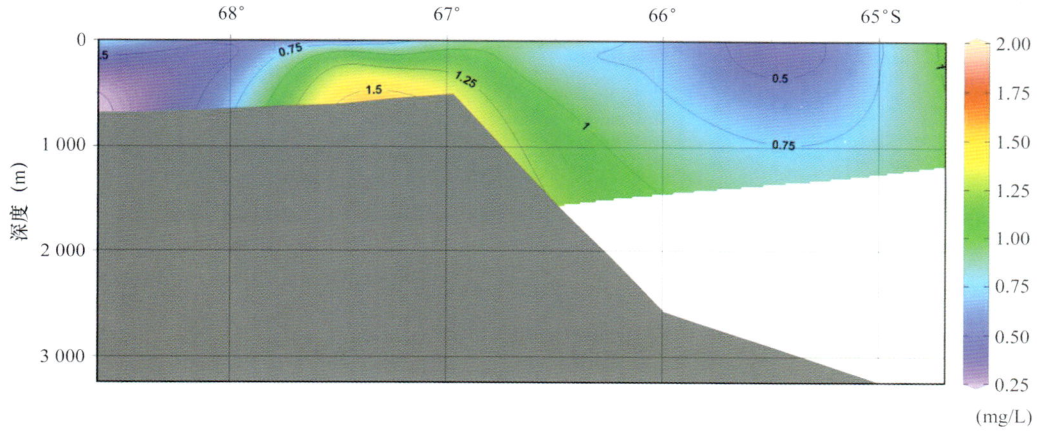

图5-71 中国第29次南极科学考察普里兹湾P5断面溶解有机碳剖面分布

5.1.2.2 生物硅的分布特征和变化规律

1）平面分布

（1）南极半岛周边海域

根据中国第28次南极考察获取的数据可知，在2012年夏季南极半岛周边海域表层颗粒生物硅的含量在0.80～6.06 μmol/L之间变化，平均含量为1.87 μmol/L。表层海水中颗粒生物硅的分布呈现由南向北逐渐升高的趋势，在达到最高值之后又向东北部递减。颗粒生物硅含量的最高值出现在D5断面的D5-4站位，最低值出现在D1断面的D1-9站位。在中北部海域还有一个次高值区域，该区域的D3-2站位海水中的颗粒生物硅含量为4.94 μmol/L。50 m层颗粒生物硅的含量在0.31～5.49 μmol/L之间变化，平均值为1.66 μmol/L（图5-72）。根据50 m层颗粒生物硅的平面分布可知（图5-73），颗粒生物硅的最高值与最低值站位与表层一致，不同的是次高值区域向南移动至中南部区域，该区域的D2-8站位海水中的颗粒生物硅的含量达到4.67 μmol/L。

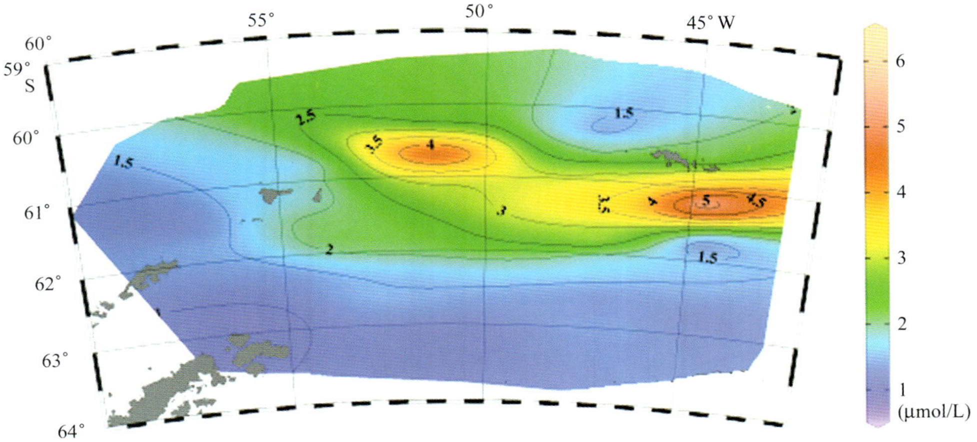

图 5－72　中国第 28 次南极科学考察南极半岛周边海域表层生物硅分布

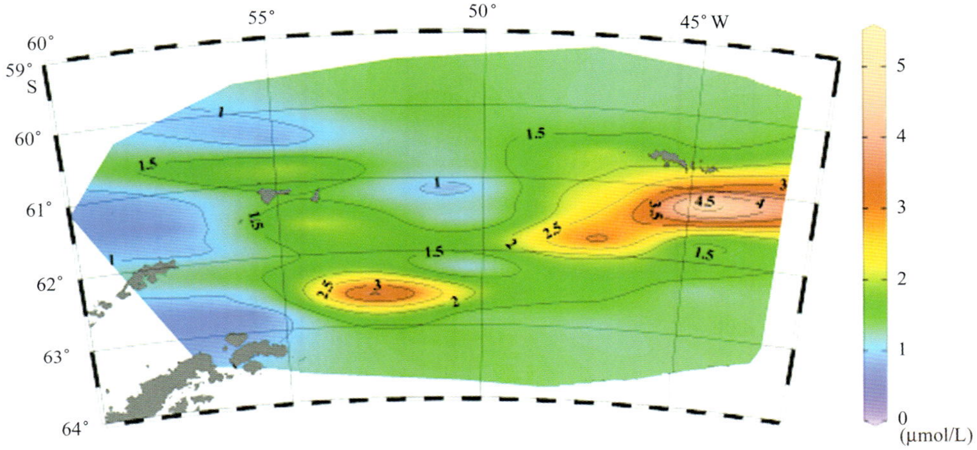

图 5－73　中国第 28 次南极科学考察南极半岛周边海域 50 m 层生物硅分布

根据中国第 30 次南极考察获取的数据可知，在 2014 年夏季南极半岛海域表层海水中颗粒生物硅的含量在 0.16～4.74 μmol/L 之间变化，平均含量为 1.14 μmol/L。表层海水中颗粒生物硅的分布具有东西两侧含量低，逐渐向中部中南部升高的趋势（图 5－74）。颗粒生物硅含量的最高值出现在 D4 断面的 D4－5 站位，含量为 4.74 μmol/L；最低值出现在 D5 断面的 D5－7 站位，含量为 0.16 μmol/L。50 m 层海水中颗粒生物硅含量的变化趋势与表层较为相近，但是最高值站位相对于表层向北偏移，最高值出现在 D4 断面的 D4－3 站位，含量为 1.83 μmol/L；最低值出现在 D5 断面的 D5－5 站位，含量为 0.17 μmol/L（图 5－75）。

（2）普里兹湾及其邻近海域

根据中国第 29 次南极考察获取的数据可知，在 2013 年夏季普里兹湾海域表层海水中颗粒生物硅的含量在 0.38～8.62 μmol/L 之间变化，平均含量为 1.55 μmol/L。中国第 29 航次普里兹湾表层海水中颗粒生物硅含量以 67°S 为界，以南湾内海水中的含量明显高于以北的湾外海域（图 5－76）。表层海水中颗粒生物硅含量的最高值出现在湾内的 P5－16 站位，最低值出现在陆坡区的 P5－10 站位。

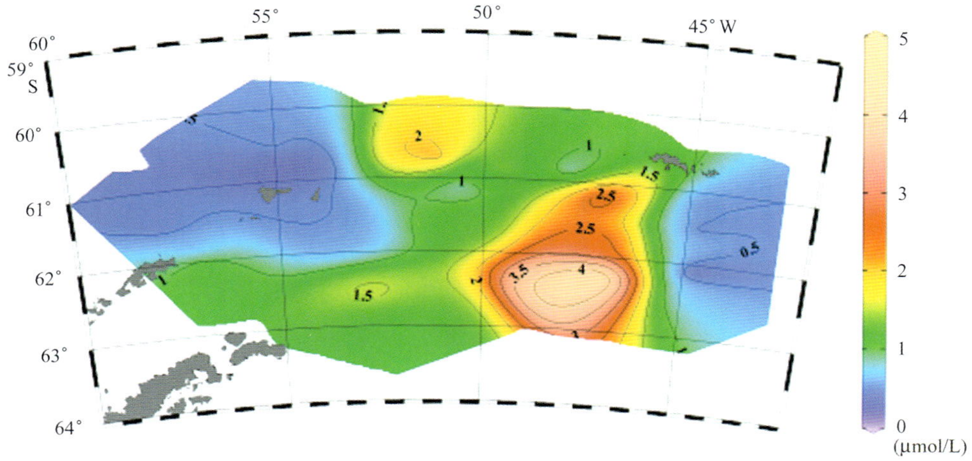

图 5-74 中国第 30 次南极科学考察南极半岛周边海域表层生物硅分布

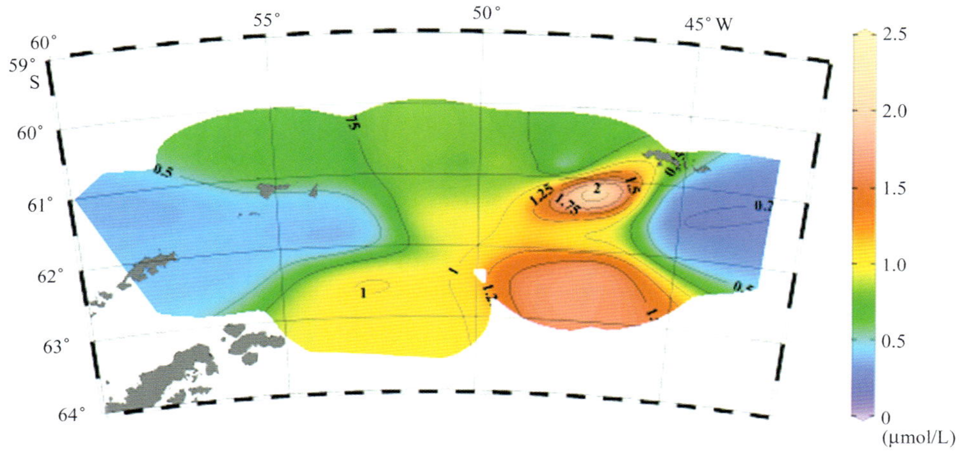

图 5-75 中国第 30 次南极科学考察南极半岛周边海域 50 m 层生物硅分布

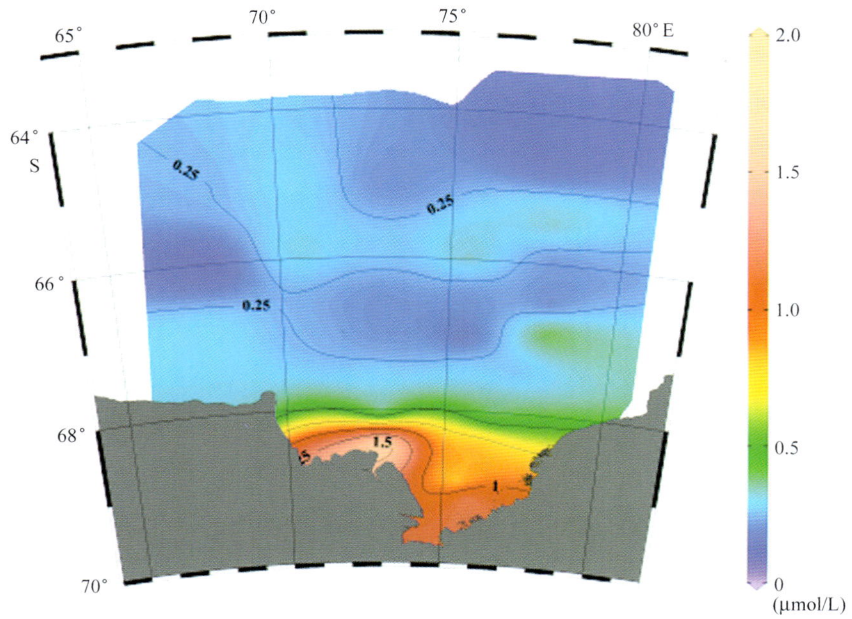

图 5-76 中国第 29 次南极科学考察普里兹湾表层生物硅分布

2）剖面分布

（1）南极半岛周边海域

根据中国第28次南极考察获取的数据可知，在D1断面（图5－77），海水中颗粒生物硅的含量基本上呈现次表层最高的分布特征，除去62.5°S附近站位，50 m以深海水中的颗粒生物硅含量明显低于50 m以浅。最高值出现在D1－9站位的25 m层，含量为2.93 μmol/L，次高值区域出现在D1－7站位的25 m层，颗粒生物硅含量为1.96 μmol/L。在D2断面，100 m以浅颗粒生物硅含量明显高于其他断面（图5－78），垂向分布同样呈现次表层最高的分布，100 m以浅海水中的含量明显高于100 m以深。最高值出现在D2－8的25 m层，含量为5.46 μmol/L，而在61.79°S的D2－6站位在200 m层又出现一个高含量区域，含量为3.02 μmol/L。在D3断面，海水中颗粒生物硅在62.5°S以南以及61.5°S以北区域含量较高，在垂向分布上含量随深度增加呈现降低的趋势，但是非常缓慢。在D4断面，大部分站位海水中颗粒生物硅含量的垂直变化不是非常明显，仅在62°—61°S范围内的站位50 m以浅海水中的含量明显高于50 m以深，且这些站位海水中的颗粒生物硅含量明显高于其他区域站位。在D5断面，海水中颗粒生物硅的垂向分布变化与D4相似，大部分站位含量垂向变化不明显，仅在61.5°—61.0°S范围内站位50 m以浅海水中的含量明显高于50 m以深海水中的含量，且这些站位颗粒生物硅的含量明显高于其他区域站位。

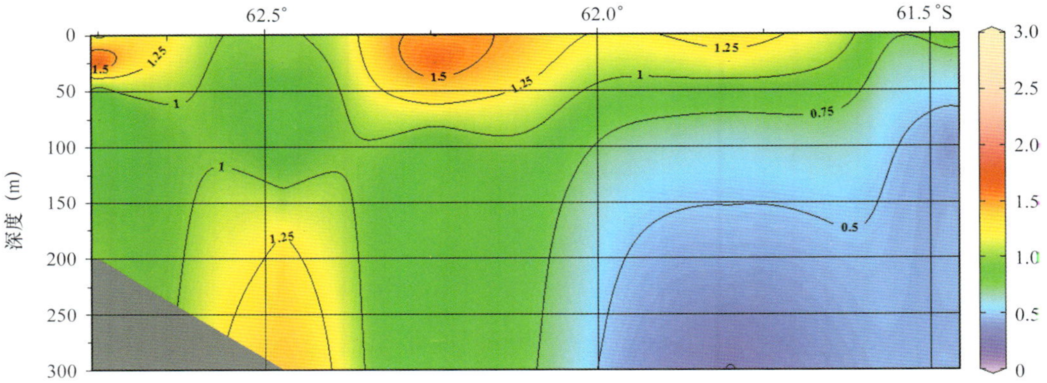

图5－77　中国第28次南极考察南极半岛周边海域D1断面生物硅剖面

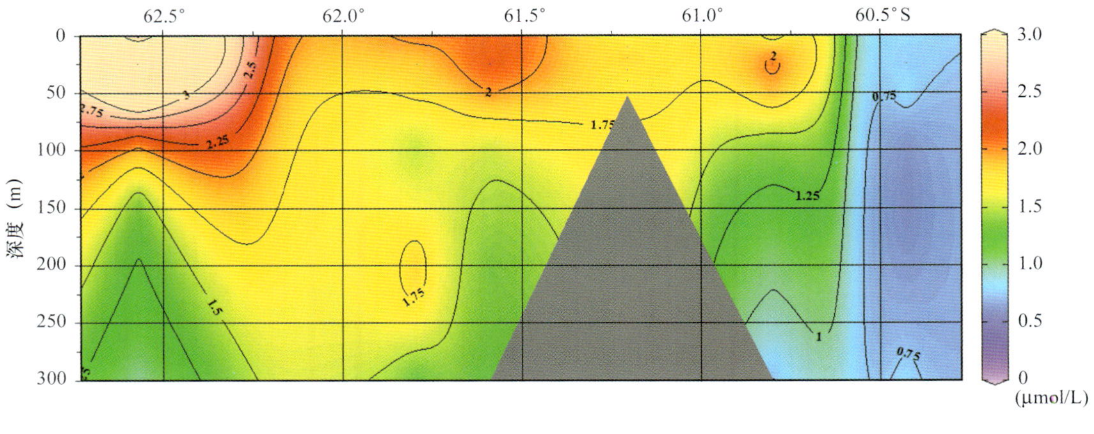

图5－78　中国第28次南极考察南极半岛周边海域D2断面生物硅剖面

根据中国第30次南极考察获取的数据可知，在D1断面（图5-79），颗粒生物硅的垂向分布基本上呈现含量随深度降低的趋势，但降低程度不是非常大，尤其是61.8°S以北区域水体中颗粒生物硅的垂向变化不是很明显且含量明显低于以南区域。D2断面的颗粒生物硅的垂向分布与D1断面相近，62°S以北区域站位水体中颗粒生物硅含量明显低于以南站位水体，且垂向变化不是非常明显，62°S以南区域水体中颗粒生物硅的垂向分布呈现50 m以浅水体高于50 m以深水体的特征。DA断面为经向变化断面，该断面水体中颗粒生物硅的垂向分布也呈现随深度增加降低的趋势，尤其是在51°W以西的站位，50 m以浅水体中颗粒生物硅的含量明显高于50 m以深水体的含量，而在48.5°W以东站位水体中颗粒生物硅含量较低，且垂向变化不是很明显。

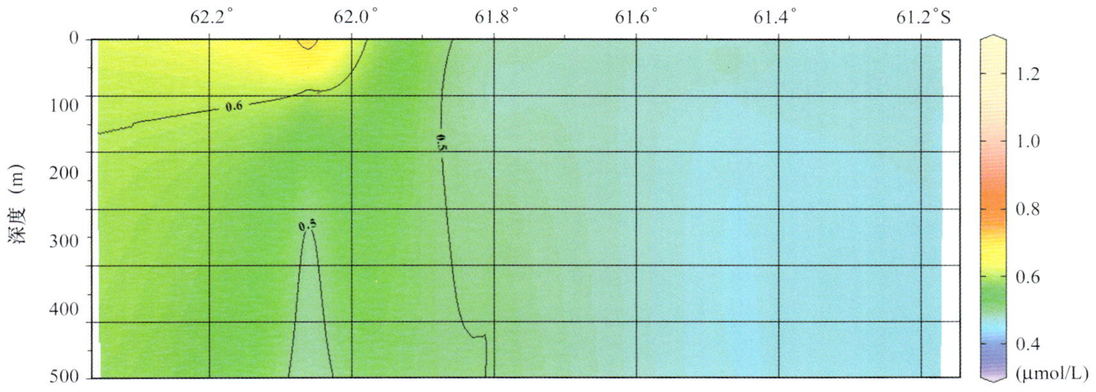

图5-79　中国第30次南极考察南极半岛周边海域D1断面生物硅剖面

（2）普里兹湾及其邻近海域

根据中国第29次南极考察获取的数据可知，普里兹湾P5断面68°S以南站位50 m以浅水体中颗粒生物硅的平均含量明显高于50 m以深水层的平均含量（图5-80）。在65.5°—66.5°S海域，20～25 m深的水体中出现颗粒生物硅的高值，明显高于表层及50 m以深水体。

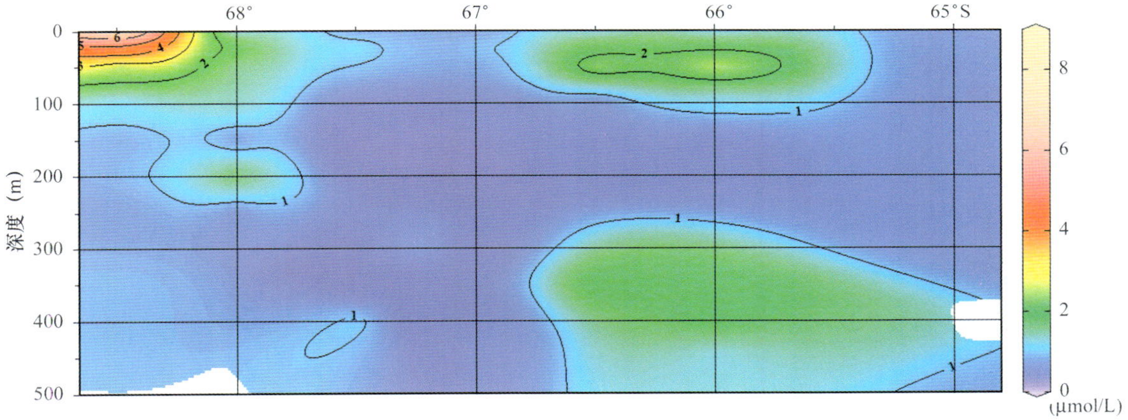

图5-80　中国第29次南极科学考察普里兹湾P5断面生物硅剖面

5.1.3 碳酸盐体系的分布特征和变化规律

5.1.3.1 溶解无机碳的分布特征和变化规律

1）平面分布

（1）南极半岛周边海域

在中国第28次和第30次南极科学考察中，在南极半岛周边海域（威德尔海北部）进行了碳酸盐体系参数（溶解无机碳DIC、总碱度TA和pH）水样的采集工作，经过测量后获取了丰富的数据。两次考察期间南极半岛周边海域表层海水的碳酸盐体系参数溶解无机碳分布如图5－81所示。在中国第28次南极科学考察中，表层溶解无机碳的分布范围为2 062.3～2 200.5 μmol/kg，最大值出现在D3－3站位（61.2°S、50.8°W附近区域），最小值位于D4－11站位（63.0°S、47.2°W附近区域）。在中国第30次南极科考中，表层溶解无机碳的分布范围为2 081.1～2 210.7 μmol/kg，最小值位于D5－04站位（61.2°S、44.7°W附近区域），考察区东北部，最大值与第28次南极科考的位置相同，位于D3－3站位。整体分布趋势上，两个考察航次略有区别，整体上都是考察区域东部和南部的DIC含量相对较低；都存在DIC高值区域，在此区域中中国第30次南极科考的DIC含量要明显高于中国第28次南极科考。

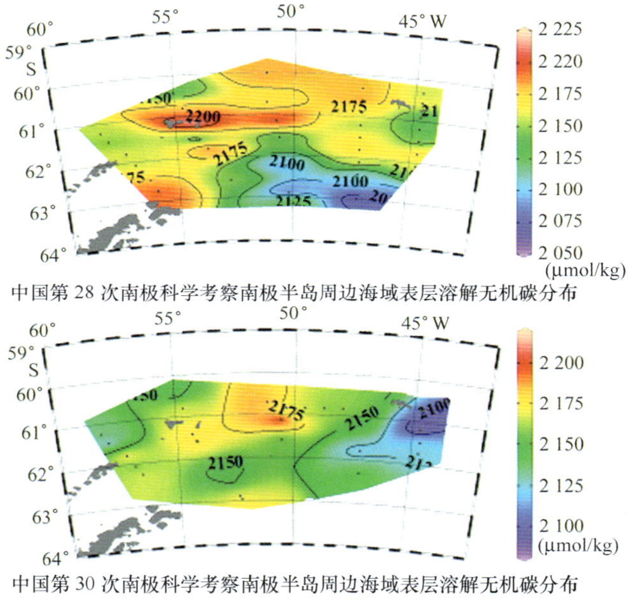

（a）中国第28次南极科学考察南极半岛周边海域表层溶解无机碳分布

（b）中国第30次南极科学考察南极半岛周边海域表层溶解无机碳分布

图5－81 中国第28次、第30次南极科学考察南极半岛周边海域表层海水溶解无机碳分布

（2）普里兹湾及其邻近海域

考察期间普里兹湾海域溶解无机碳平面分布如图5－82所示。表层溶解无机碳含量的范围为2 053.5～2 206.2 μmol/kg，最大值位于P6－11站位（68.5°S、76.0°E附近区域），最小值位于P6－13站位（69.2°S、75.8°E附近区域）。区域分布特征为湾内低、湾外高，随纬度的降低而升高，在近岸纬度较高的区域发现了表层溶解无机碳的极低值。

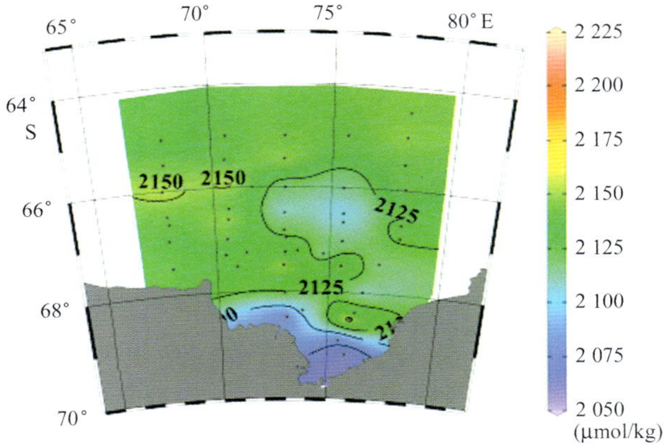

图 5－82 中国第 28 次、第 30 次南极科学考察普里兹湾海域表层海水溶解无机碳分布

2）垂直分布

（1）南极半岛周边海域

中国第 28 次和第 30 次南极科学考察的 DIC 典型断面分布如图 5－83 所示。两次考察期间由于调查站位有所差异，断面的长度不太一致，但其 DIC 垂向分布仍表现出了很大的类似性。DIC 含量在表层由于受到海冰融水稀释和生物活动的消耗因而最低，随后随着深度的增加而增加，层化趋势较为明显，陆架区 DIC 的浓度在整个水柱中都一直在增加，陆坡和海盆区在表层以下开始快速增加，以后则增速放缓，到中深层之后变化不大。个别站位区域 DIC 浓度随着深度增加的变化并不明显，在垂向上分布较为均匀，可能存在较强的垂直混合。

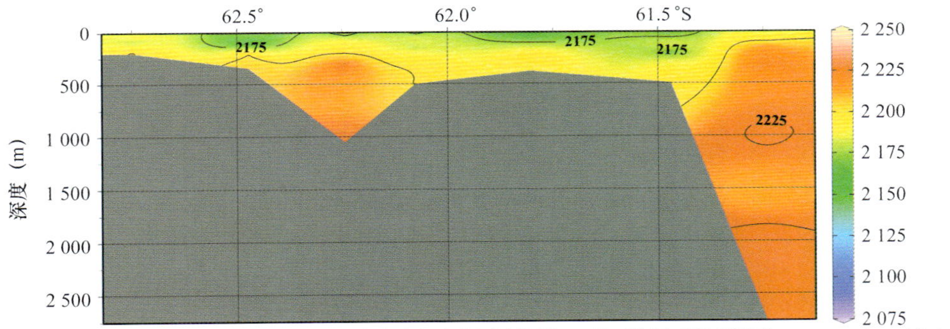

(a) 中国第 28 次南极科学考察南极半岛周边海域 D1 断面溶解无机碳剖面

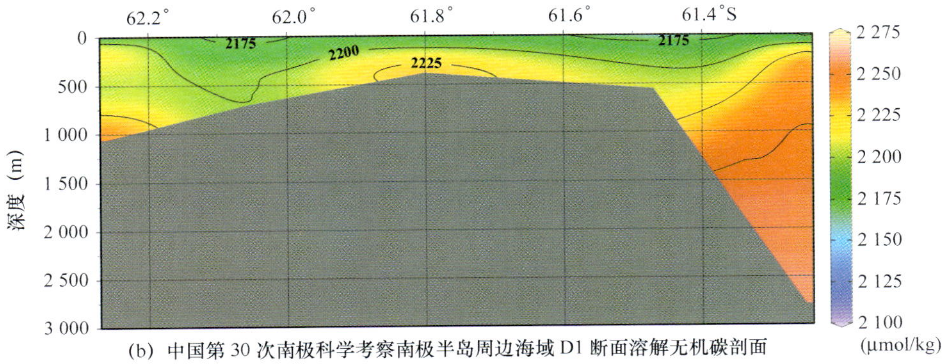

(b) 中国第 30 次南极科学考察南极半岛周边海域 D1 断面溶解无机碳剖面

图 5－83 中国第 28 次、第 30 次南极科学考察南极半岛周边海域 D1、D2、D3 断面溶解无机碳分布

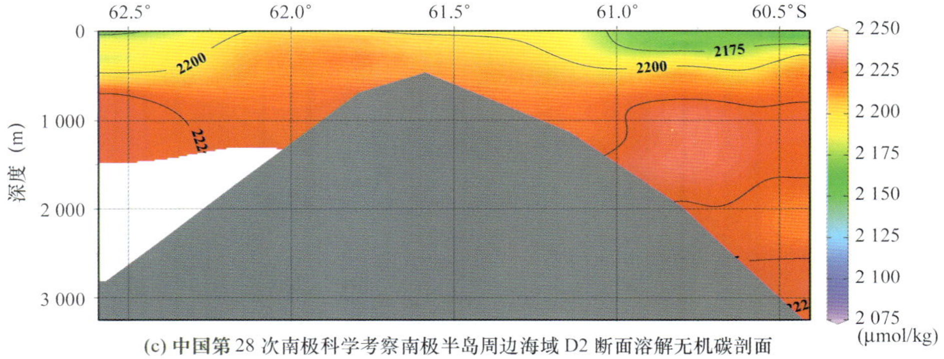

(c) 中国第 28 次南极科学考察南极半岛周边海域 D2 断面溶解无机碳剖面

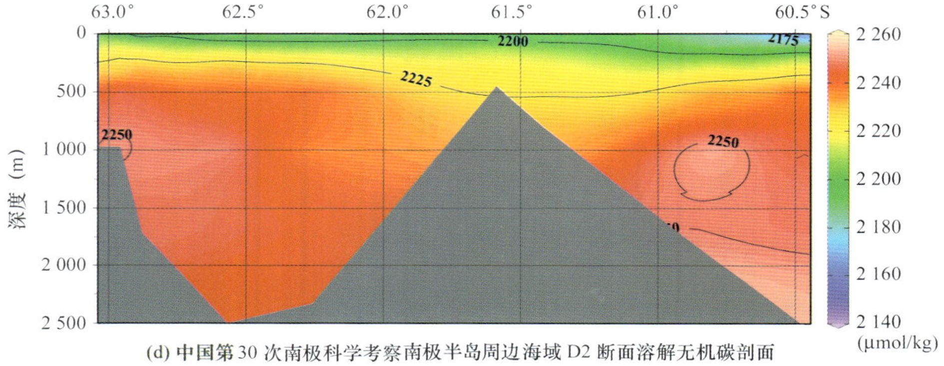

(d) 中国第 30 次南极科学考察南极半岛周边海域 D2 断面溶解无机碳剖面

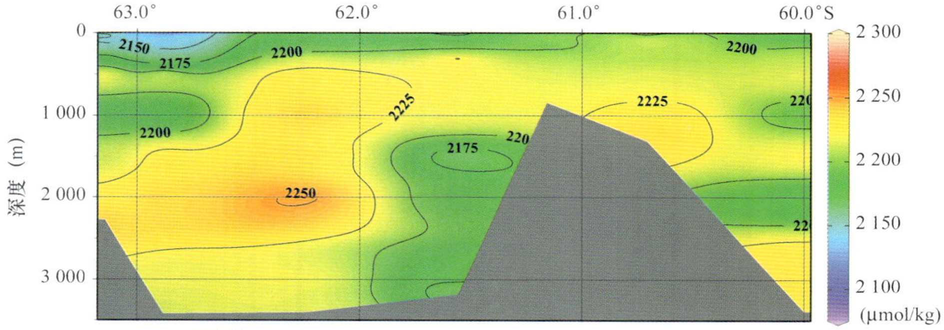

(e) 中国第 28 次南极科学考察南极半岛周边海域 D3 断面溶解无机碳剖面

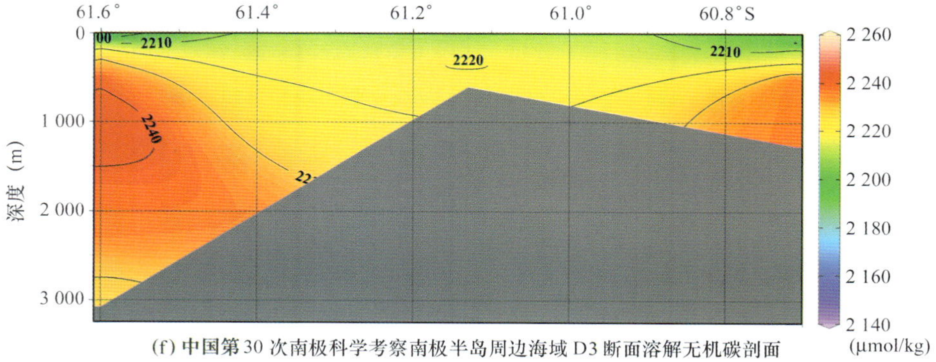

(f) 中国第 30 次南极科学考察南极半岛周边海域 D3 断面溶解无机碳剖面

图 5－83　中国第 28 次、第 30 次南极科学考察南极半岛周边海域 D1、D2、D3 断面溶解无机碳分布（续）

（2）普里兹湾及其邻近海域

中国第 29 次南极考察期间普里兹湾海域溶解无机碳断面分布如图 5－84 所示。在位于 73°E 的 P5 断面，溶解无机碳含量在表层由于受到海冰融水稀释和生物活动的消耗因而最低，随后随着深度的增加而增加，陆架区溶解无机碳的浓度在整个水柱中都一直在增加，陆坡和海盆区在表层以下开始快速增加，以后则增速放缓，到中深层之后变化不大。在位于 68°E 的 P3 断面和位于 70.5°E 的 P4 断面，溶解无机碳的分布较为一致，断面上层 DIC 变化显示从南向北升高的趋势，在垂向上的分布情况与 73°E 的 P5 断面相似，都呈现出随着深度的增加而增加的趋势。

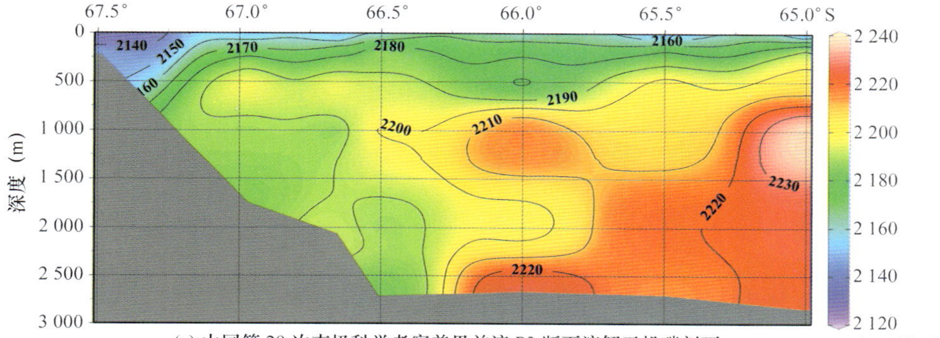

(a) 中国第 29 次南极科学考察普里兹湾 P3 断面溶解无机碳剖面

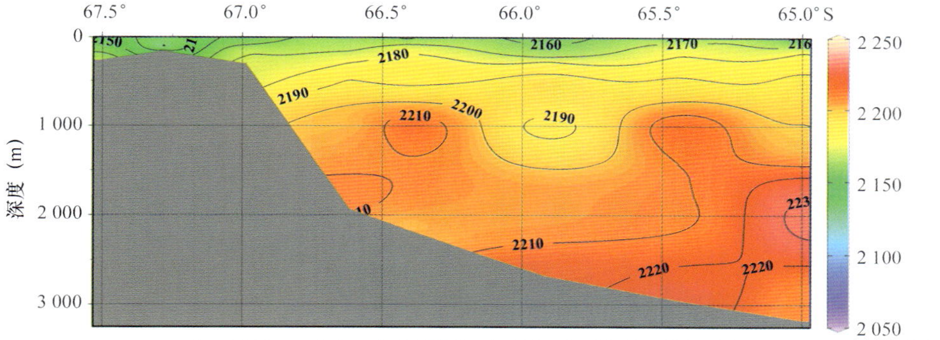

(b) 中国第 29 次南极科学考察普里兹湾 P4 断面溶解无机碳剖面

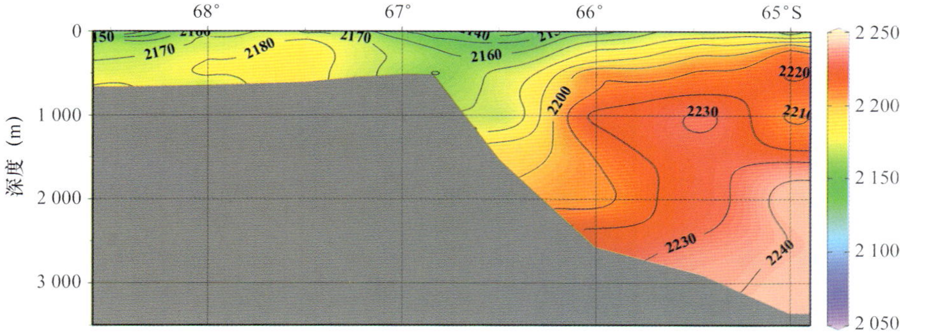

(c) 中国第 29 次南极科学考察普里兹湾 P5 断面溶解无机碳剖面

图 5－84　中国第 29 次南极科学考察普里兹湾海域 P3、P4、P5 断面溶解无机碳分布

5.1.3.2 总碱度的分布特征和变化规律

1）平面分布

（1）南极半岛周边海域

中国第28次和第30次南极科学考察期间南极半岛海域表层海水的碳酸盐体系参数总碱度分布图如图5－85所示。在中国第28次南极科学考察中，表层总碱度的浓度在2 205.9～2 331.9 μmol /kg之间变化，最大值位于D1－9站位（62.7°S、56.0°W附近区域），最小值位于D3－7站位（62.9°S、50.2°W附近区域）。在第30次南极科考中，表层总碱度的范围为2 236.9～2 332.9 μmol/kg，最大值位于考察区东南部D4－5站位（62.3°S、47.2°W附近区域），最小值位于D3－04站位（61.6°S、50.5°W附近区域）。两次考察的表层总碱度浓度变化范围较为一致，而分布趋势稍有不同，极小值区域都出现在D3断面南部区域，除此区域外，整体上的浓度范围变化不大。总碱度的变化主要是海冰消融的年际变化和夏季的海冰融化特征造成的，与盐度的相关性非常高，总碱度低值区往往位于海冰融化较为严重的区域。

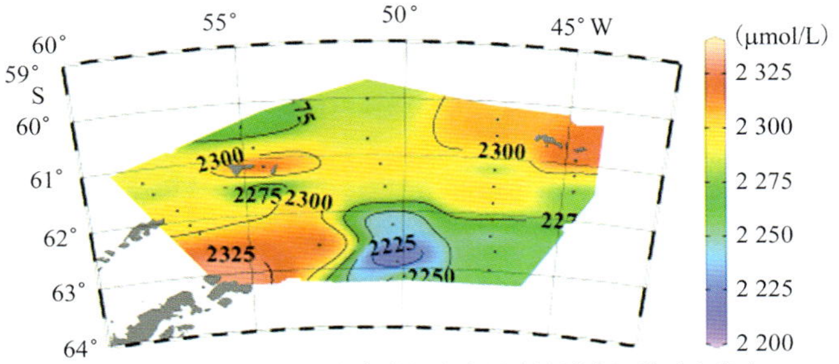

(a) 中国第28次南极科学考察南极半岛周边海域表层总碱度分布

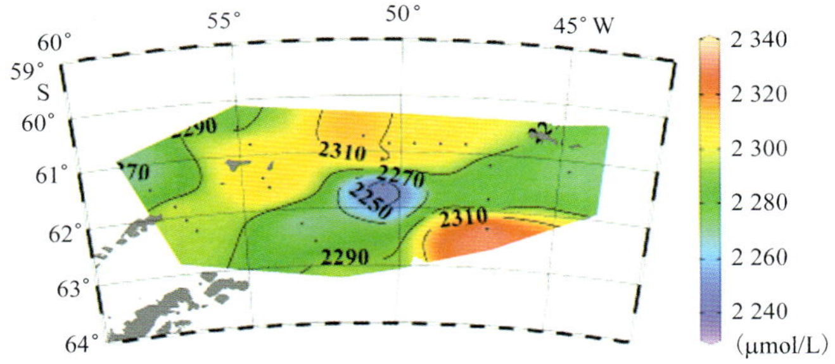

(b) 中国第30次南极科学考察南极半岛周边海域表层总碱度分布

图5－85 中国第28次、第30次南极科学考察南极半岛周边海域表层海水总碱度分布

（2）普里兹湾及其邻近海域

中国第29次南极考察期间普里兹湾区域总碱度平面分布如图5－86所示。表层总碱度的范围为2 233.1～2 316.5 μmol/kg，最大值位于P6－13站位（69.2°S、75.8°E附近区域），最小值位于P4－7站位（67.0°S、70.5°E附近区域）。区域分布特征都为湾内低、湾外高，在湾内区域随纬度的降低而降低，在湾外区域则呈现出自东向西逐渐升高的趋势。在靠近埃默里冰架区域发现了表层总碱度的最低值，高值区则在普里兹湾湾外的西部区域，整体上总碱度的变化主要是海冰消融的年际变化和夏季的海冰融化特征造成的（Rivaro et al.，2014），受到海冰融化水严重稀释的湾内区域总碱度含量显著小于湾外的开阔水域。

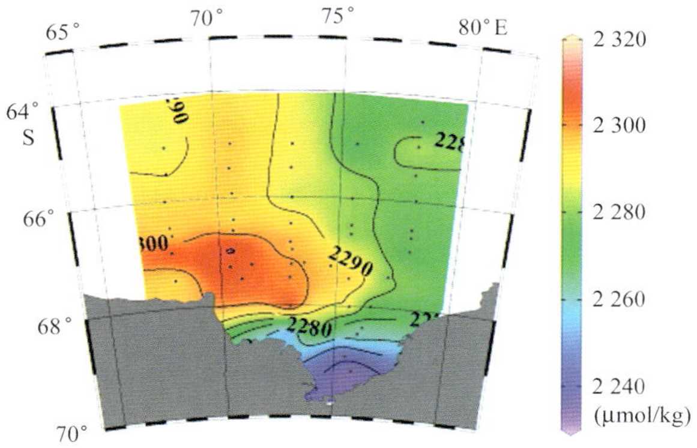

图 5－86　中国第 29 次南极科学考察普里兹湾海域表层海水总碱度分布

2）垂直分布

（1）南极半岛周边海域

中国第 28 次和第 30 次南极科学考察期间南极半岛附近海域的总碱度典型断面分布如图 5－87 所示。两个考察航次的总碱度在断面垂向分布上，表现出了类似的特点，总碱度含量在表层由于受到海冰融水稀释而最低，随后随着深度的增加而增加，陆架区浓度在整个水柱中都一直在增加，陆坡和海盆区在表层以下开始快速增加，以后则增速放缓；到中深层之后变化不大，然而在个别站位区域浓度在垂向上变化不明显，更加印证此区域可能较强的垂直混合。

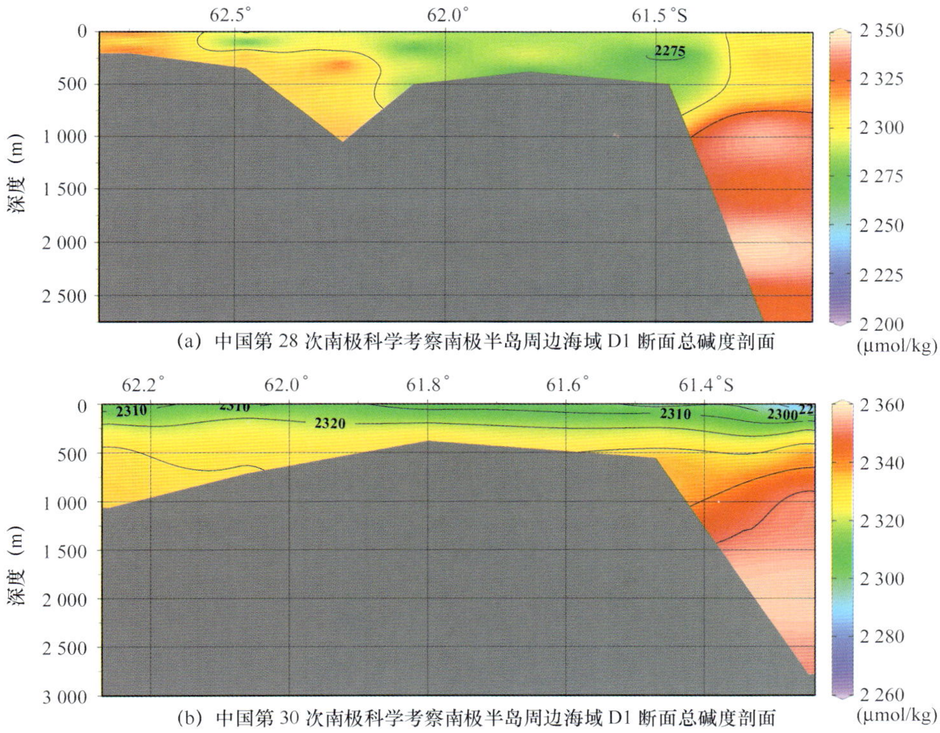

图 5－87　中国第 28 次、第 30 次南极科学考察南极半岛周边海域 D1、D2、D3 断面总碱度分布

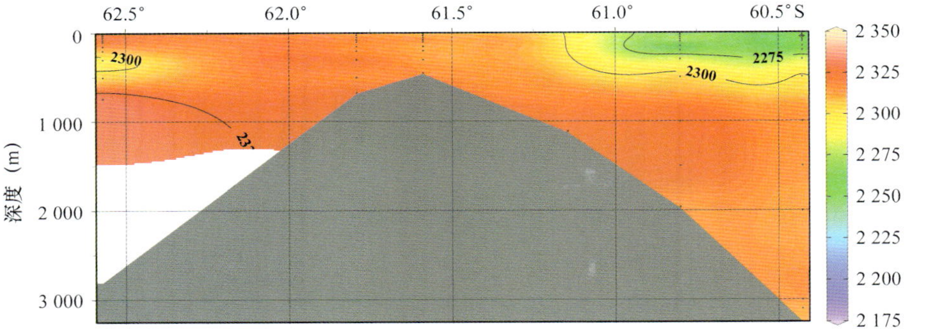

(c) 中国第 28 次南极科学考察南极半岛周边海域 D2 断面总碱度剖面

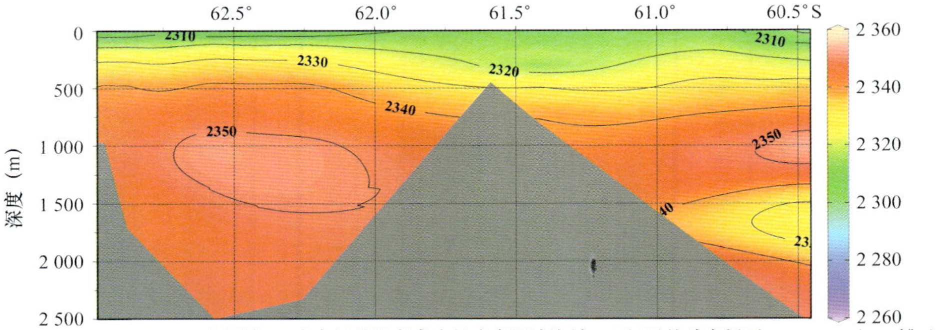

(d) 中国第 30 次南极科学考察南极半岛周边海域 D2 断面总碱度剖面

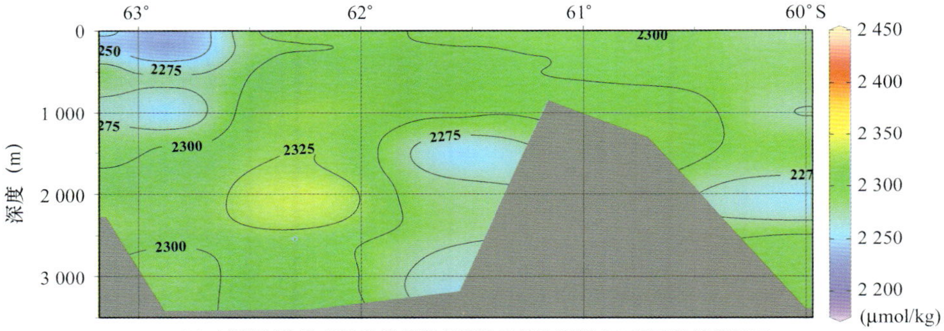

(e) 中国第 28 次南极科学考察南极半岛周边海域 D3 断面总碱度剖面

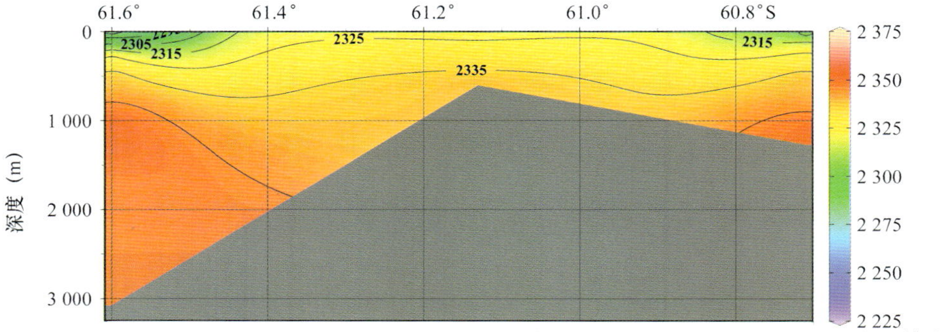

(f) 中国第 30 次南极科学考察南极半岛周边海域 D3 断面总碱度剖面

图 5－87　中国第 28 次、第 30 次南极科学考察南极半岛周边海域 D1、D2、D3 断面总碱度分布（续）

（2）普里兹湾及其邻近海域

中国第29次南极考察期间普里兹湾海域总碱度断面分布如图5-88所示。在断面的垂向分布上，总碱度含量在表层由于受到海冰融水稀释而最低，随后随着深度的增加而增加，陆架区总碱度的浓度在整个水柱中都一直在增加，陆坡和海盆区在表层以下开始快速增加，以后则增速放缓，到中深层之后变化不大。

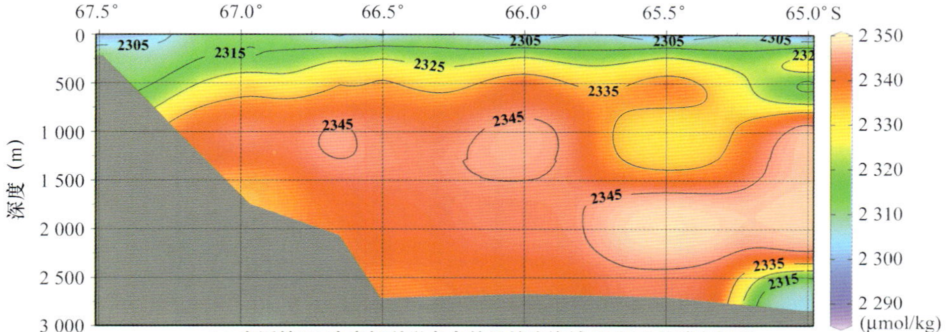

(a) 中国第29次南极科学考察普里兹湾海域P3断面总碱度剖面

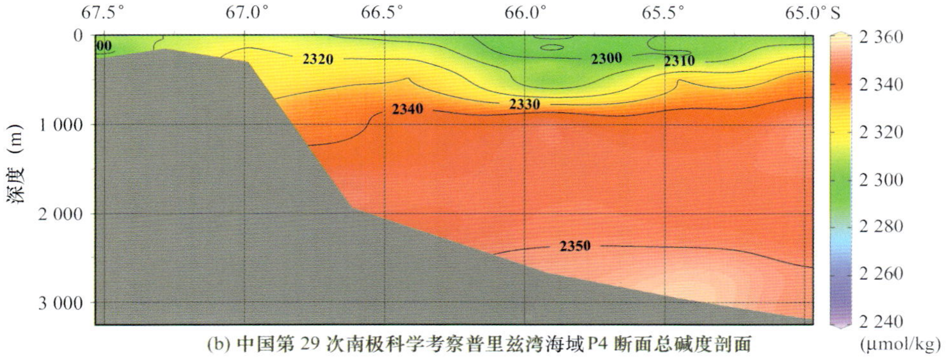

(b) 中国第29次南极科学考察普里兹湾海域P4断面总碱度剖面

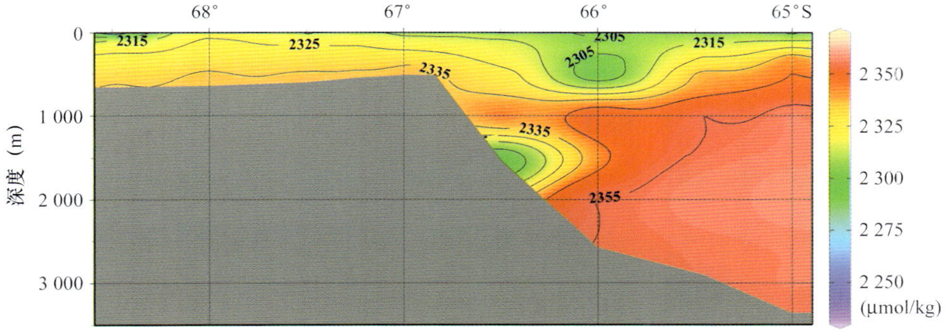

(c) 中国第29次南极科学考察普里兹湾海域P5断面总碱度剖面

图5-88 中国第29次南极科学考察普里兹湾海域P3、P4、P5断面总碱度分布

5.1.3.3 pH值的分布特征和变化规律

1）平面分布

（1）南极半岛周边海域

中国第28次和第30次南极科学考察期间南极半岛周边海域表层海水的碳酸盐体系参数pH值分布如图5-89所示。中国在第28次南极科学考察中，表层pH值在7.759~8.015之

间变化，最大值位于 D4 - 11 站位（63.0°S、47.2°W 附近区域），最小值位于 D3 - 3 站位（61.2°S、50.8°W 附近区域）。中国在第 30 次南极科考中，表层 pH 值的范围为 7.828 ~ 8.091，最大值位于考察区东南部 D5 - 04 站位（61.2°S、44.7°W 附近区域），最小值位于 D2 - 10站位（63.0°S、52.3°W 附近区域）。两次考察的表层 pH 值变化范围较为一致，整体上的 pH 值的范围变化不大，都在 7.8 ~ 8.0 之间，极大值区域都出现在考察区域东部。

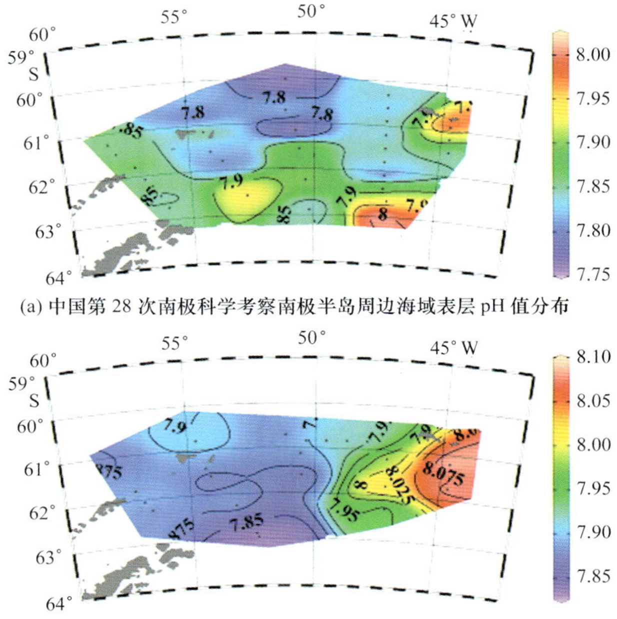

(a) 中国第 28 次南极科学考察南极半岛周边海域表层 pH 值分布

(b) 中国第 30 次南极科学考察南极半岛周边海域表层 pH 值分布

图 5 - 89　中国第 28 次、第 30 次南极科学考察南极半岛周边海域表层海水 pH 值分布

（2）普里兹湾及其邻近海域

第 29 次南极考察期间普里兹湾区域 pH 值平面分布如图 5 - 90 所示。表层 pH 值在海水的缓冲作用的影响下较为稳定，在 7.844 ~ 8.038 之间波动，最高值在靠近埃默里冰架的 P5 - 11 站位（68.5°S、73.0°E 附近区域），最低值在 P3 - 7 站位（68.0°S、70.0°E 附近区域）。表层 pH 值的区域变化为：陆架区大于陆坡区大于湾外深水区。

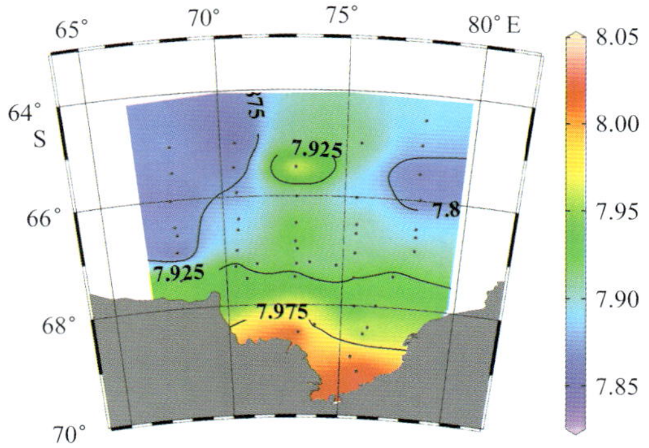

图 5 - 90　中国第 29 次南极科学考察普里兹湾海域表层海水 pH 值分布

2）垂直分布

（1）南极半岛周边海域

中国第28次和第30次南极科学考察期间南极半岛周边海域的pH值典型断面分布如图5-91所示。两个航次的pH值在各个断面的分布略有不同，但总体上都显示出从表层到底层逐步降低的趋势。在50 m以浅pH值较高，而且快速降低，在达到一定深度后，pH值变化幅度相对较小，处于较为稳定的状态。在上层海洋，生物活动是主要的影响因素，在中下层海洋，可能主要表现为不同水团的性质差异，水团主要有冬季残余水、绕极深层水、威德尔海深层水、威德尔海底层水等（Hauck et al.，2010）。

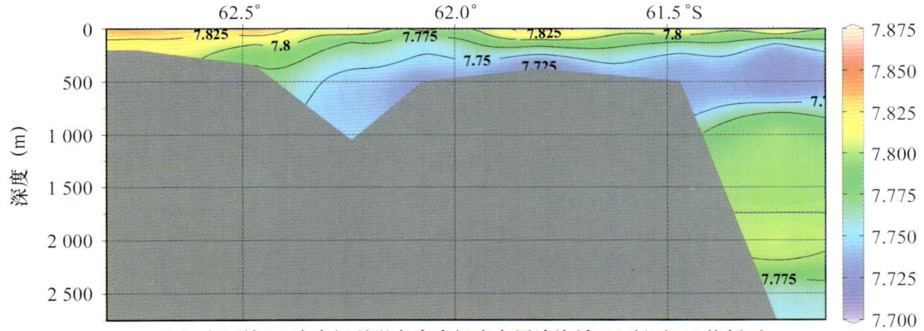

(a) 中国第28次南极科学考察南极半岛周边海域D1断面pH值剖面

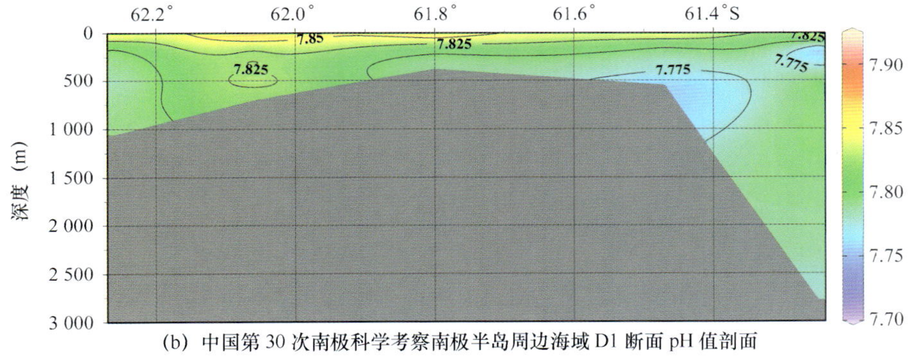

(b) 中国第30次南极科学考察南极半岛周边海域D1断面pH值剖面

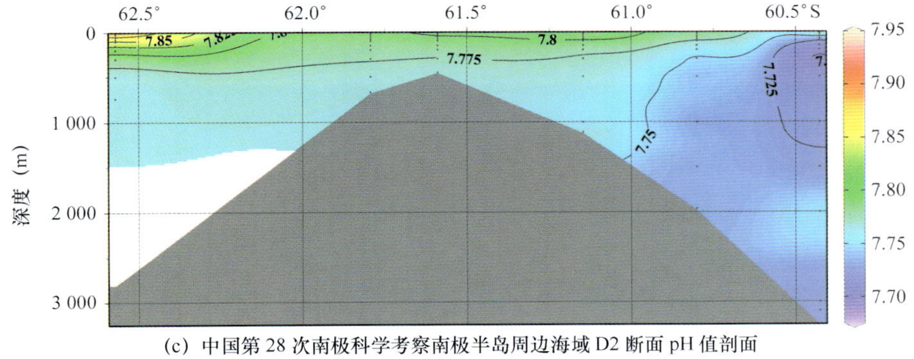

(c) 中国第28次南极科学考察南极半岛周边海域D2断面pH值剖面

图5-91 中国第28次、第30次南极科学考察南极半岛周边海域D1、D2、D3断面pH值分布

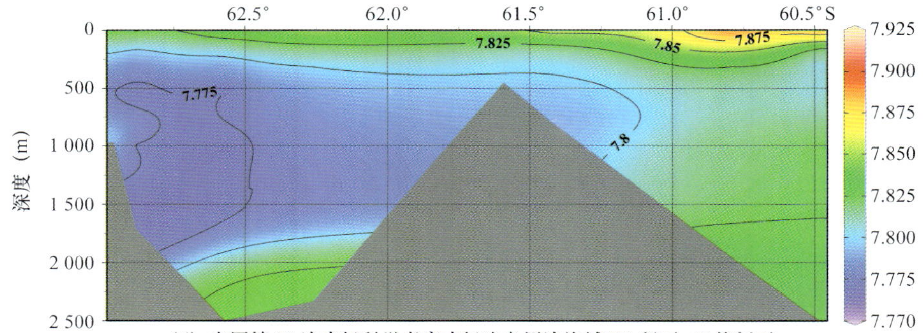

（d）中国第 30 次南极科学考察南极半岛周边海域 D2 断面 pH 值剖面

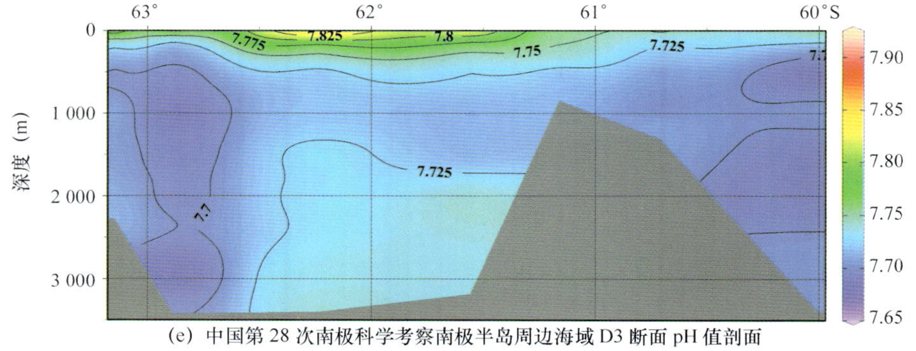

（e）中国第 28 次南极科学考察南极半岛周边海域 D3 断面 pH 值剖面

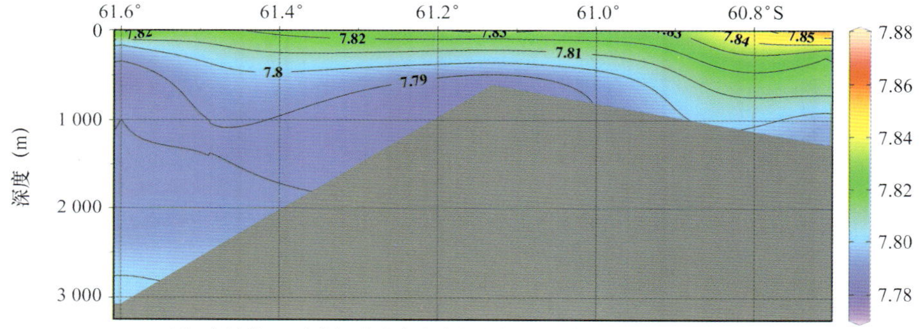

（f）中国第 30 次南极科学考察南极半岛周边海域 D3 断面 pH 值剖面

图 5－91　中国第 28 次、第 30 次南极科学考察南极半岛周边海域 D1、D2、D3 断面 pH 值分布（续）

（2）普里兹湾及其邻近海域

中国第 29 次南极考察期间普里兹湾区域 pH 值断面分布如图 5－92 所示。位于 73°E 的 P5 断面其表层 pH 值明显要高于其余断面，可能是高纬的低温高 pH 值的水团沿此断面进行水平扩散所导致。而 pH 值在各个断面的垂向分布上都显示了相似的变化。在 50 m 以浅 pH 值较高，而且快速降低，在达到一定深度后，pH 值变化幅度相对较小，处于较为稳定的状态，体现为不同水团的性质的差异，湾内是陆架水，湾外是绕极深层水（Roden et al.，2013）。在上层海洋，生物活动是主要的影响因素，在各断面都体现了其影响强度从表层随深度递减趋势，但是在位于 73°E 的 P5 断面，65°—68°S 之间表现出不同的特征，混合层内 pH 值的变化幅度较小，可能是次表层水上升的原因。

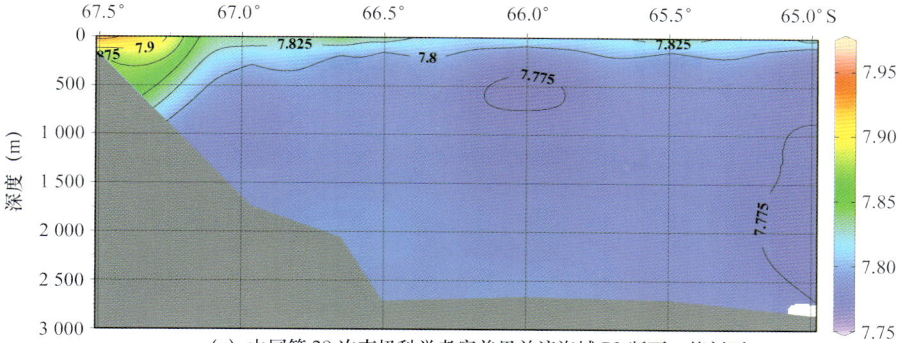

(a) 中国第29次南极科学考察普里兹湾海域P3断面p值剖面

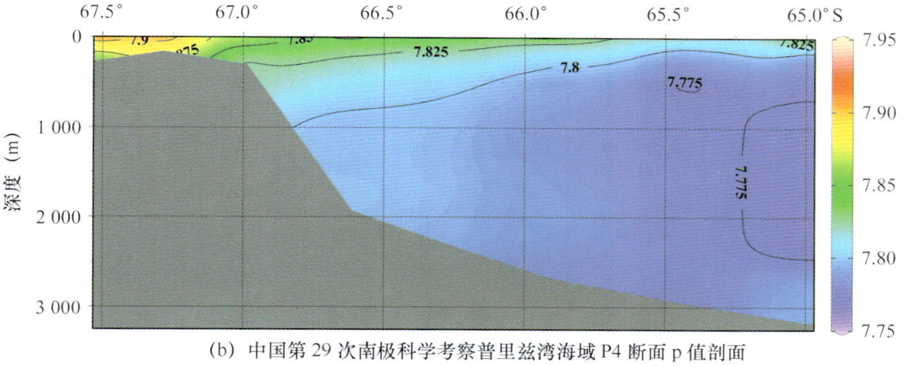

(b) 中国第29次南极科学考察普里兹湾海域P4断面p值剖面

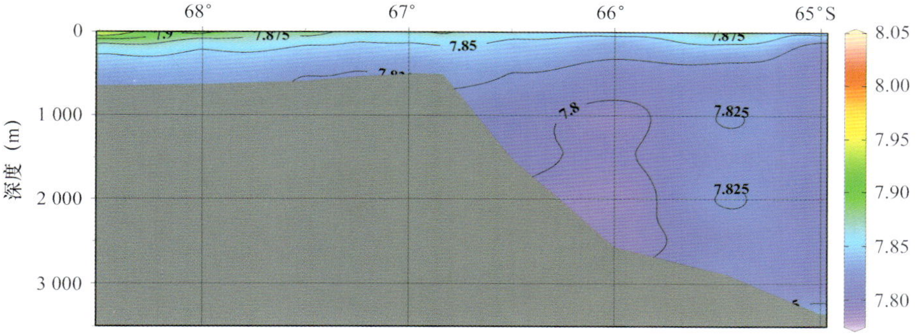

(c) 中国第29次南极科学考察普里兹湾海域P5断面p值剖面

图5-92 中国第29次南极科学考察普里兹湾海域P3、P4、P5断面pH值分布

5.1.4 温室气体的分布特征和变化规律

5.1.4.1 N_2O的分布特征和变化规律

1）平面分布

（1）南极半岛周边海域

中国根据第28次南极科学考察中获得南极半岛周边海域N_2O数据显示（图5-93），研究区域N_2O浓度范围在12~20 nmol/L之间。N_2O浓度在水平分布上具有如下特征：①各层海水N_2O分布特征存在相对不均匀的分布特点；②表层水体相对于50 m层水体存在N_2O浓度分布差异。表层存在斑块状N_2O高值。如在61°S、50°W可以观察到相对周边水体较高的

N_2O 高值，50 m 层存在更高的 N_2O 浓度，并且呈带状分布特点。

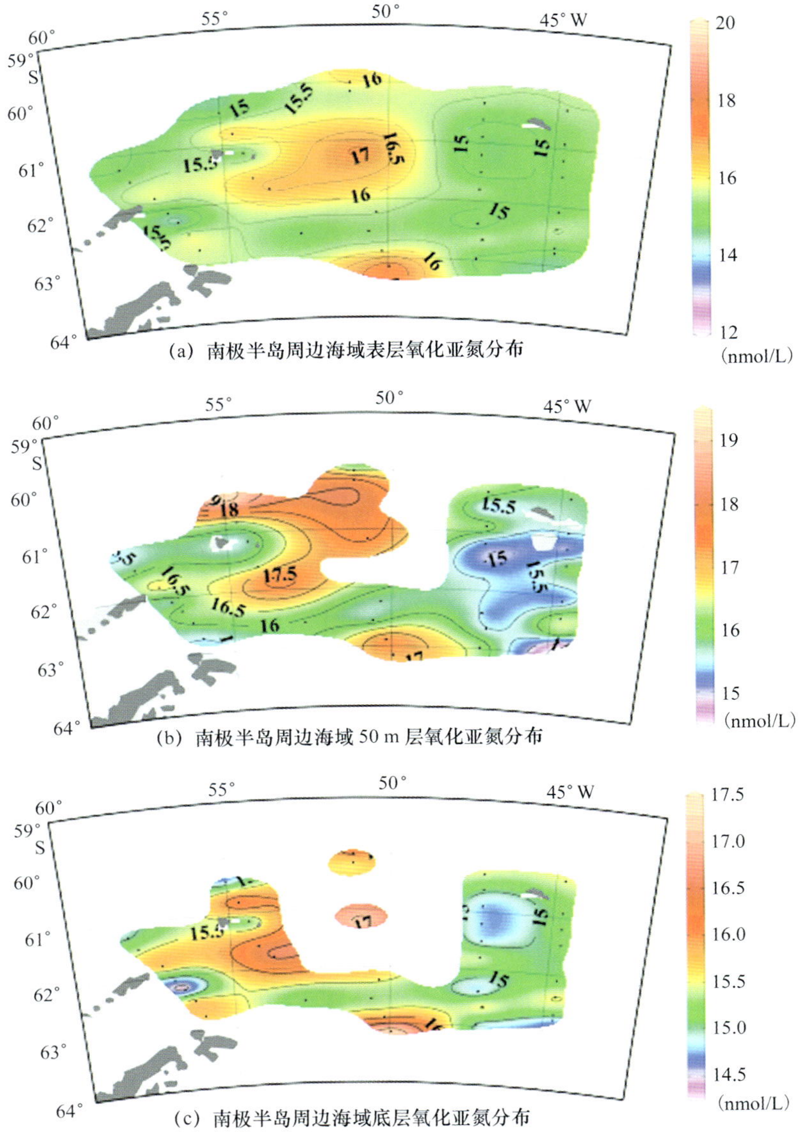

(a) 南极半岛周边海域表层氧化亚氮分布

(b) 南极半岛周边海域 50 m 层氧化亚氮分布

(c) 南极半岛周边海域底层氧化亚氮分布

图 5－93　中国第 28 次南极半岛周边海域表层、50 m 层和底层氧化亚氮平面分布

（2）普里兹湾及其邻近海域

根据中国第 29 次南极考察在普里兹湾进行采样观测的结果（图 5－94），可以看到，普里兹湾海水中 N_2O 浓度范围分别在 14～18 nmol/L。普里兹湾表层海水分布特征存在南低北高的现象。这种分布特征一直延伸到此 50 m 深和底层水体。导致该分布特征的主要原因可能是表层海水受到融冰水的稀释导致。

（3）环南极表层海水 N_2O 分布特征

根据中国第 28 次、第 29 次和第 30 次南极科学考察获得的现场表层海水走航数据（图 5－95），我们可以发现，南极近岸区域水体存在相对其他区域较高的表层海水 N_2O 浓度高值。该高值是整个调查航线上观测到的浓度最高值。这种高值分布特征说明温度对 N_2O 浓度控制的重要作用。对于温室气体 N_2O 而言，表层海水的温度是航线上 N_2O 浓度分布特征的主

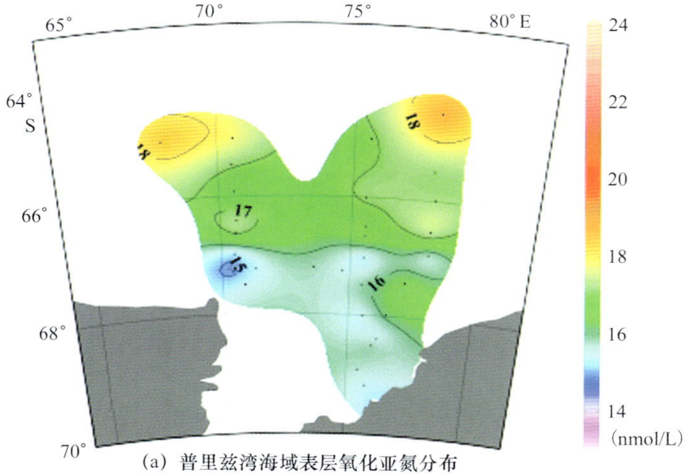

(a) 普里兹湾海域表层氧化亚氮分布

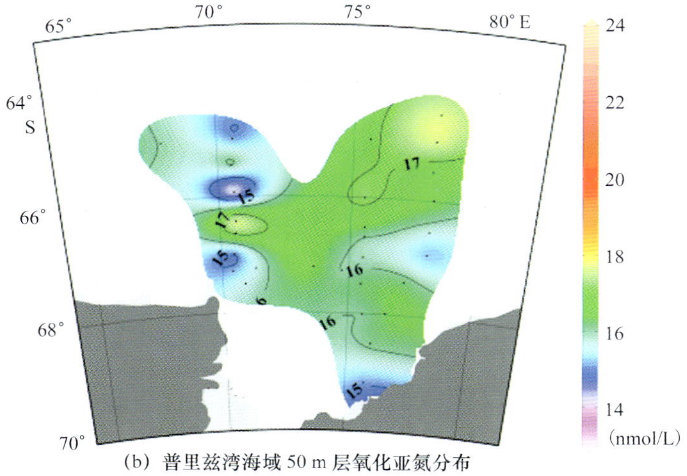

(b) 普里兹湾海域 50 m 层氧化亚氮分布

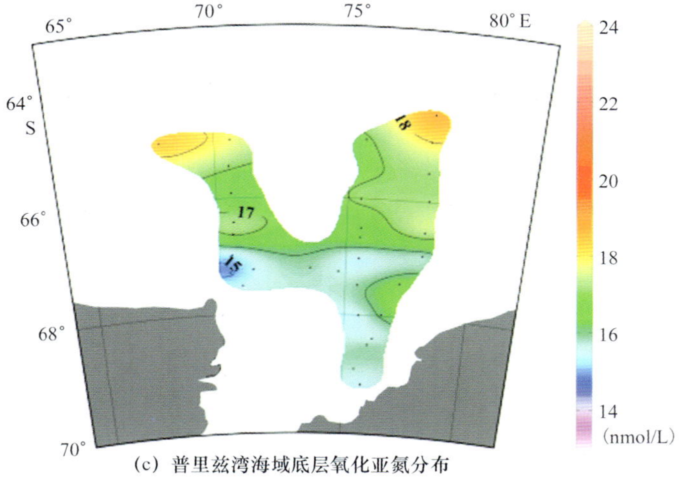

(c) 普里兹湾海域底层氧化亚氮分布

图 5－94　中国第 29 次南极科学考察普里兹湾表层、50 m 层和底层氧化亚氮平面分布

要控制因素。然而，必须留意的是，在60°S以南的表层水体中的N_2O相对于大气N_2O分压通常呈现不饱和的特征。

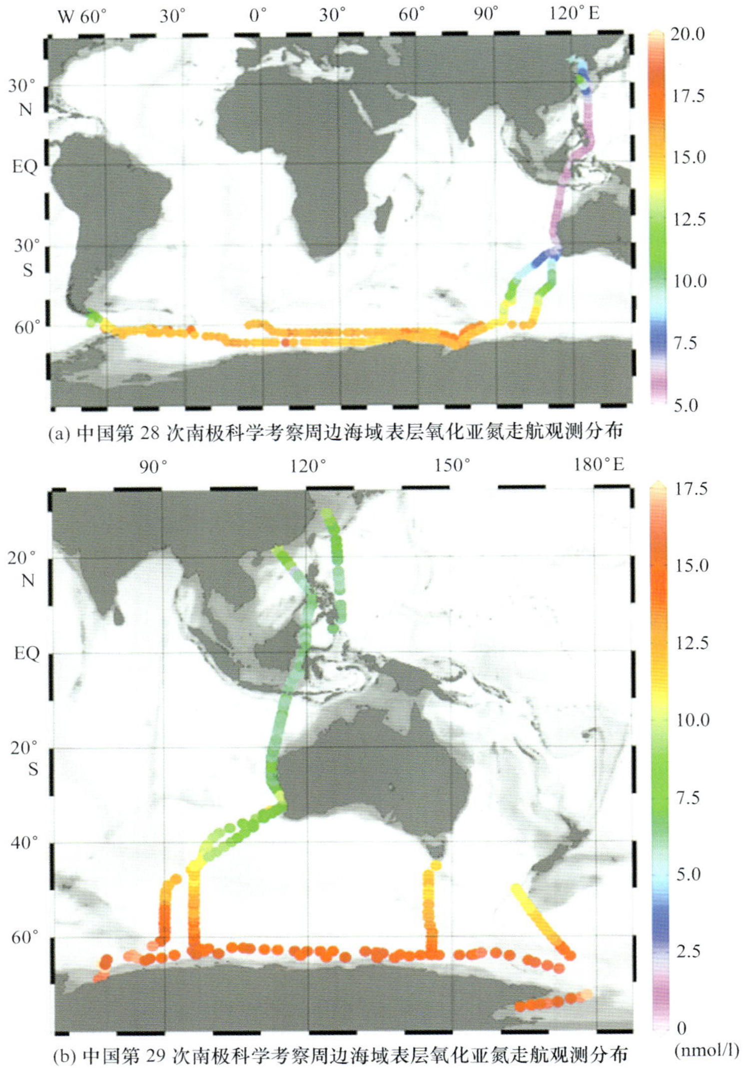

图5-95　中国第28次、29次南极科学考察周边海域表层氧化亚氮走航分布

2) 垂直分布

(1) 南极半岛周边海域

中国第28次南极调查数据显示，与普里兹湾水体中N_2O分布特征不同，长城半岛水体N_2O垂直分布在经向上没有明显的浓度梯度，仅有D1断面存在类似的现象，其他断面通常存在明显的浓度分层现象，即表层水体浓度相对较低，约在15 nmol/L以下，其中，N_2O浓度迅速升至20 nmol/L。500 m以深水体N_2O浓度进一步下降。3 000 m以下水体浓度下降至18 nmol/L左右（图5-96）。从不同站点的数据来看，长城半岛在开阔大洋水体中的垂直分布与普里兹湾相似。即表层低，次表层显著上升至500 m以浅的极大值，浓度约为20 nmol/L，并进一步下降至底层低于18 nmol/L。

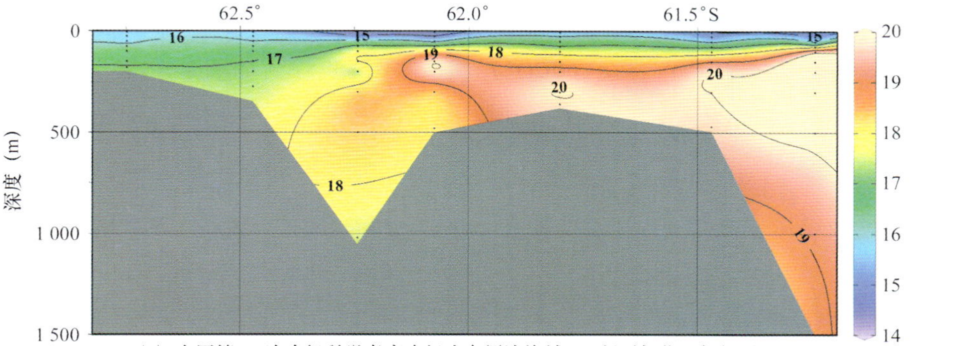

(a) 中国第28次南极科学考察南极半岛周边海域D1断面氧化亚氮剖面

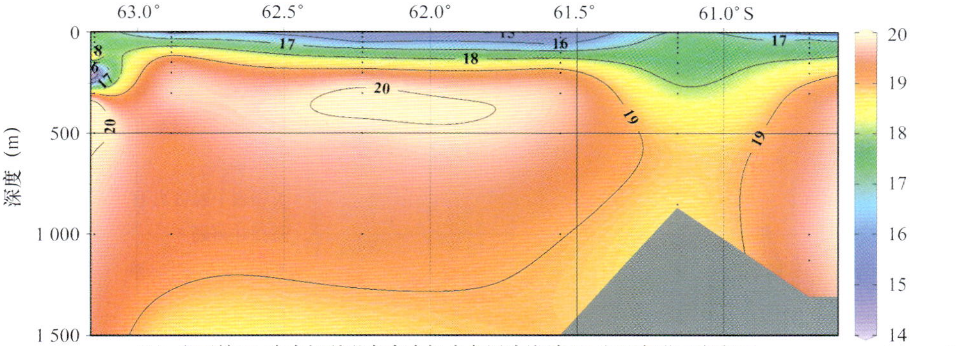

(b) 中国第28次南极科学考察南极半岛周边海域D3断面氧化亚氮剖面

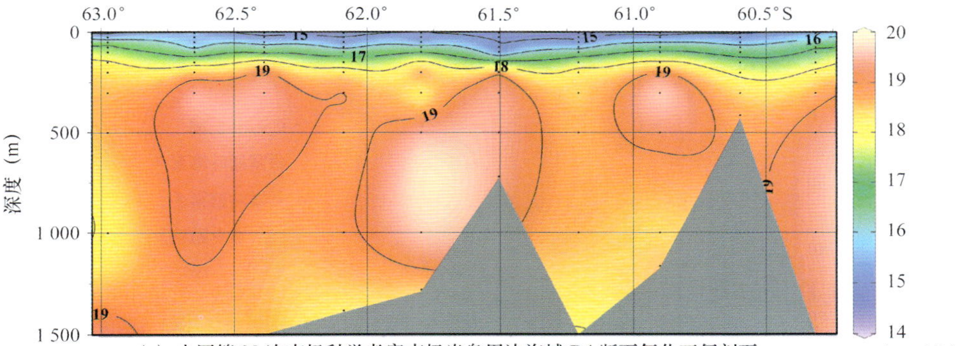

(c) 中国第28次南极科学考察南极半岛周边海域D4断面氧化亚氮剖面

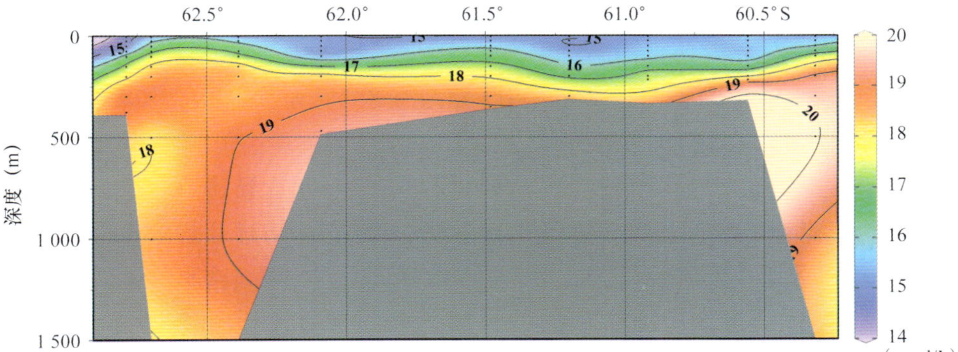

(d) 中国第28次南极科学考察南极半岛周边海域D5断面氧化亚氮剖面

图5-96 中国第28次南极科学考察南极半岛D1、D3、D4和D5断面氧化亚氮剖面

（2）普里兹湾及其邻近海域

中国第29次南极考察期间，N_2O浓度在普里兹湾的垂直分布上存在与其他区域十分不同的分布特征。以P4断面为例，普里兹湾1 000 m以浅水体在陆坡坡折出存在N_2O浓度分界线。该分界线由陆坡坡折处北向抬升。陆坡以南是N_2O浓度相对较低的陆架水体，水体中N_2O浓度范围在14～17 nmol/L。陆坡坡折以北是N_2O浓度相对较高的水体。N_2O浓度最高可达20 nmol/L（图5－97）。从N_2O浓度垂直分布特征来看，N_2O浓度垂直浓度分布存在部分站位的次表层高值现象，例如在P7－5、P7－7和P3－1均发现了次表层水体高值现象。最高浓度值均在20 nmol/L。深度均在500 m以浅，其下层水体中N_2O浓度水深度增加逐渐下降至接近18 nmol/L。显示出相对较为典型的N_2O垂直分布特征。

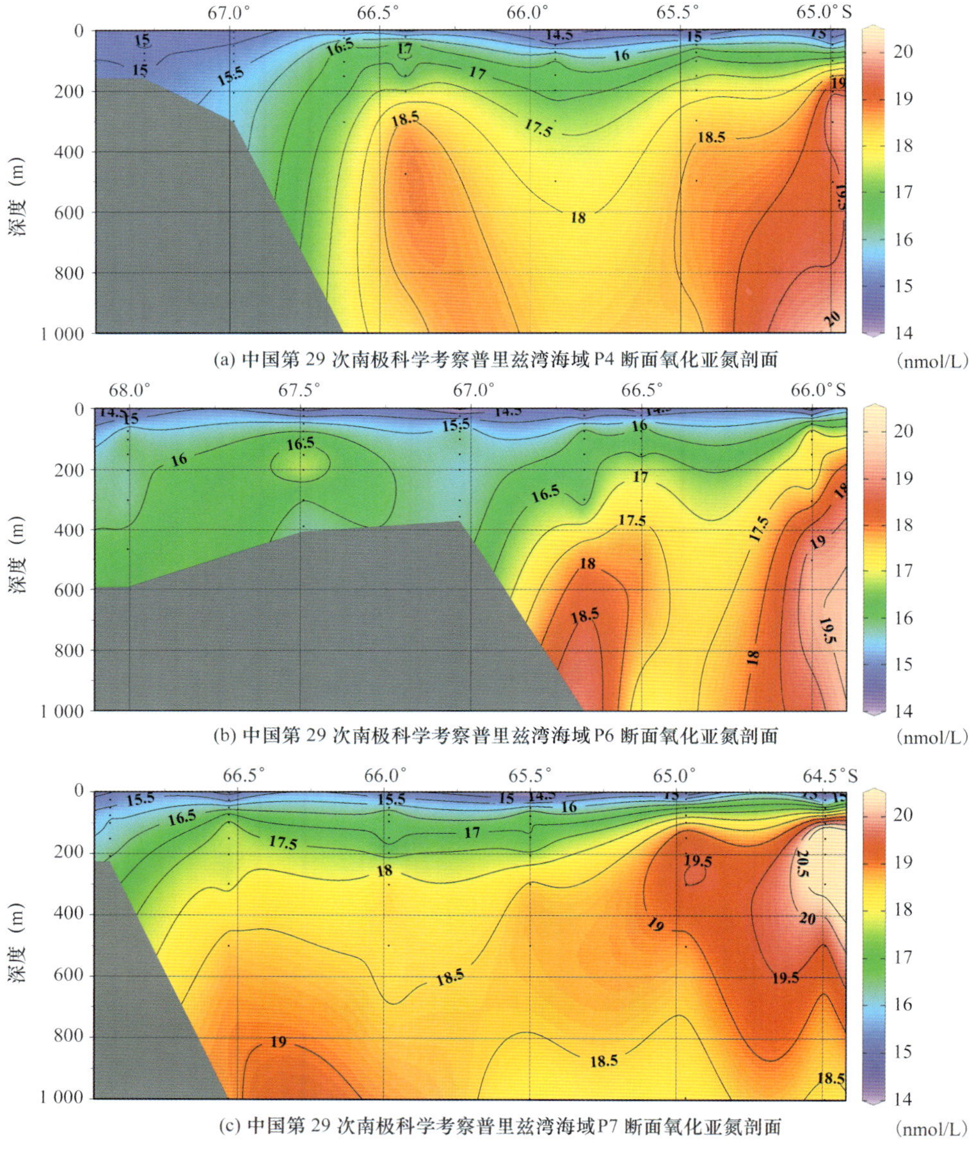

(a) 中国第29次南极科学考察普里兹湾海域P4断面氧化亚氮剖面

(b) 中国第29次南极科学考察普里兹湾海域P6断面氧化亚氮剖面

(c) 中国第29次南极科学考察普里兹湾海域P7断面氧化亚氮剖面

图5－97　中国第29次南极科学考察普里兹湾海域P4、P6和P7断面氧化亚氮剖面

3）分布特征成因探究及其对全球 N_2O 收支的潜在影响

（1）融冰水对不饱和现象和源汇特性的影响

无论在普里兹湾还是在长城半岛海域，表层海水存在明显的 N_2O 不饱和现象。N_2O 饱和度百分比大约是90%。这种现象在60°S以南广泛存在。早期研究的结果，N_2O 在南大洋的分布存在以亚南极锋（表层水温在4℃～8℃的快速变化区间，盐度变化在33.6～34.2）为分界线的分布特征，即亚南极锋以北显示出 N_2O 过饱和特征，而在亚南极锋以北显示出不饱和特征，且南向增强（张介霞，2012）。这种分布与南大洋水文结构特征存在相对应关系。亚南极锋以北的表层海水主要成分是亚南极模态水，该水团垂直混合均匀；而亚南极锋以南水体则为亚南极表层水，相对亚南极模态水而言，该水团呈现出低温低盐的特征，这主要是由于该水团来源于南半球高纬度表层水体的艾克曼北向运移（Orsi et al.，1995）。这一现象在中国第25次至第26次南极考察中也观察到，但亚南极锋以北的饱和度异常相对早期研究结果较不显著。亚南极锋以南可以观察到 N_2O 饱和度异常值进一步降低的现象。这种变化很可能与现场水文特征有密切的关系。亚南极锋以南存在另一个锋面“极锋”，其特征为200 m以浅2℃的水温。极锋以南的表层水为南极表层水，具有低温低盐的特性。这种较低的温盐特征的形成应该是夏季融冰水对表层海水稀释作用的结果。该区域表层海水中，N_2O 显著的不饱和特点可能源于海冰融化对表层海水的稀释。海冰在形成过程中大部分 N_2O 气体被“挤出”，因此所形成的海冰中 N_2O 含量通常低于海水（Rees et al.，1997）。海气交换过程的相对滞后自然导致了表层海水中较低 N_2O。上述过程可用于解释极锋以南表层海水中 N_2O 低值形成。根据上述分析，可以得出初步结论，亚热带锋即绕极深层流的北界以北，风速较低，侧表层 N_2O 交换速率较慢，可在表层积累并形成相对高值。亚热带锋以南和极锋之间，西风盛行，海气交换完全，表层海水 N_2O 与大气值接近平衡；极锋以南，表层海水受融冰影响 N_2O 呈现明显不饱和特征。

（2）不同水团对 N_2O 分布的调控作用

南极普里兹湾和南极半岛海域 N_2O 分布特征与南大洋存在的复杂水团特性存在密切的联系。普里兹湾存在南极表层水、南极冬季水、陆架水、过冷陆架水、绕极深层流、南极底层水等不同水团。以陆架水和绕极深层流为主的两大水团在物理特性上存在十分显著的差异，前者淡而冷，水温可低至近冰点；后者暖而咸，温度和盐度可分别高至2℃和34.75。截然不同的水团性质在南极陆架坡折处相遇，形成强烈的锋面南极陆坡锋。锋面由陆架坡折北向上升变浅。

该锋面与普里兹湾观察到的 N_2O 浓度分布特征有十分好的对应关系。陆坡锋以南的水体主要受本地的垂直对流过程影响。表层海水不饱和状态和水团垂直对流过程的共同存在为普里兹湾陆架水体 N_2O 的不饱和现象提供了一个可能机制。原本已经处于不饱和状态的表层海水在季节垂直对流作用，维持不饱和状态向下沉降。沉降至较深水层中，由此形成相对于当前大气 N_2O 混合比的不饱和水团。

陆坡锋以北，高盐高温的绕极深层流在环流的过程中部分，南向运移至南极高纬度区域（董兆乾等，2000），上升变浅，甚至在某些区域突破进入表层水体，形成区域水文化学的特征区域。含有浓度20 nmol/L相对高 N_2O 浓度的水体正是对应了绕极深层的水体，说明相对高的20 nmol/L浓度应为绕极深层流向上涌升的结果。

对于南极半岛周边的观测区域，同样可以观测到绕极深层流向上层水体涌升的现象。然而，与普里兹湾不同，该区域在垂向上分层，说明两个研究区域显著的水文结构差异。在普里兹湾，由于接近冰边缘，陆架水的形成的强度大于南极半岛周边海域。因此存在陆架水绕极深层流交汇的现象。但在南极半岛，由于纬度较低。水团受陆架水影响相对有限，因此仅能观察到表层存在南极表层水，以及其下所覆盖的绕极深层流。

（3）水团混合过程对 N_2O 源汇收支存在的潜在影响

南极底层水是海洋中最重要的一个水体，其主要形成于南极周边区域。其形成对全球的气候具有重要的调控意义（Orsi et al.，1999）。由于南极底层水和部分的下层绕极深层流通常被认为是陆架水和绕极深层流混合增密下沉形成的，因此可以预见，陆架水对南极底层水和下层绕极深层流中的 N_2O 浓度可能存在调控作用。大洋深层水体中 N_2O 的产率及对其全球收支的研究已见相关报道（Bange et al.，1999）。然而，相关研究仅获得少数深层水的数据，2 000 m 以深的水样十分有限。本研究获得可以代表南极底层水水团的 N_2O 数据，结合陆架水和绕极深层流核心水团的特征数据，可以建立端元模型探讨陆架水对南极底层水可能存在的调控机制。

以陆架水、绕极深层流和南极底层水为端元，选取陆架水端元盐度平均值为 34.4（34.20 ~ 34.60），N_2O 端元浓度为（15.5 ±0.4）nmol/L；绕极深层流水团端元盐度为 34.70（34.71 ~ 34.75），N_2O 端元浓度为（19.0 ±0.6）nmol/L；南极底层水水团端元盐度为 34.67（34.66 ~34.71），N_2O 端元浓度为（18.2 ±0.4）nmol/L。由此可以列出端元混合方程式：

$$f_S S_S + f_C S_C = S_D \tag{5-1}$$

$$f_S S_S + f_C S_C = C_D \tag{5-2}$$

$$f_S + f_C = 1 \tag{5-3}$$

式中，下标 S、C 和 D 分别指陆架水、绕极深层流和南极底层水，f、S 和 C 分别指水团比例、水团盐度和水团中 N_2O 的浓度，根据该端元混合模型，计算陆架水和绕极深层流混合后南极底层水水团中 N_2O 浓度。由于在深层水体中，N_2O 产率约为 0.005 7 nmol/a，因此可以视其为保守指示剂。将以上两个水团的平均 N_2O 数值代入公式（5 -2），可以估算出南极底层水由 -23% 和 77% 的陆架水和绕极深层流混合而成。然而，将南极底层水和绕极深层流的盐度代入公式（5 -1）进行计算，获得陆架水的盐度值为 34.51，高于现场获得数据平均值。该结果说明，夏季普里兹湾陆架水和绕极深层流混合形成南极底层水的可能性不大。一直以来，普里兹湾附近水体被认为是南极底层水形成的潜在区域（蒲书箴等，2003），但缺乏直接证据，直至近期，普里兹湾西侧的达恩利角存在南极底层水形成的条件被发现，并可能贡献了南极底层水总量的 6% ~13%。形成过程是高盐度的结冰盐析水和绕极深层流混合形成南极底层水。结冰盐析水的盐度可高于 34.6。通过计算可获得的高于平均陆架水盐度的现象与该结论一致。说明普里兹湾陆附近区域水体通过冬季的结冰盐析作用可能是南极底层水形成的重要条件；另一方面陆架水存在的 N_2O 不饱和特征使之成为 N_2O 的重要汇区，陆架水通过与绕极深层流的混合形成南极底层水并向深层输送的过程为 N_2O 提供了重要的通路。

5.1.4.2 大气氮氧化物

图 5 -98 是中国第 29 次南极科学考察大气二氧化氮分布图，普里兹湾附近出现 0.005 ~ 0.01 mg/m^3 较高浓度的二氧化氮，分析原因：此处停船作业频繁，“雪龙”船经常掉头作业，

导致烟囱产生的烟雾进入采气管道，给大气氮氧化物的测定带来困难。而在东部海域二氧化氮浓度为0.002 mg/m³，与国外文献对比较为接近。

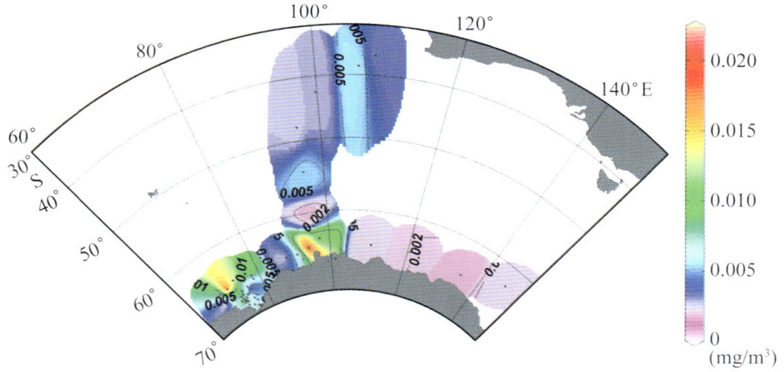

图5-98 中国第29次南极科学考察大气二氧化氮走航分布

图5-99是中国第29次南极科学考察大气一氧化氮分布图，与二氧化氮情况类似，普里兹湾附近出现0.05~0.1 mg/m³ 较高浓度的一氧化氮，分析原因：此处停船作业频繁，“雪龙”船经常掉头作业，导致烟囱产生的烟雾进入采气管道，给大气氮氧化物的测定带来困难。而在东部海域一氧化氮浓度为0.01 mg/m³，与国外文献对比较为接近。

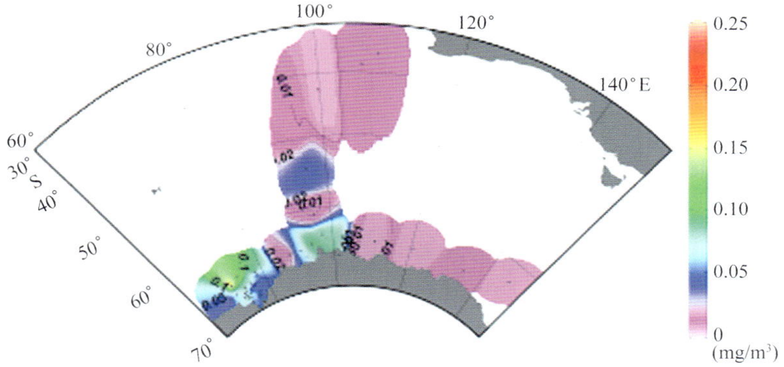

图5-99 中国第29次南极科学考察大气一氧化氮走航分布

图5-100是中国第30次南极科学考察大气二氧化氮分布图，普里兹湾附近出现0.006~0.008 mg/m³ 较高浓度的二氧化氮，采样方法较第29次南极科学考察有所改进，注意避免“雪龙”船烟囱的污染。离开普里兹湾继续向北航行的过程中，60°—40°S大气二氧化氮浓度逐渐减小，到西风带中心区域附近二氧化氮浓度降低到最低（0.001 mg/L），与国外文献对比较为接近。

图5-101是中国第30次南极科学考察大气一氧化氮分布图，与二氧化氮情况类似，普里兹湾附近出现0.02~0.03 mg/m³ 较高浓度的一氧化氮，采样方法较第29次南极科学考察有所改进，注意避免“雪龙”船烟囱的污染。离开普里兹湾继续向北航行的过程中，60°—40°S大气一氧化氮浓度逐渐减小，到西风带中心区域附近一氧化氮浓度降低到最低（0.003 mg/L），与国外文献对比较为接近。

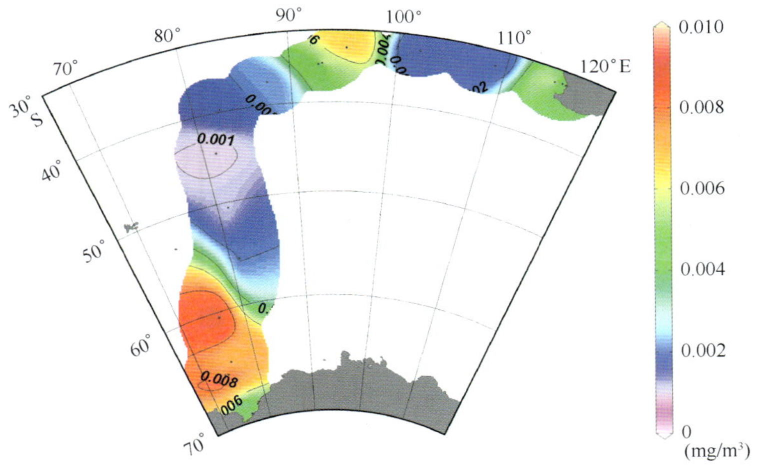

图 5－100　中国第 30 次南极科学考察大气二氧化氮走航分布

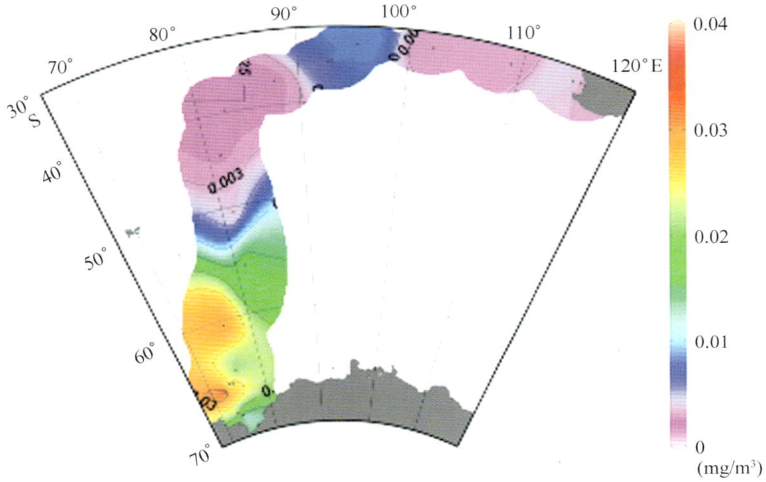

图 5－101　中国第 30 次南极科学考察大气一氧化氮走航分布

5.1.4.3　海水 CFCs

中国第 28 次南极科学考察期间，南极半岛、普里兹湾附近海域海水中的 CFC－12 介于 0～4 pmol/L 之间，CCl_4 介于 0～10 pmol/L 之间。表层水体 CFCs 浓度基本达到饱和，深层水体 CFC－12、CCl_4 含量较高，分别为 1～2 pmol/L 和 2～3 pmol/L，可能与威德海底层水的影响有关。

（1）南极半岛周边海域

中国第 28 次南极科学考察期间，南极半岛附近海域 D1 断面 CFC－12 和 CCl_4 的分布显示，200 m 以浅 CFC－12 与 CCl_4 浓度较高，分别为 ~3 pmol/L 和 ~10 pmol/L。62.25°S 处 ~750 m 以深存在 CFC－12 浓度极大值（>2.5 pmol/L），CCl_4 也存在极大值（>4 pmol/L），该极大值可能来自于威德海深层、底层水体的输入（图 5－102）。

南极半岛附近海域 D5 断面 CFC－12 和 CCl_4 的分布显示，200 m 以浅 CFC－12 和 CCl_4 浓

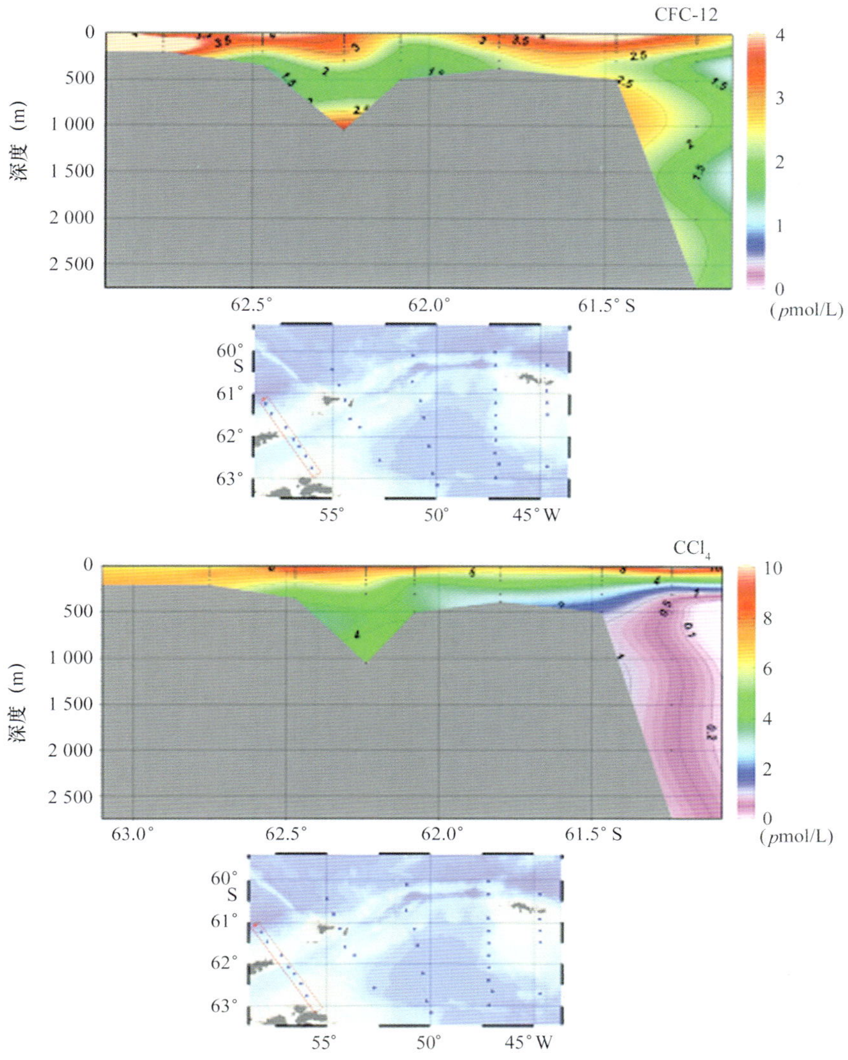

图 5－102　中国第 28 次南极科学考察南极半岛周边海域 D1 断面 CFC－12、CCl_4 的分布

度分别为大于 2. 5 pmol/L 和大于 4 pmol/L。在 62. 5°S 以南海域，1 500 m 以深存在 CFC－12 极大值（－2 pmol/L）和 CCl_4 极大值（－4 pmol/L）。该极大值可能源自威德尔海底层水的输入。在 60. 5°S 以北，1 500 m 深度上 CFC－12 浓度大于 2 pmol/L，也可能是受到威德尔海深层水输入的影响（图 5－103）。

（2）普里兹湾及其邻近海域

中国第 28 次南极科学考察期间，普里兹湾 P1 断面 CFC－12 和 CCl_4 的分布显示，在 66. 8°S 以南陆架区，CFC－12 浓度大于 2 pmol/L，CCl_4 浓度大于 4 pmol/L。在 66. 8°S 以北陆坡区域，500 m 以深的 CFC－12 浓度小于 2 pmol/L，CCl_4 浓度小于 4 pmol/L。CFCs 数据未观测到陆架水沿陆坡下沉的信号（图 5－104）。

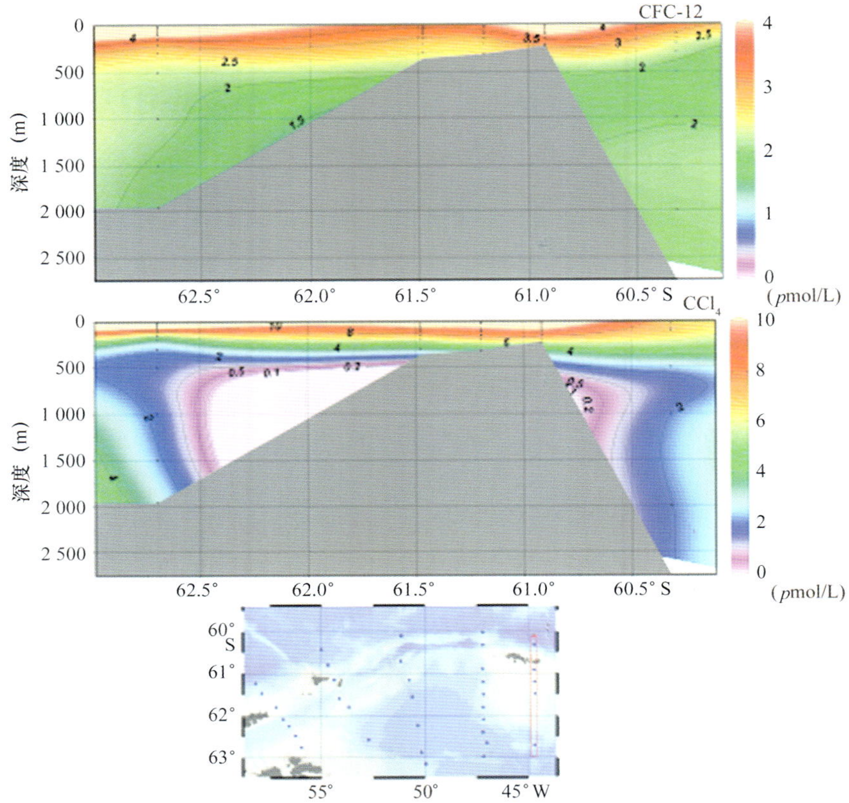

图 5 – 103　中国第 28 次南极科学考察南极半岛周边海域 D5 断面 CFC – 12、CCl_4 的分布

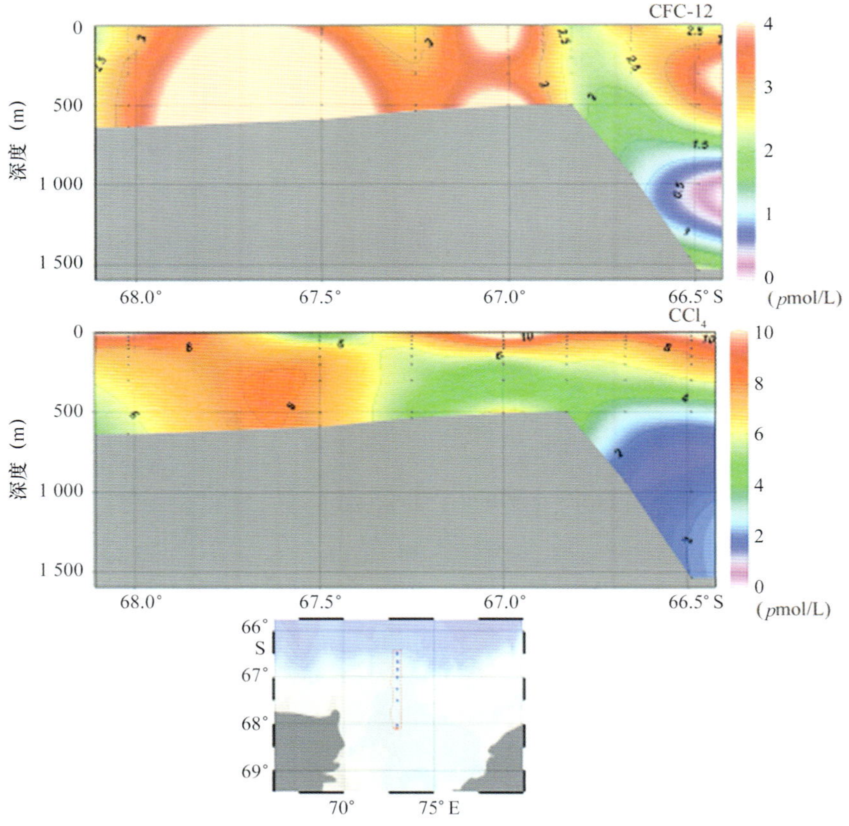

图 5 – 104　中国第 28 次南极科学考察普里兹湾 P1 断面 CFC – 12、CCl_4 的分布

5.1.5 碳、氮、氧等稳定同位素分布特征和变化规律

5.1.5.1 海水 $\delta^{18}O$

中国第 28 次南极科学考察期间，南极半岛、普里兹湾附近海域海水 $\delta^{18}O$ 值介于 -1.35‰～1.55‰之间，平均值为 -0.02‰。其中，南极半岛附近海域海水 $\delta^{18}O$ 值介于 -1.35‰～1.55‰之间，平均值为 (0.02 ± 0.35)‰；普里兹湾附近海域海水 $\delta^{18}O$ 值介于 -0.98‰～1.06‰之间，平均值为 (-0.05 ± 0.47)‰。中国第 29 次南极科学考察期间，普里兹湾及其邻近海域海水 $\delta^{18}O$ 值介于 -1.46‰～0.35‰之间，平均值为 (-0.33 ± 0.26)‰。中国第 30 次南极科学考察期间，南极半岛、普里兹湾附近海域海水 $\delta^{18}O$ 值介于 -0.64‰～1.44‰之间，平均值为 -0.14‰。其中，南极半岛附近海域海水 $\delta^{18}O$ 值介于 -0.61‰～1.44‰之间，平均值为 (-0.13 ± 0.22)‰；普里兹湾附近海域海水 $\delta^{18}O$ 值介于 -0.64‰～0.31‰之间，平均值为 (-0.14 ± 0.22)‰。

1）平面分布

（1）南极半岛周边海域

中国第 28 次南极科学考察期间，南极半岛周边海域表层海水 $\delta^{18}O$ 值在南奥克尼海台西侧，61.0°—62.0°S、45.0°—49.0°W 的区域内出现高值核心，最高值达 1.10‰。在南奥克尼海台东侧，45.0°W 以东海域，海水 $\delta^{18}O$ 值明显较低，核心 $\delta^{18}O$ 值在 -0.6‰以下。帕威尔海盆及其相邻的斯科舍海和威德尔海海域海水 $\delta^{18}O$ 值较低，低于 -0.2‰。海水 $\delta^{18}O$ 低值核心位于帕威尔海盆，61.7°—62.5°S、48.2°—55.0°W 区域内，最低值达 -1.35‰。在布兰斯菲尔德海峡处（62.0°—63.0°S、57.0°W）海水 $\delta^{18}O$ 值相对较低，在 -0.2‰左右，其南北两侧海域则存在海水 $\delta^{18}O$ 高值，北侧高值核心较为明显（图 5-105）。南极半岛周边海域 25 m层海水 $\delta^{18}O$ 值的分布比表层更为均匀，在南奥克尼海台西侧仍存在 $\delta^{18}O$ 值的高值核心，其位置与表层高值核心相吻合。帕威尔海盆及其相邻的斯科舍海和威德尔海海域海水 $\delta^{18}O$ 值较低，与表层分布不同的是，低值核心不在帕威尔海盆，而是出现在赫斯珀里得斯海沟，核心值在 -0.5‰左右。布兰斯菲尔德海峡处海水 $\delta^{18}O$ 值分布较为均匀，在 0‰附近，低值核心出现在海峡北侧 61.0°S 处（图 5-106）。

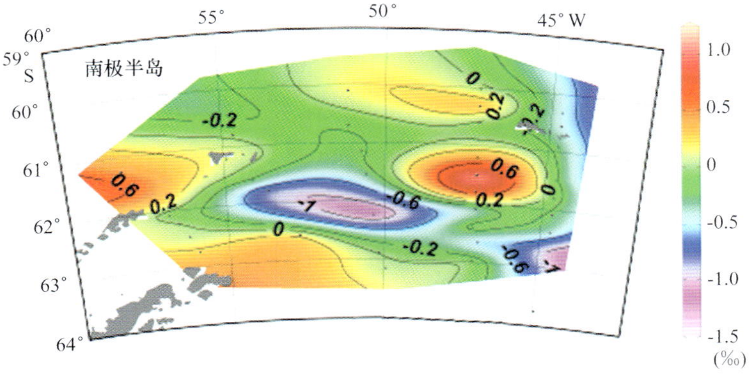

图 5-105 中国第 28 次南极科学考察南极半岛周边海域表层海水 $\delta^{18}O$ 值的分布

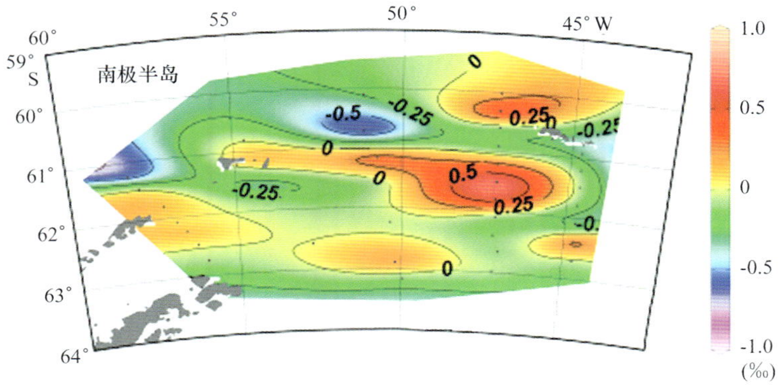

图 5－106　中国第 28 次南极科学考察南极半岛周边海域 25 m 层海水 $\delta^{18}O$ 值的分布

南极半岛周边海域 50 m 层海水 $\delta^{18}O$ 值介于 －0.53‰～0.85‰之间，平均值为（0.01 ±0.31)‰。在南奥克尼岛西侧的 61.0°—62.0°S、45.0°—49.0°W 区域内，海水 $\delta^{18}O$ 值出现高值核心，核心值在 0.5‰左右。与表层、25 m 层不同的是，在南奥克尼岛北侧的 60.0°S、45.0°W 处存在海水 $\delta^{18}O$ 的高值，核心值达 0.7‰。南奥克尼海台东侧以及帕威尔海盆及其相邻的斯科舍海和威德尔海海域海水 $\delta^{18}O$ 值较低，低值核心位于南奥克尼海台东侧和帕威尔海盆，核心值在 －0.25‰左右。布兰斯菲尔德海峡处存在一低值核心，在 －0.25‰以下，其南北两侧则存在高值（图 5－107）。

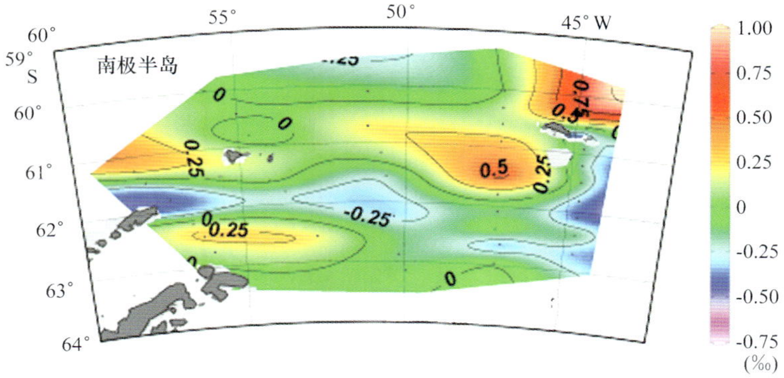

图 5－107　中国第 28 次南极科学考察南极半岛周边海域 50 m 层海水 $\delta^{18}O$ 值的分布

南极半岛周边海域底层海水 $\delta^{18}O$ 值介于 －0.77‰～0.65‰之间，平均值为（0.08 ±0.33)‰。南极半岛周边海域底层海水 $\delta^{18}O$ 值分布较为均匀，除在南奥克尼岛北侧（59.5°—60.0°S、45.0°W）及布兰斯菲尔德海峡北侧（61.0°—62.0°S、58.0°W）存在海水 $\delta^{18}O$ 值的高值核心，布兰斯菲尔德海峡南侧（62.8°—63.5°S、58.0°W）存在低值（核心值小于 －0.5‰）外，其余海域 $\delta^{18}O$ 值均分落在 0～0.25‰之间。从整体上看，帕威尔海盆及其相邻的斯科舍海和威德尔海海域底层海水 $\delta^{18}O$ 值在 0.25‰左右，南奥克尼海台东侧及象岛、克拉伦斯岛海域底层海水 $\delta^{18}O$ 值在 0‰左右（图 5－108）。

中国第 30 次南极科学考察期间，南极半岛周边海域表层海水 $\delta^{18}O$ 值介于 －0.51‰～0.19‰之间，平均值为（－0.22 ±0.24)‰。在南奥克尼海台东侧的 60.5°—61.5°S、43.0°—

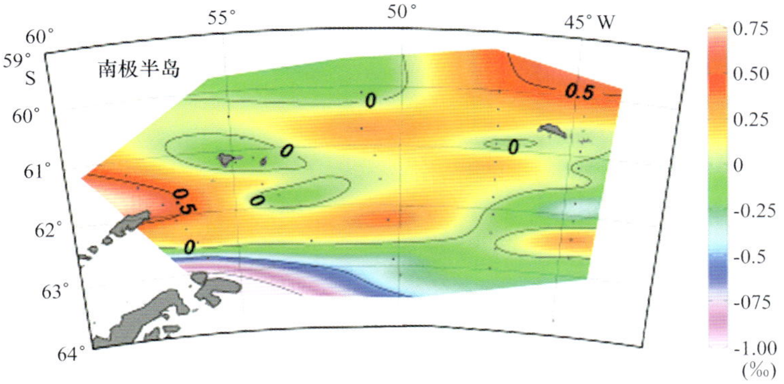

图 5-108　中国第 28 次南极科学考察南极半岛周边海域底层海水 $\delta^{18}O$ 值的分布

46.0°W 区域内，出现海水 $\delta^{18}O$ 值的低值，核心 $\delta^{18}O$ 值在 -0.4‰以下，最低值达 -0.51‰。帕威尔海盆及其相邻的斯科舍海和威德尔海海域海水 $\delta^{18}O$ 值较高，高值核心位于帕威尔海盆西侧的 61.5°—62.5°S、52.5°—54.5°W 区域内，最高值达 0.19‰。布兰斯菲尔德海峡处 62.0°—63.0°S、57.0°W 海水 $\delta^{18}O$ 值相对较低（图 5-109）。

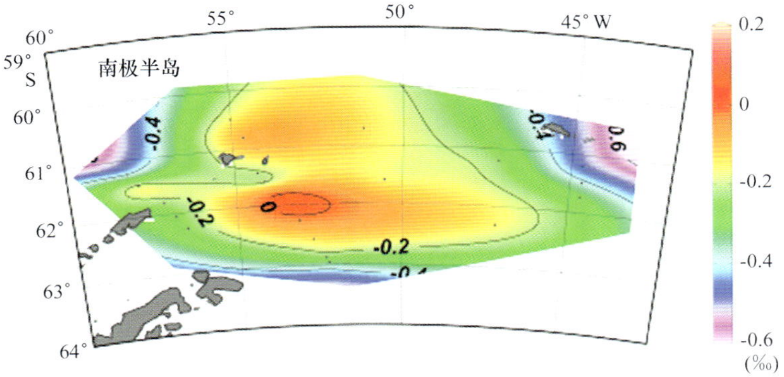

图 5-109　中国第 30 次南极科学考察南极半岛周边海域表层海水 $\delta^{18}O$ 值的分布

南极半岛周边海域 25 m 层海水 $\delta^{18}O$ 值介于 -0.55‰～0.01‰之间，平均值为（-0.22±0.16)‰。分布上呈北低南高的态势，在南奥克尼海台东侧，海水 $\delta^{18}O$ 值较低，最低值达 -0.55‰。帕威尔海盆海域及象岛、克拉伦斯岛附近海域海水 $\delta^{18}O$ 值较高，高值核心位于帕威尔海盆西侧（61.5°—62.5°S、52.5°—54.5°W）及象岛、克拉伦斯岛附近海域。布兰斯菲尔德海峡处（62.0°—63.0°S、57.0°W）海水 $\delta^{18}O$ 值相对较低，低于 -0.4‰（图 5-110）。

南极半岛周边海域 50 m 层海水 $\delta^{18}O$ 值介于 -0.56‰～0.20‰之间，平均值为（-0.19±0.19)‰。在南奥克尼海台东侧的 60.5°—61.5°S、43.0°—46.0°W 区域内，存在海水 $\delta^{18}O$ 值的低值，最低值达 -0.56‰。帕威尔海盆西侧及其相邻的斯科舍海海域海水 $\delta^{18}O$ 值较高，高值核心位于帕威尔海盆西侧的 60.5°—62.5°S、52.5°—54.5°W 区域内，最高值达 0.20‰。布兰斯菲尔德海峡处（62.0°—63.0°S、57.0°W）海水 $\delta^{18}O$ 值相对较低，低于 -0.2‰（图 5-111）。

南极半岛周边海域底层海水 $\delta^{18}O$ 值介于 -0.44‰～0.48‰之间，平均值为（-0.04±0.36)‰。南极半岛底层海水 $\delta^{18}O$ 值的分布呈北低南高、东西两侧高，中部海盆低的态势。

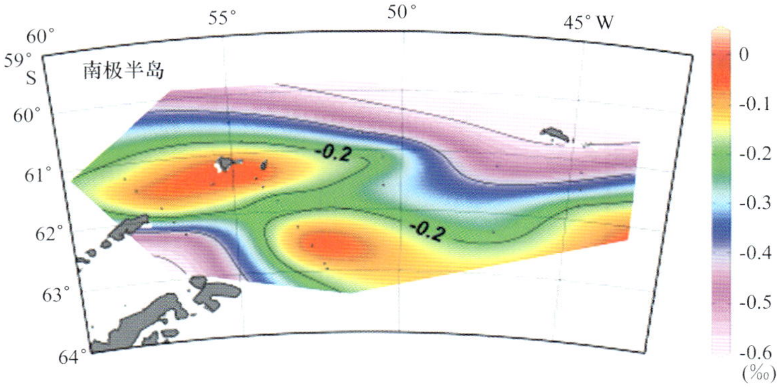

图 5－110　中国第 30 次南极科学考察南极半岛周边海域 25 m 层海水 $\delta^{18}O$ 值的分布

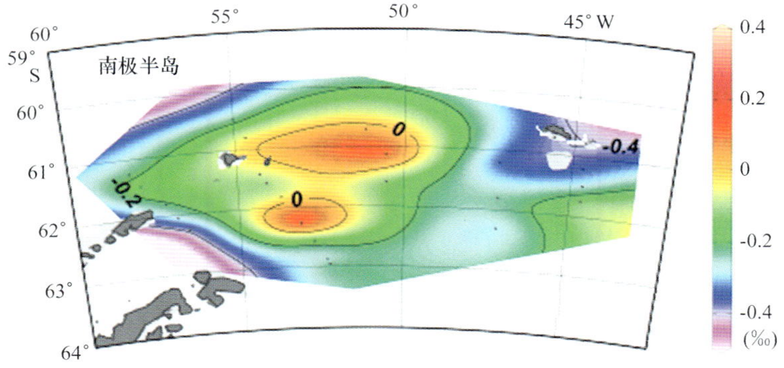

图 5－111　中国第 30 次南极科学考察南极半岛周边海域 50 m 层海水 $\delta^{18}O$ 的分布

在南奥克尼海台东侧的 61.5°—62.5°S、43.0°—46.0°W 区域内，存在海水 $\delta^{18}O$ 值的高值，核心 $\delta^{18}O$ 值在 0.1‰以上。帕威尔海盆及其相邻的斯科舍海海域海水 $\delta^{18}O$ 值较低，其相对高值位于南奥克尼海台东侧的 61.5°—62.5°S、43.0°—46.0°W 区域内，相对低值位于布兰斯菲尔德海峡处（62.0°—63.0°S、57.0°W）（图 5－112）。

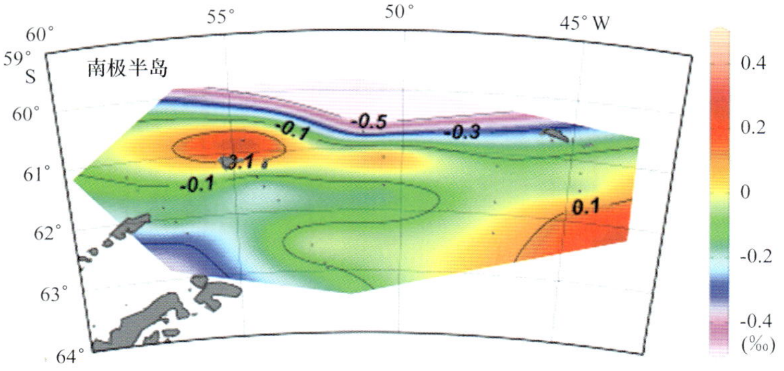

图 5－112　中国第 30 次南极科学考察南极半岛周边海域底层海水 $\delta^{18}O$ 值的分布

（2）普里兹湾及其邻近海域

中国第 29 次南极科学考察期间，普里兹湾表层海水 $\delta^{18}O$ 值介于 －0.96‰～0.16‰之间，平均值为（-0.39±0.26）‰。在东侧四女士浅滩海域，海水 $\delta^{18}O$ 值介于-0.2‰~0‰之间，高于西侧弗拉姆浅滩区（-0.4‰~0.1‰）和中部普里兹湾湾口—北侧邻近海域-0.7‰~0.4‰。在弗拉姆浅滩北侧（65.0°—66.0°S）也出现海水 $\delta^{18}O$ 值高于-0.1‰的高值，但范围相对较小。海水 $\delta^{18}O$ 的低值位于湾内海域，在埃默里冰架附近出现极小值，海水 $\delta^{18}O$ 值在-0.7‰左右。在普里兹湾湾口及其北侧海域，也存在低于-0.7‰的低值（图5-113）。

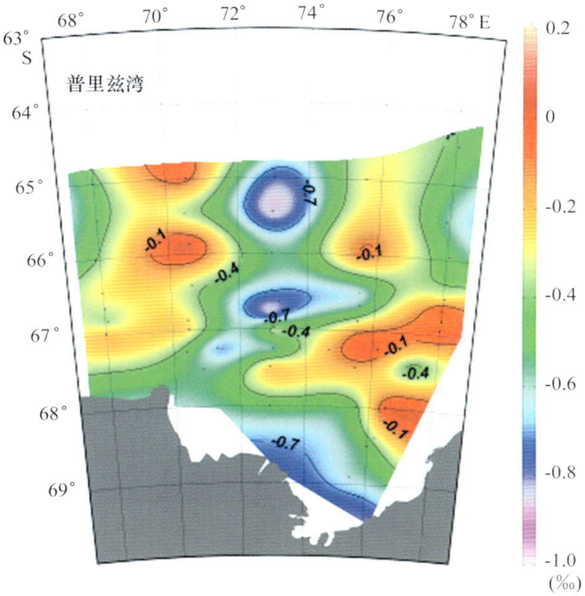

图5-113 中国第29次南极科学考察普里兹湾表层海水 $\delta^{18}O$ 值的分布

普里兹湾25 m层海水 $\delta^{18}O$ 值介于-0.93‰~0.01‰之间，平均值为（-0.34±0.18）‰。海水 $\delta^{18}O$ 值的分布呈由北向南逐渐降低的趋势，湾外海域明显高于南侧陆架区及湾内海域。东侧四女士浅滩海域、西侧弗拉姆浅滩区和普里兹湾湾内海域的海水 $\delta^{18}O$ 值接近，介于-0.4‰~0.2‰之间。海水 $\delta^{18}O$ 值的高值位于湾外深水区（65.0°—66.0°S、69.0°—77.0°E）。另外，在弗拉姆浅滩西侧及四女士浅滩北侧也出现 $\delta^{18}O$ 值高于-0.2‰的相对高值，但范围较小（图5-114）。

普里兹湾50 m层海水 $\delta^{18}O$ 值介于-0.85‰~0.22‰之间，平均值为（-0.34±0.26）‰。海水 $\delta^{18}O$ 的分布呈东侧高、西侧低，中部普里兹湾湾口—北侧邻近海域最低的态势。四女士浅滩及其北侧海域（65.7°—67.5°S）海水 $\delta^{18}O$ 值介于-0.2‰~0.2‰之间，高于西侧弗拉姆浅滩区-0.4‰~0.2‰和中部普里兹湾湾口—北侧邻近海域-0.8‰~0.4‰。高值核心位于四女士浅滩北侧海域，在弗拉姆浅滩北侧海域（65.0°—66.0°S）也出现 $\delta^{18}O$ 值高于-0.2‰的高值，但范围较小。低值主要位于湾内海域，在埃默里冰架附近出现极小值，在普里兹湾湾口及其北侧海域也存在 $\delta^{18}O$ 值低于-0.6‰的低值（图5-115）。

普里兹湾底层海水 $\delta^{18}O$ 值介于-0.77‰~0.31‰之间，平均值为（-0.35±0.26）‰。海水 $\delta^{18}O$ 值的分布呈湾外高、湾内低的态势。高值出现在四女士浅滩北侧海域（65.7°—67.0°S）及弗拉姆浅滩北侧海域（65.0°—66.0°S），$\delta^{18}O$ 值介于-0.2‰~0.3‰之间。低值位于湾内海域，在靠近四女士浅滩处出现极小值；在普里兹湾湾口、湾外北侧海域（65.0°—

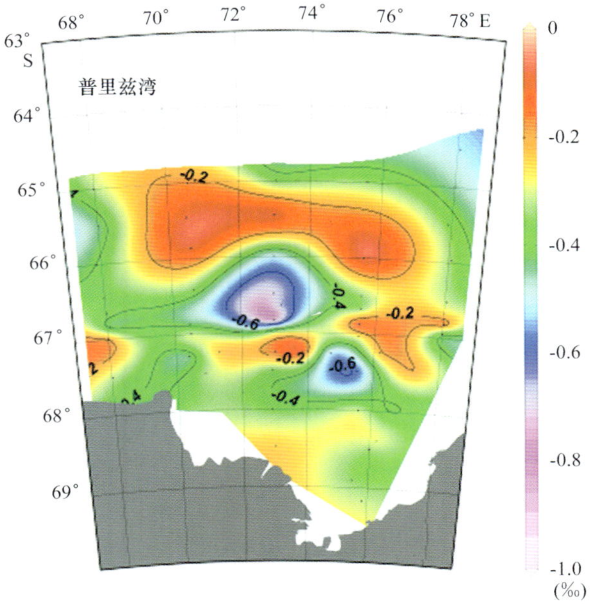

图 5 - 114　中国第 29 次南极科学考察普里兹湾 25 m 层海水 $\delta^{18}O$ 值的分布

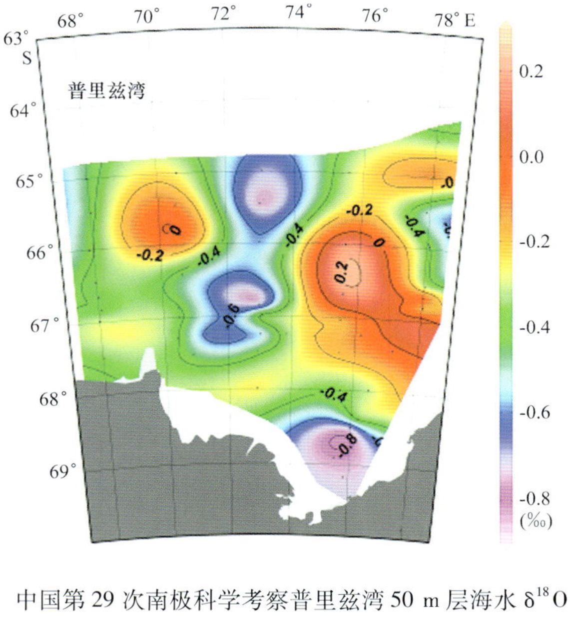

图 5 - 115　中国第 29 次南极科学考察普里兹湾 50 m 层海水 $\delta^{18}O$ 值的分布

66.0°S、72.6°—76.2°E）也存在 $\delta^{18}O$ 值的低值（图 5 - 116）。

2）剖面分布

（1）南极半岛周边海域

中国第 28 次南极科学考察期间，南极半岛周边海域 D3 断面（D3 - 1、D3 - 2、D3 - 3、D3 - 4、D3 - 5、D3 - 7、D3 - 8 站）位于 60.1°—63.1°S、50.0°—51.2°W，贯穿帕威尔海盆，经赫斯珀里得斯海沟连通斯科舍海和威德尔海。D3 断面海水 $\delta^{18}O$ 值介于 - 1.35‰ ~ 0.55‰之间，平均值为 - （0.03 ± 0.28）‰。海水 $\delta^{18}O$ 值的分布呈表层低、200 ~ 1 000 m 水

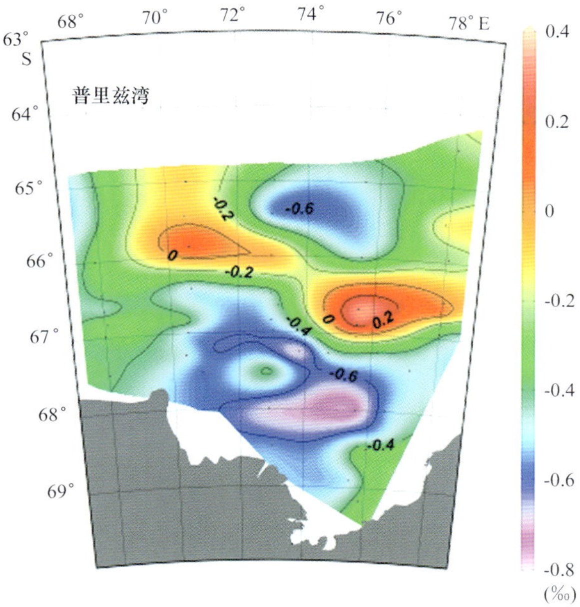

图 5－116 中国第 29 次南极科学考察普里兹湾底层海水 $\delta^{18}O$ 值的分布

深处出现极大值，之后随深度增加而降低的趋势。在纬向分布上，呈由北向南逐渐降低的趋势。在水深最浅的 D3－3 站出现 $\delta^{18}O$ 值的高值，该高值特征可延伸至近表层和近底层水体。在 1 000 m 以深，海水 $\delta^{18}O$ 值逐渐降低，$\delta^{18}O$ 值在 －0.5‰～0‰之间。另外，在北侧和南侧 2 000 m 以深水体中均可发现海水 $\delta^{18}O$ 值的低值（图 5－117）。

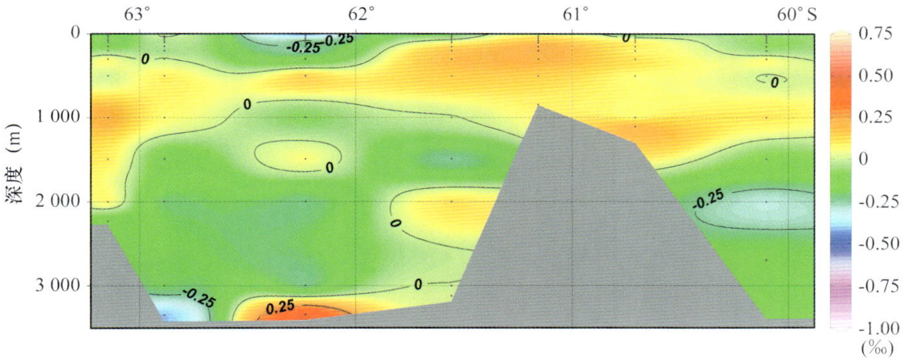

图 5－117 中国第 28 次南极科学考察南极半岛周边海域 D3 断面海水 $\delta^{18}O$ 值的分布

D4 断面（D4－1、D4－2、D4－3、D4－4、D4－5、D4－6、D4－7、D4－8、D4－9、D4－10、D4－11 站）位于 60.0°—63.0°S、47.2°W，在南奥克尼岛西侧。该海水 $\delta^{18}O$ 值介于 －0.88‰～1.55‰之间，平均值为（0.10±0.40）‰。海水 $\delta^{18}O$ 值的分布与 D3 断面类似，呈表层低、200～1 000 m 存在极大值的特征。在纬向分布上，也呈现由北向南逐渐降低的趋势。在 D4－3 至 D4－8 等水深较浅的站位，存在海水 $\delta^{18}O$ 高值，该高值延伸至 D4－5、D4－6 等站的表层和底层水体。在 1 000 m 以深，海水 $\delta^{18}O$ 值逐渐降低，$\delta^{18}O$ 值在 －0.5‰～0‰之间。除去靠近海台区的水深较浅站位，在 1 000～2 000 m 水深可发现海水 $\delta^{18}O$ 值的低值（图 5－118）。

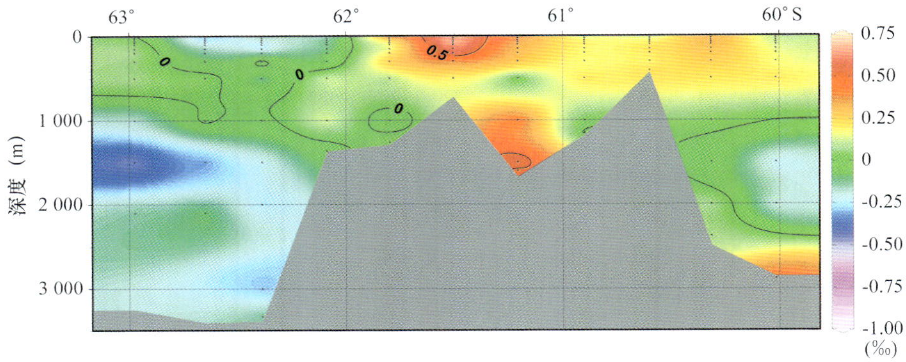

图5-118　中国第28次南极科学考察南极半岛周边海域D4断面海水$\delta^{18}O$值的分布

D5断面（D5-1、D5-2、D5-3、D5-4、D5-5、D5-6、D5-7、D5-8、D5-9站）位于60.3°—62.7°S、44.7°W，南奥克尼岛东侧。海水$\delta^{18}O$值介于-1.16‰~0.96‰之间，平均值为（-0.08±0.35）‰。D5断面海水$\delta^{18}O$值的分布呈南北两侧海盆区高、中部海台区低的趋势。在北侧，1 000 m以浅水体$\delta^{18}O$值较高，1 000 m以深$\delta^{18}O$值较低。在南侧，整个水柱海水$\delta^{18}O$值均较高。对于水深较浅的海台区，海水$\delta^{18}O$值低于0‰，在靠近南侧站位近底层可发现$\delta^{18}O$的低值（图5-119）。

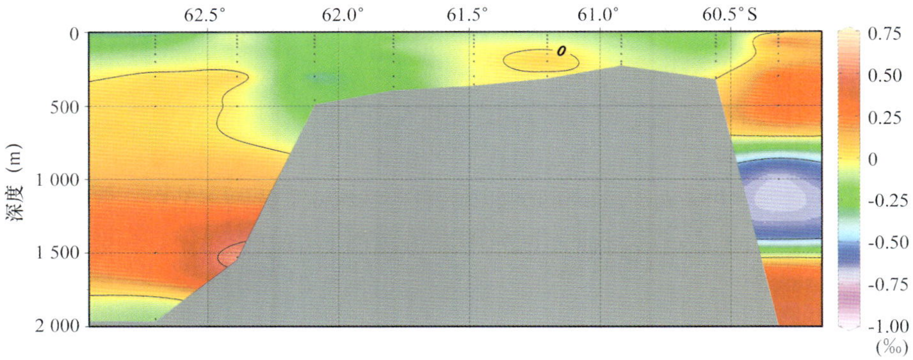

图5-119　中国第28次南极科学考察南极半岛周边海域D5断面海水$\delta^{18}O$值的分布

中国第30次南极科学考察期间，D1断面（D1-3、D1-4、D1-5、D1-6、D1-7站）位于61.2°—62.2°S、56.6°—58.2°W，毗邻南极半岛岛链，位于布兰斯菲尔德海峡东侧。该断面海水$\delta^{18}O$值介于-0.55‰~0.32‰之间，平均值为（-0.12±0.19）‰。海水$\delta^{18}O$值的分布显示，垂直方向上呈表层低、100~200 m深度存在极大值的趋势，在纬向分布上，陆架区海水$\delta^{18}O$值较高，南北两侧海水$\delta^{18}O$值较低的特征（图5-120）。

D2断面（D2-2、D2-3、D2-4、D2-5、D2-6、D2-7、D2-8、D2-9、D2-1站）位于60.5°—62.9°S、52.3°—55.0°W，在象岛和克拉伦斯岛海域东侧。该断面海水$\delta^{18}O$值介于-0.46‰~0.31‰之间，平均值为（-0.12±0.17）‰。海水$\delta^{18}O$值的分布显示，垂直方向上呈表层低-0.3‰~0.1‰、200 m以深随深度增加而升高的趋势。在纬向分布上，水深较浅的陆架区海水$\delta^{18}O$值较低，而南北两侧海水$\delta^{18}O$值较高（图5-121）。

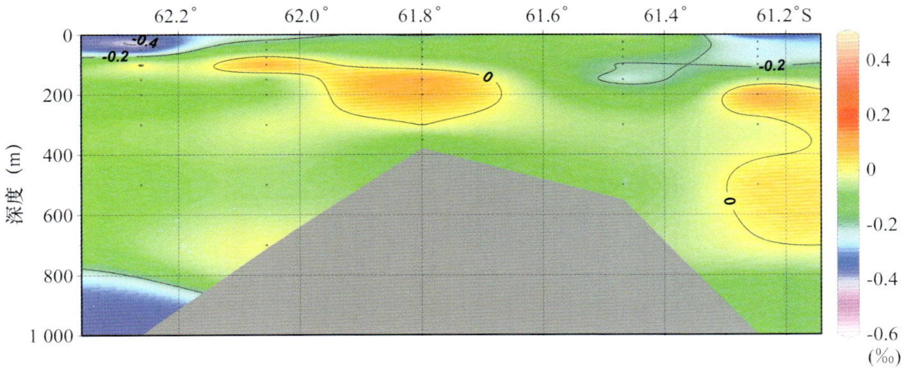

图5－120 中国第30次南极科学考察南极半岛周边海域D1断面海水$\delta^{18}O$值的分布

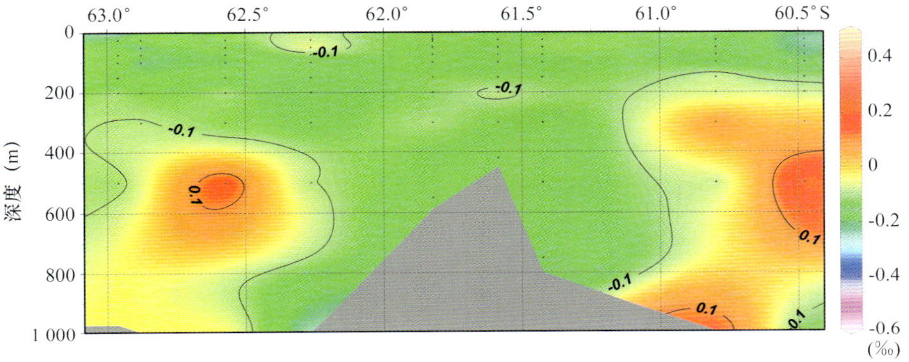

图5－121 中国第30次南极科学考察南极半岛周边海域D2断面海水$\delta^{18}O$值的分布

（2）普里兹湾及其邻近海域

中国第29次南极科学考察期间，普里兹湾P3断面（P3－1、P3－2、P3－3、P3－4、P3－5、P3－6、P3－7、P3－9站）位于65.0°—68.5°S、70.5°E。该断面海水$\delta^{18}O$值介于－0.78‰～0.35‰之间，平均值为（－0.30±0.15）‰。海水$\delta^{18}O$值的分布显示，表层海水$\delta^{18}O$值较低，200～1 000 m深度$\delta^{18}O$值较高，且在500 m处多出现极大值，底层水体$\delta^{18}O$值较低的态势。在纬向分布上，陆架区海水$\delta^{18}O$值较低，而湾外海域$\delta^{18}O$值较高。海水$\delta^{18}O$值的高值位于陆坡区500 m水深处，低值位于陆架区及湾外海域1 500 m以深（图5－122）。

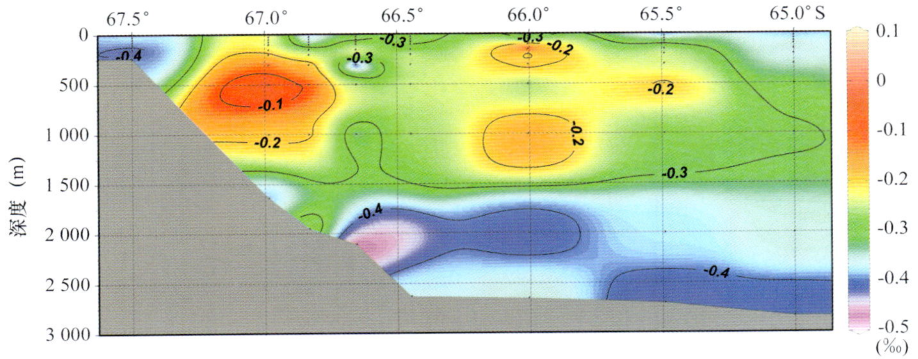

图5－122 中国第29次南极科学考察普里兹湾P3断面海水$\delta^{18}O$值的分布

普里兹湾P4断面（P4－1、P4－2、P4－3、P4－4、P4－5、P4－7、P4－8站）位于65.0°—67.5°S、70.5°E。该断面海水δ^{18}O值介于－0.79‰～0.25‰之间，平均值为（－0.27±0.24）‰。海水δ^{18}O值的分布显示，表层海水δ^{18}O值较低，而中深层海水δ^{18}O值较高。在纬向分布上，陆架区、陆坡区海水δ^{18}O值较低，湾外海域δ^{18}O值较高。海水δ^{18}O值高值出现在陆坡区500 m深度附近，低值出现在陆架区及湾外海域1 500 m以深（图5－123）。

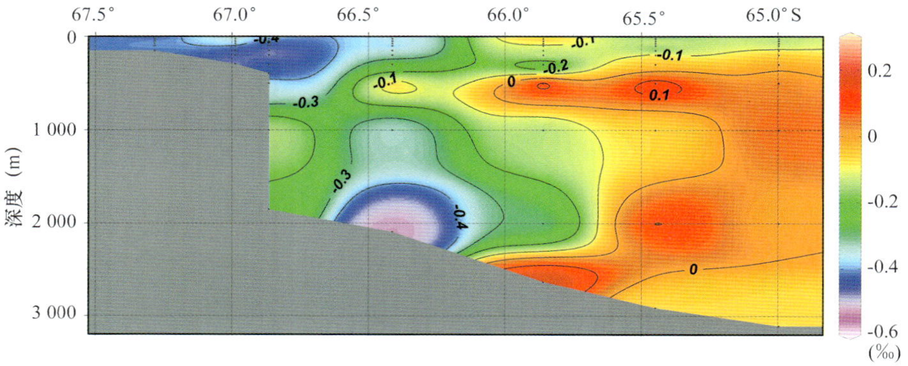

图5－123　中国第29次南极科学考察普里兹湾P4断面海水δ^{18}O值的分布

普里兹湾P5断面（P5－1、P5－2、P5－3、P5－4、P5－5、P5－6、P5－7、P5－8、P5－9、P5－10、P5－11站）位于65.0°—67.5°S、70.5°E。该断面海水δ^{18}O值介于－0.97‰～0.15‰之间，平均值为－0.47‰±0.25‰。从海水δ^{18}O值的分布可以看到，表层海水δ^{18}O值较低，而中深层水体δ^{18}O值较高；纬向分布上，在普里兹湾内，海水δ^{18}O值由南向北逐渐升高，湾口处500 m以浅δ^{18}O值较低，而湾外海域δ^{18}O值较高并在1 000～2 000 m深度出现极大值（图5－124）。

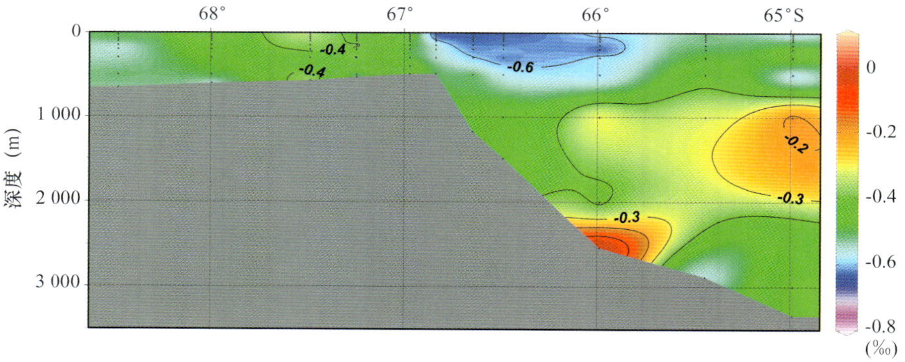

图5－124　中国第29次南极科学考察普里兹湾P5断面海水δ^{18}O值的分布

普里兹湾P6断面（P6－1、P6－3、P6－4、P6－5、P6－6、P5－7、P6－9、P6－10、P6－12站）位于65.0°—68.8°S、75.8°E。该断面海水δ^{18}O值介于－0.97‰～0.33‰之间，平均值为（－0.27±0.30）‰。海水δ^{18}O值的垂向分布显示，表层海水δ^{18}O值较低，而中深层水体δ^{18}O值较高，另外，湾外底层水体δ^{18}O值比湾内来得低。在纬向分布上，普里兹湾湾海水δ^{18}O值由南向北逐渐升高；在陆坡区，海水δ^{18}O值达到极大值并在500～2 500 m形成大范围的高值区；在湾外，海水 $\delta^{18}O$ 值呈典型的表层低、中深层高、底层低的分布态势（图5－125）。

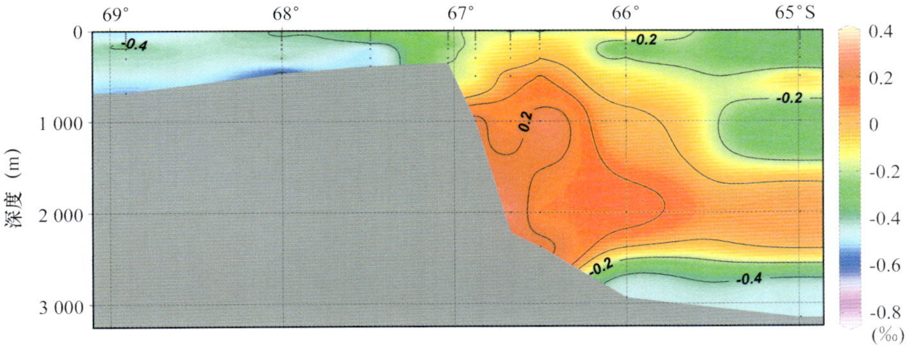

图5－125 中国第29次南极科学考察普里兹湾P6断面海水 $\delta^{18}O$ 值的分布

普里兹湾P7断面（P7－5、P7－6、P7－7、P7－8、P7－9、P7－10、P7－11、P7－12、P7－14、P7－15、P7－16站）位于65.0°—68.8°S、76.0°—78.0°E之间。该断面海水 $\delta^{18}O$ 值介于－1.46‰～0.18‰之间，平均值为（－0.28±0.23）‰。海水 $\delta^{18}O$ 值的分布显示，垂直方向上表层 $\delta^{18}O$ 值较低，而中深层水体 $\delta^{18}O$ 值较高；纬向分布上，普里兹湾湾内的海水 $\delta^{18}O$ 值由南向北逐渐升高，四女士浅滩附近海域海水 $\delta^{18}O$ 值可达－0.2‰；陆坡区与湾外海域海水 $\delta^{18}O$ 值的分布类似，表层较低，并在500～2 500 m存在极大值（图5－126）。

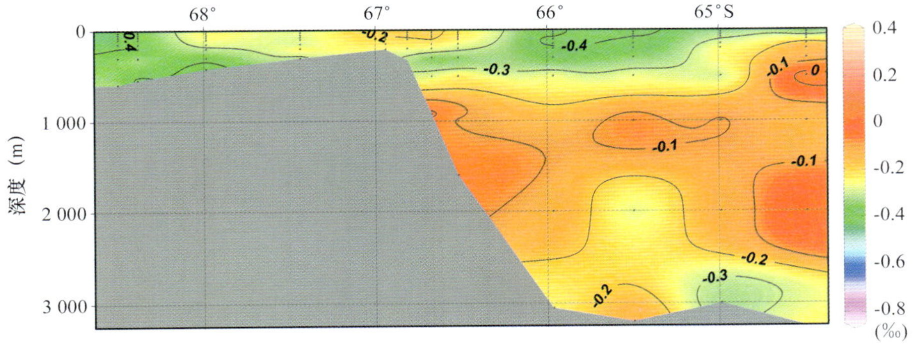

图5－126 中国第29次南极科学考察普里兹湾P7断面海水 $\delta^{18}O$ 值的分布

5.1.5.2 海水 δ^2H

中国第28次南极科学考察期间，南极半岛、普里兹湾附近海域海水 δ^2H 值的变化范围为－39.75‰～38.37‰，平均值为0.54‰。其中，南极半岛附近海域海水 δ^2H 值的变化范围为－25.27‰～38.37‰，平均值为1.32‰；普里兹湾湾内海水 δ^2H 值的变化范围为－39.75‰～1.02‰，平均值为－8.65‰，普里兹湾湾外海水 δ^2H 值的变化范围为－3.18‰～20.36‰，平均值为2.79‰。

1）平面分布

南极半岛附近海域表层水 δ^2H 值的分布显示，东、西两侧海水 δ^2H 值较高，而南极半岛延伸对应的海域海水 δ^2H 值较低（图 5 – 127）。对于南极半岛附近海域的底层水体，东、西两侧海域的海水 δ^2H 值同样高于中部海域，但在南极半岛东部岛屿的西侧，出现了海水 δ^2H 值的高值，可达 24.53‰（图 5 – 128）。

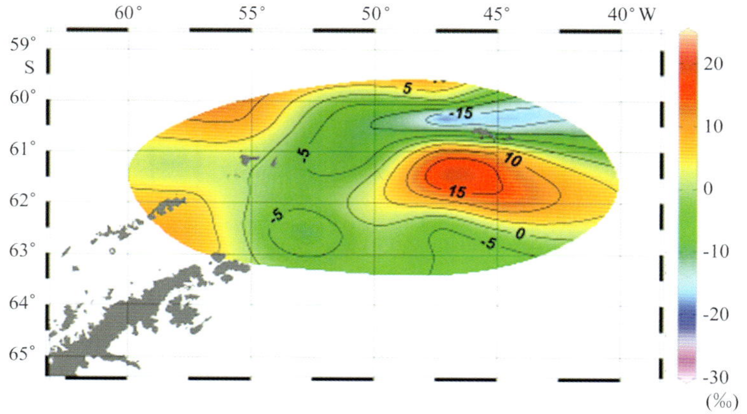

图 5 – 127　中国第 28 次南极科学考察南极半岛周边海域表层海水 δ^2H 值的分布

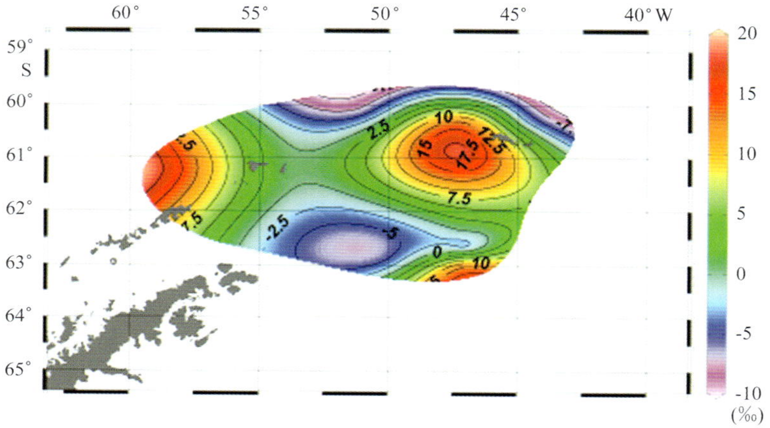

图 5 – 128　中国第 28 次南极科学考察南极半岛周边海域底层海水 δ^2H 值的分布

2）剖面分布

普里兹湾附近海域 P 断面海水 δ^2H 值由湾内向湾外整体呈增加的趋势，各站位垂向上海水 δ^2H 值变化较小，但在 67.5°S 的 P1 – 3 站次表层出现海水 δ^2H 值的极大值（20.36‰）（图 5 – 129）。普里兹湾 IS 断面海水 δ^2H 值的分布呈现西侧高于东侧的特征，西侧 IS – 12 站海水 δ^2H 值的变化范围为 –6.49‰ ~ 1.59‰，平均值为（–5.00 ± 1.59）‰，东侧 IS – 5 站海水 δ^2H 值的变化范围为 –39.75‰ ~ 10.70‰，平均值为（–19.16 ± 10.91）‰。对于每个站位而言，不同水层海水 δ^2H 值变化很小（图 5 – 130）。

5.1.5.3　海水 POC – ^{13}C

中国第 28 次南极科学考察期间，南极半岛、普里兹湾附近海域 POC – $\delta^{13}C$ 值介

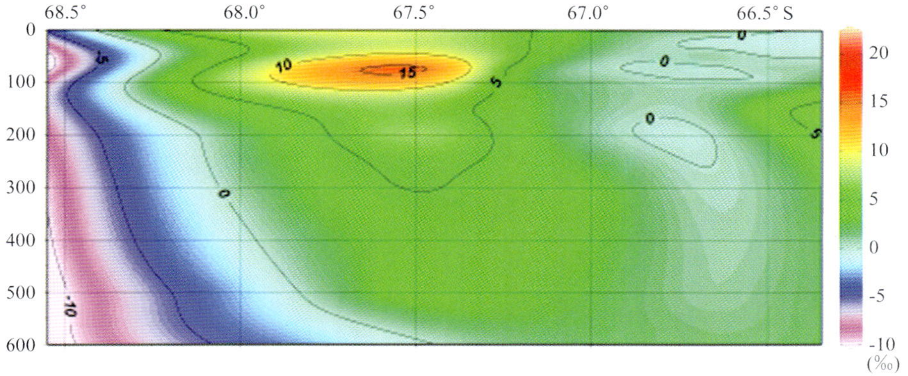

图 5-129　中国第 28 次南极科学考察普里兹湾 P 断面海水 δ^2H 值的分布

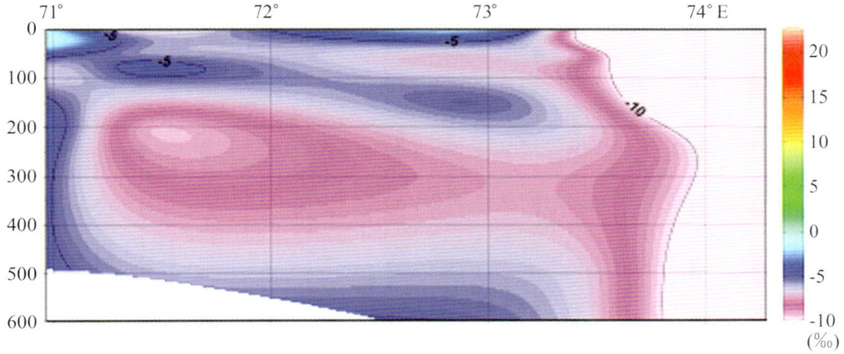

图 5-130　中国第 28 次南极科学考察普里兹湾 IS 断面海水 δ^2H 值的分布

于 -30‰ ~ -24.3‰之间，平均值为 -27.1‰。其中，南极半岛附近海域 POC-$\delta^{13}C$ 值的变化范围为 -30.9‰ ~ -24.3‰，平均值为 -27.5‰；普里兹湾附近海域 POC-$\delta^{13}C$ 值的变化范围为 -28.3‰ ~ -24.7‰，平均值为 -26.6‰。中国第 29 次南极科学考察期间，普里兹湾附近海域 POC-$\delta^{13}C$ 值介于 -31.1‰ ~ -23.3‰之间，平均值为 -26.9‰。中国第 30 次南极科学考察期间，南极半岛附近海域 POC-$\delta^{13}C$ 值的变化范围为 -30.4‰ ~ -23.7‰，平均值为 -28.7‰。

1）平面分布

（1）南极半岛周边海域

中国第 28 次南极科学考察期间，南极半岛附近海域表层 POC-$\delta^{13}C$ 值介于 -30.0‰ ~ -25.5‰之间，平均值为 -27.9‰。表层 POC-$\delta^{13}C$ 值的空间分布呈现出西北高、东南低的特征，最低值出现在 62°S、50°W 附近（-30.0‰），最高值出现在 62°S、56.5°W 的 D1-7 站（-25.5‰）。在同一纬度方向上，西部海域 POC-$\delta^{13}C$ 值要高于东部海域，中部海域最低（图 5-131）。南极半岛附近海域 100 m 层的 POC-$\delta^{13}C$ 值介于 -30.8‰ ~ -25.5‰之间，平均值为 -28.1‰。100 m 层 POC-$\delta^{13}C$ 值的空间分布与表层类似，沿经线方向，POC-$\delta^{13}C$ 值随着纬度的降低而增加；在东西方向上则表现为西部高于东部、中部最低的特征（图 5-132）。南极半岛附近海域 500 m 层的 POC-$\delta^{13}C$ 值介于 -27.6‰ ~ -25.3‰之间，平均值为 -26.5‰，高于表层、100 m 层的数值。500 m POC-$\delta^{13}C$ 值的空间分布特征与表层、100 m

层也相似，呈现出西北高、东南低的趋势（图5－133）。南极半岛附近海域2 000 m层的POC－δ^{13}C值介于－28.1‰～－25.5‰之间，平均值为－26.8‰，与500 m层大致相当。该层位POC－δ^{13}C的高值出现在D3断面中部，由南向北呈增加的趋势（图5－134）。

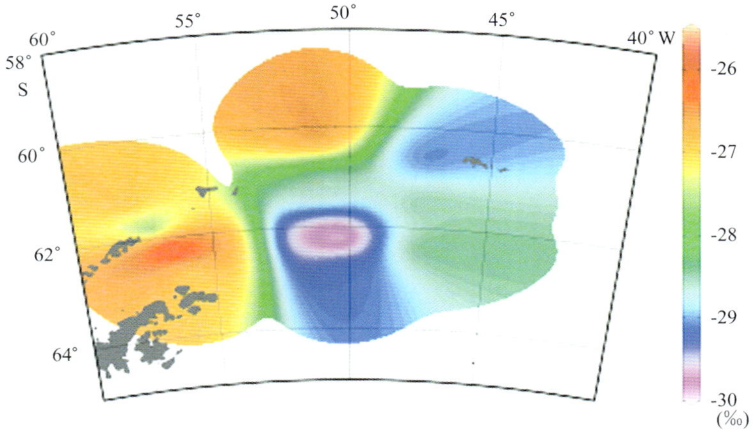

图5－131　中国第28次南极科学考察南极半岛周边海域表层POC－δ^{13}C值的分布

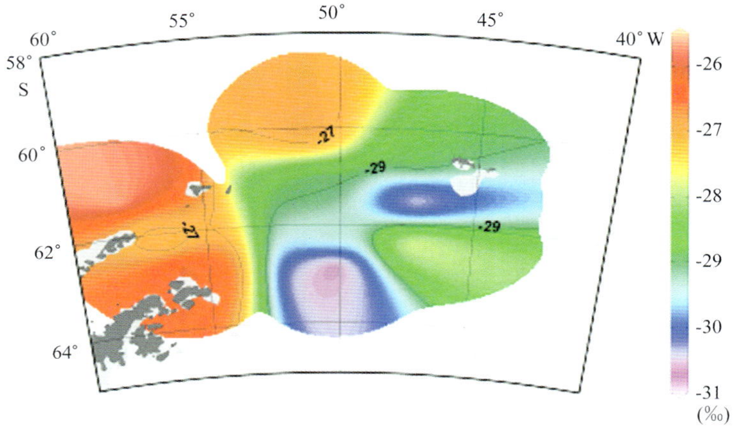

图5－132　中国第28次南极科学考察南极半岛周边海域100 m层POC－δ^{13}C值的分布

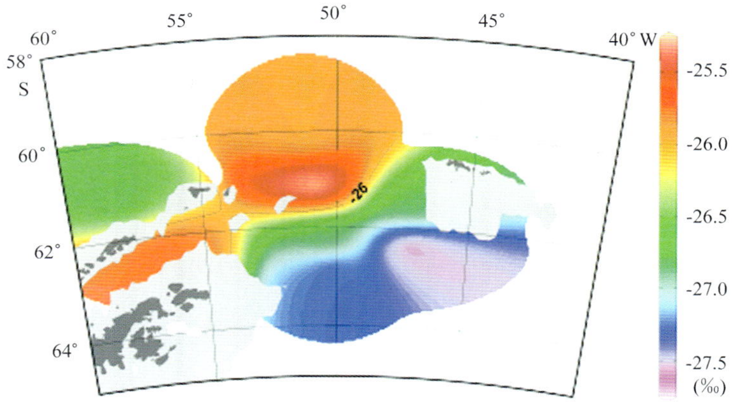

图5－133　中国第28次南极科学考察南极半岛周边海域500 m层POC－δ^{13}C值的分布

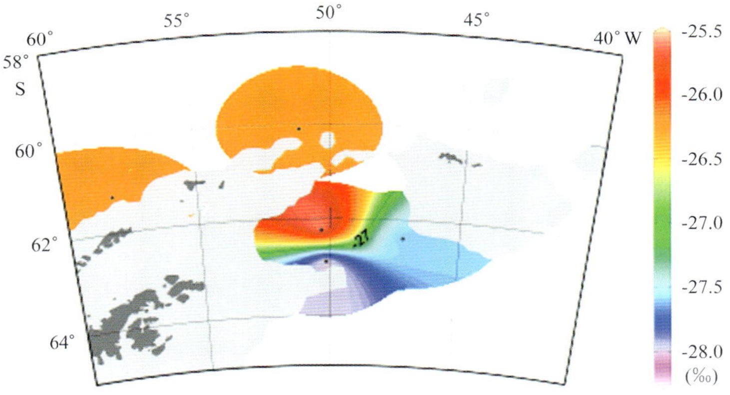

图5－134 中国第28次南极科学考察南极半岛周边海域2 000 m层POC－δ^{13}C值的分布

中国第30次南极科学考察期间，南极半岛附近海域表层POC－δ^{13}C值介于－30.3‰～－23.7‰之间，平均值为－28.3‰。表层POC－δ^{13}C值的空间分布呈现西侧低、东侧高的趋势，低值出现在61.5°S以北、46°—53°W之间的海域，另外，62°S附近海域出现一个POC－δ^{13}C低值中心，POC－δ^{13}C值低至－30.3‰（图5－135）。南极半岛附近海域100 m层的POC－δ^{13}C值落在－30.2‰～－28.9‰范围内，平均值为－28.9‰。该层位POC－δ^{13}C值的空间分布呈现出西高东低、南高北低的趋势，但在62°—62.5°S、50°—55°W附近海域出现POC－δ^{13}C最小值，为－30.2‰（图5－136）。南极半岛附近海域500 m层的POC－δ^{13}C值介于－29.9‰～－28.2‰之间，平均值为－28.9‰。该层位POC－δ^{13}C值在空间上大体呈中间和西北区域高、东北和西南区域低的特征。在西北部海域出现POC－δ^{13}C值的高值，而在东北部区域出现POC－δ^{13}C值的低值（图5－137）。南极半岛附近海域1 000 m层POC－δ^{13}C值介于－29.0‰～－28.2‰之间，平均值为－28.6‰。该层位POC－δ^{13}C值在空间上表现为自西向东降低的趋势。西北部海域出现POC－δ^{13}C值的高值，东北部和南部海域出现POC－δ^{13}C的低值（图5－138）。

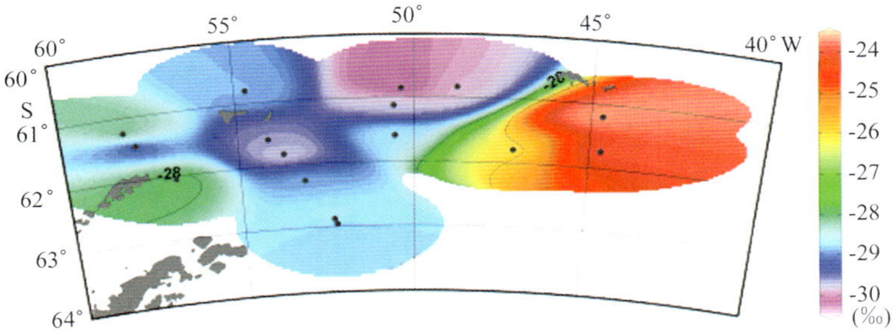

图5－135 中国第30次南极科学考察南极半岛周边海域表层POC－δ^{13}C值的分布

（2）普里兹湾及其邻近海域

中国第29次南极科学考察，普里兹湾附近海域表层POC－δ^{13}C值由南向北，沿着湾内向湾外的方向呈现高低交替的分布特征。在湾内68°S以南海域，POC－δ^{13}C值都比较低；在湾口的67°—68°S、72°—77°E之间，出现POC－δ^{13}C值的高值，66°S以北、72°—76°E的湾外海域POC－δ^{13}C值也比较高。湾外西侧和66°—67°S之间区域出现POC－δ^{13}C值的低值（图5－139）。

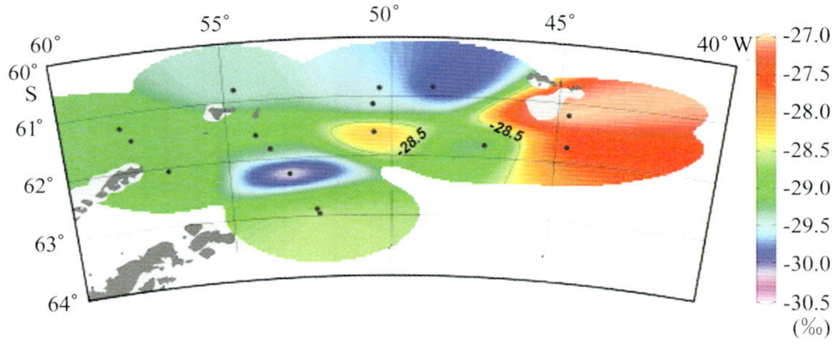

图 5－136　中国第 30 次南极科学考察南极半岛周边海域 100 m 层 POC－$\delta^{13}C$ 值的分布

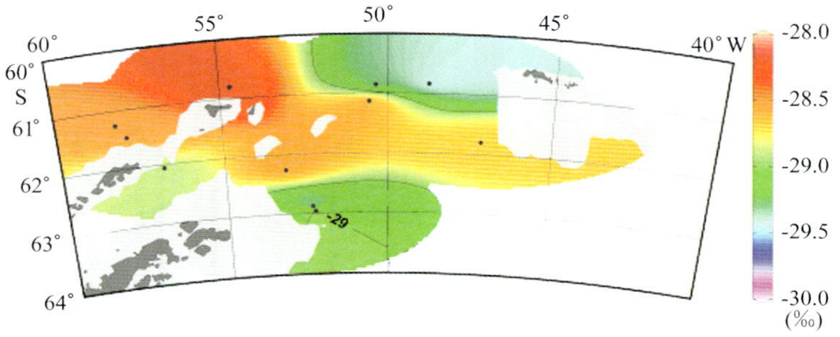

图 5－137　中国第 30 次南极科学考察南极半岛周边海域 500 m 层 POC－$\delta^{13}C$ 值的分布

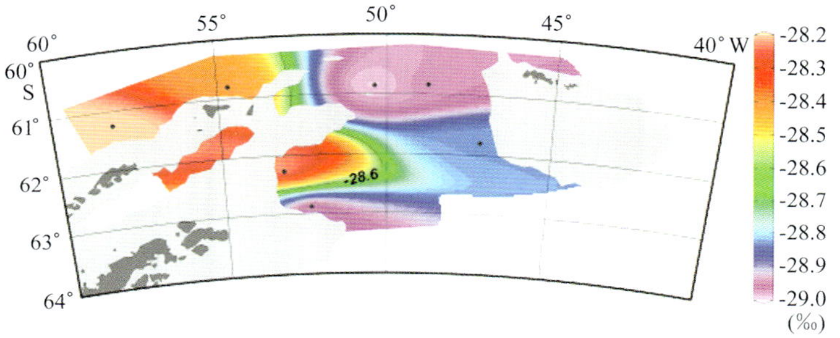

图 5－138　中国第 30 次南极科学考察南极半岛周边海域 1 000 m 层 POC－$\delta^{13}C$ 值的分布

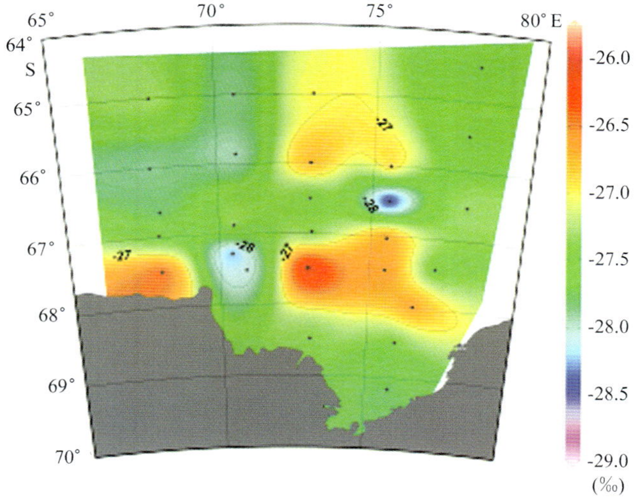

图 5－139　中国第 29 次南极科学考察普里兹湾表层 POC－$\delta^{13}C$ 值的分布

普里兹湾附近海域100 m层POC－$\delta^{13}C$值介于－30‰～－24.4‰之间，平均值为－26.5‰。与表层的分布不同，100 m层POC－$\delta^{13}C$值表现出湾内高、陆坡和深海区低的特征。湾内POC－$\delta^{13}C$值的平均值为－25.4‰，陆坡和深海区POC－$\delta^{13}C$值的平均值为－27.7‰（图5－140）。

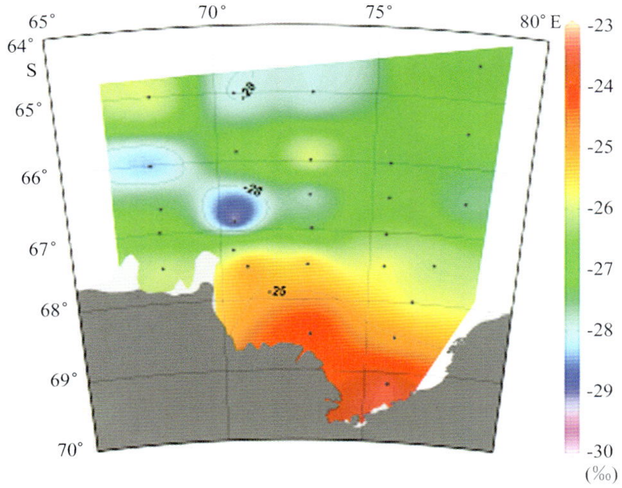

图5－140 中国第29次南极科学考察普里兹湾100 m层POC－$\delta^{13}C$值的分布

普里兹湾附近海域500 m层POC－$\delta^{13}C$值的变化范围为－28.0‰～－24.6‰，平均值为－26.5‰。该层POC－$\delta^{13}C$值的分布与100 m层类似，即表现为湾内高、湾外低的特征。对于湾外海域，东、西部区域POC－$\delta^{13}C$值较低、中部区域POC－$\delta^{13}C$值较高。该层位POC－$\delta^{13}C$值的最低值出现在湾外67°S以北、69°E以西区域（图5－141）。

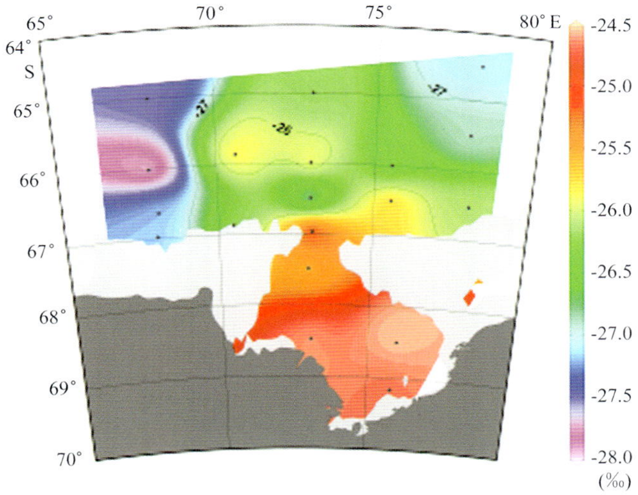

图5－141 中国第29次南极科学考察普里兹湾500 m层POC－$\delta^{13}C$值的分布

普里兹湾附近海域1 000 m层POC－$\delta^{13}C$值介于－27.7‰～－25.2‰之间，平均值为－26.5‰。该层位POC－$\delta^{13}C$值的空间分布表现出中部高、东西部低的特征，最低值出现在65.5°S以南、69°E以西的区域（图5－142）。

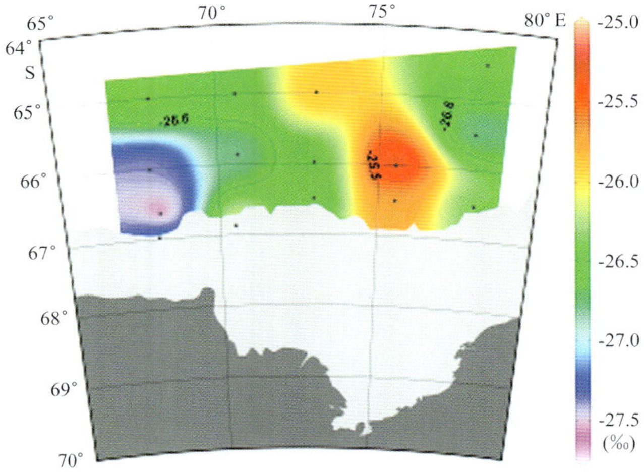

图 5－142　中国第 29 次南极科学考察普里兹湾 1 000 m 层 POC－$\delta^{13}C$ 值的分布

2）剖面分布

（1）南极半岛周边海域

中国第 28 次南极科学考察期间，南极半岛附近海域 D1 断面的 POC－$\delta^{13}C$ 值介于－28.0‰～－24.3‰之间，平均值为－26.6‰。在垂直方向上，POC－$\delta^{13}C$ 值呈现随深度逐渐增加，并在 1 000～2 000 m 深度出现极大值的特征。在水平方向上，POC－$\delta^{13}C$ 值随纬度变化的差异不明显，由南至北基本呈均匀分布的趋势，表层 POC－$\delta^{13}C$ 的低值出现在 62.0°—61.5°S 区域（图 5－143）。南极半岛附近海域 D3 断面的 POC－$\delta^{13}C$ 值介于－30.9‰～－24.9‰，平均值为－27.6‰。在垂向上，POC－$\delta^{13}C$ 值基本上随着水深的增加而增大，但不同站位之间存在一定的差异。D3－1 站 POC－$\delta^{13}C$ 值分布的最显著特征之一是在 1 000 m 深度附近出现极大值。D3－5 站的 POC－$\delta^{13}C$ 值则随着深度的增加而增加。最南端 D3－7 站的 POC－$\delta^{13}C$ 值在 1 500 m 出现极大值，而在 2 000 m 出现极小值。在水平方向上，POC－$\delta^{13}C$ 值整体上随着纬度的增加而增加（图 5－144）。南极半岛附近海域 D4 断面的 POC－$\delta^{13}C$ 值介于－30.5‰～－26.6‰之间，平均值为－28.3‰。该断面 POC－$\delta^{13}C$ 值的分布具有明显的垂向变化梯度，随着深度的增加 POC－$\delta^{13}C$ 值逐渐增加，但最南端 D4－9 站 POC－^{13}C 值的垂向变化不明显。在水平方向上，62°S 以北上层水体的 POC－$\delta^{13}C$ 值较低且分布比较均匀（图 5－145）。

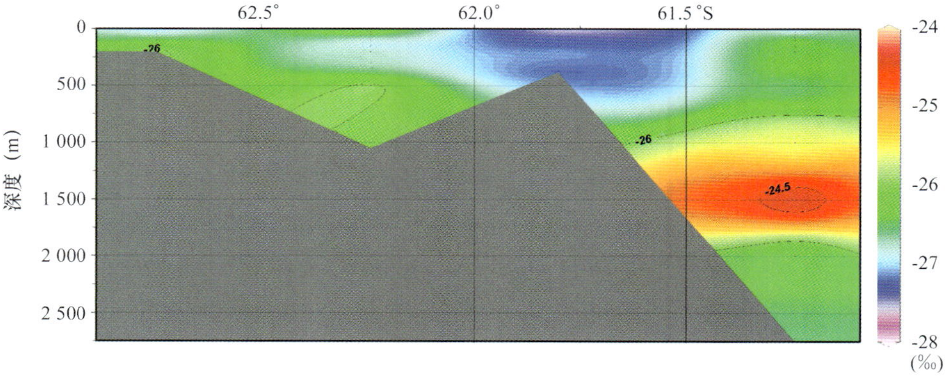

图 5－143　中国第 28 次南极科学考察南极半岛周边海域 D1 断面 POC－$\delta^{13}C$ 值的分布

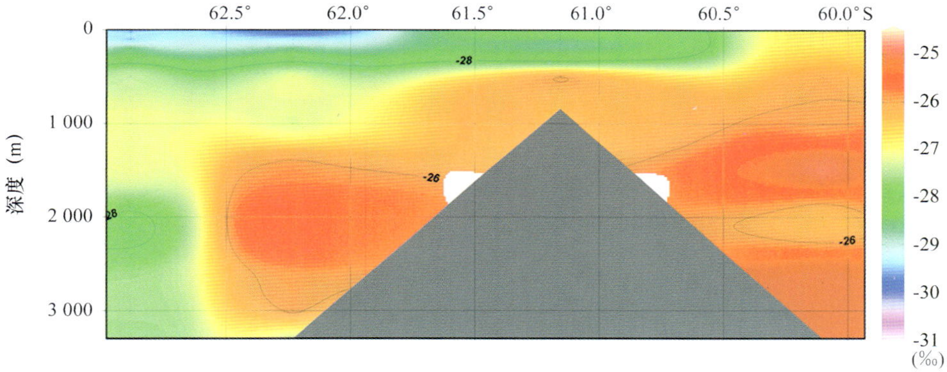

图5－144　中国第28次南极科学考察南极半岛周边海域D3断面POC－δ13C值的分布

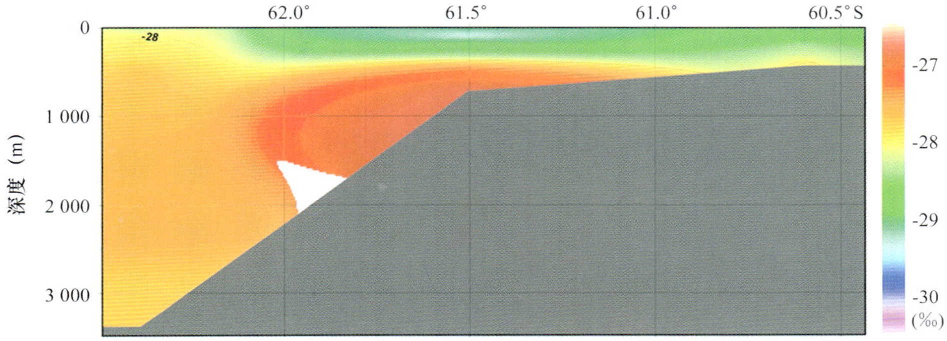

图5－145　中国第28次南极科学考察南极半岛周边海域D4断面POC－δ13C值的分布

中国第30次南极科学考察期间，南极半岛附近海域D1断面的POC－$\delta^{13}C$值介于－29.7‰～－27.7‰之间，平均值为－28.7‰。在61.6°S以南海域，POC－$\delta^{13}C$值从表层至底层呈增加趋势。在61.8°—61.4°S之间海域，POC－$\delta^{13}C$值较低，但垂向上仍表现出增加的态势。在61.4°S以北的陆坡区，POC－$\delta^{13}C$值垂向上表现出先增加而后降低的趋势，在700～1 500 m深度出现极大值（图5－146）。南极半岛附近海域D2断面的POC－$\delta^{13}C$值落在－30.4‰～－27.8‰范围内，平均值为－28.9‰。在垂直方向上，POC－$\delta^{13}C$值整体上随着深度的增加而增加，POC－$\delta^{13}C$最高值出现在南部区域海槽近底层（图5－147）。南极半岛附近海域D3断面的POC－$\delta^{13}C$值介于－30.3‰～－27.9‰之间，平均值为－29.1‰。在垂直方向上，POC－$\delta^{13}C$值随着深度的增加而增加。在水平方向，POC－$\delta^{13}C$值随纬度的增加而增大。该断面POC－$\delta^{13}C$值最高值出现在D3－4站深层水体，最小值出现在DA01表层水体（图5－148）。

（2）普里兹湾及其邻近海域

中国第28次南极科学考察航次期间，普里兹湾P1断面的POC－$\delta^{13}C$值介于－27.8‰～－24.7‰之间，平均值为－26.3‰。该断面POC－$\delta^{13}C$在垂直方向上表现出明显的随深度增加而增加的特征，最大值出现在P1－7站中深层，最低值出现在P1－5站100 m以浅（图5－149）。普里兹湾埃默里冰架前沿IS断面的POC－$\delta^{13}C$值介于－28.3‰～－24.9‰之间，平均为－28.8‰。在IS02站，POC－$\delta^{13}C$值随着深度的增加呈先减小而后增加的趋势，200～600 m存在极小值。该断面POC－$\delta^{13}C$值的最高值出现在71°—72°E附近海域的表层和近底层，以及75°E附近海域表层（图5－150）。

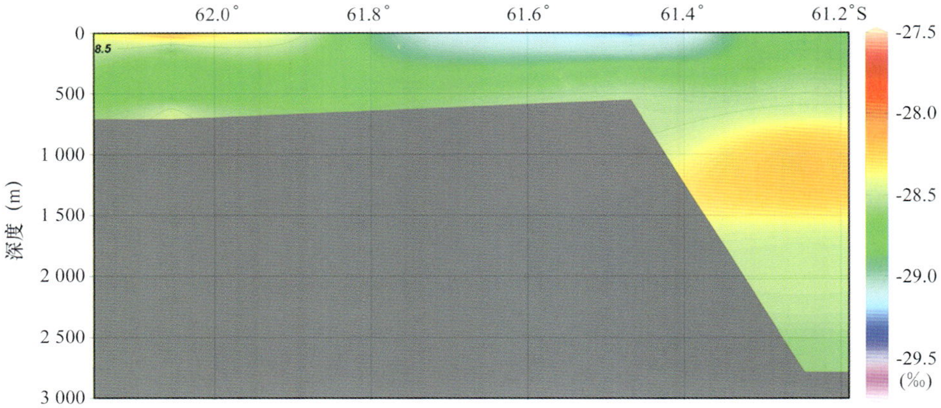

图 5－146　中国第 30 次南极科学考察南极半岛周边海域 D1 断面 POC－$\delta^{13}C$ 值的分布

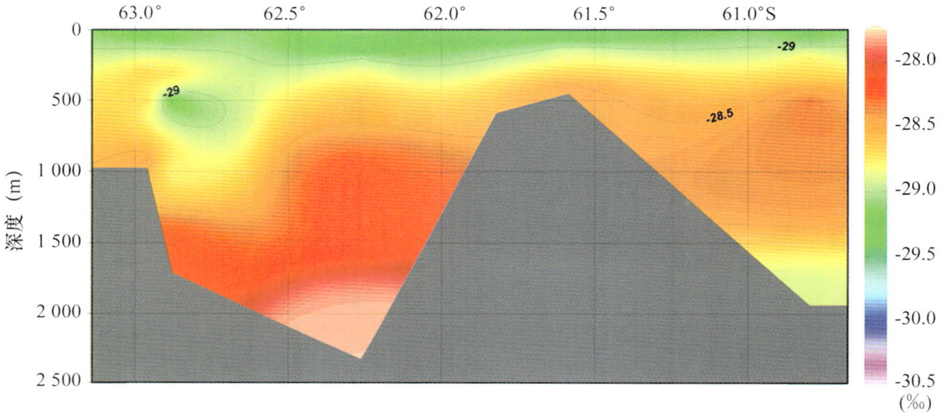

图 5－147　中国第 30 次南极科学考察南极半岛周边海域 D2 断面 POC－$\delta^{13}C$ 值的分布

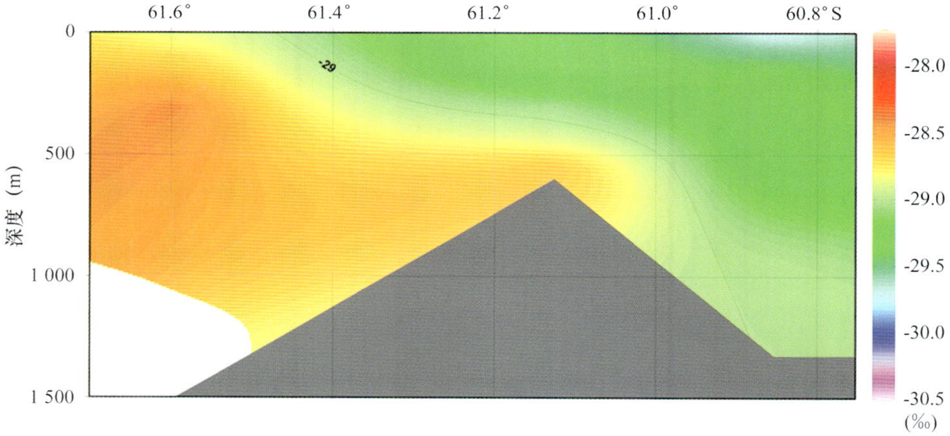

图 5－148　中国第 30 次南极科学考察南极半岛周边海域 D3 断面 POC－$\delta^{13}C$ 值的分布

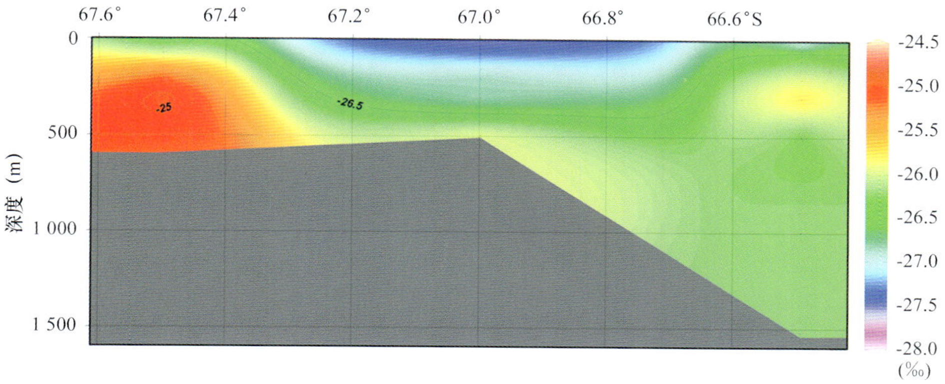

图 5－149　中国第 28 次南极科学考察普里兹湾 P1 断面 POC－δ^13^C 值的分布

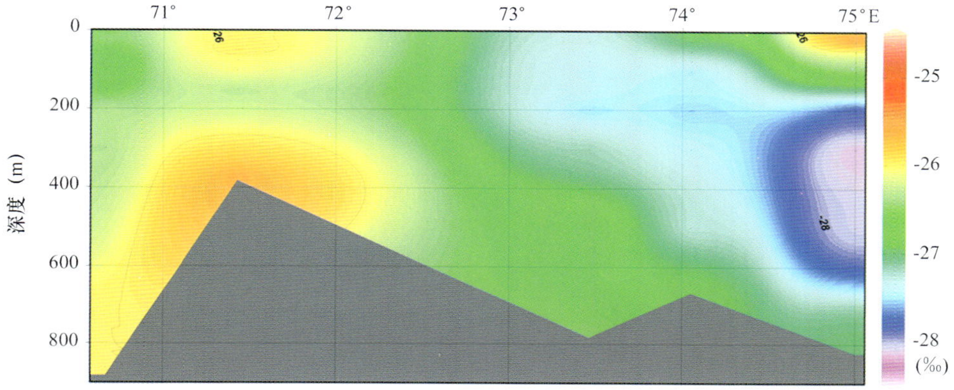

图 5－150　中国第 28 次南极科学考察普里兹湾 IS 断面 POC－δ^13^C 值的分布

中国第 29 次南极科学考察航次期间，普里兹湾 P3 断面的 POC－δ^{13}C 值介于－29.8‰～－24.9‰之间，平均值为－27.4‰。总体上看，湾内 POC－δ^{13}C 值高于湾外，且在 65.5°—66.5°S 之间海域上层水体出现极小值。陆坡区 P3－9 站的 POC－δ^{13}C 值较高，且最高值出现在底层。最北端 P3－1 站的 POC－δ^{13}C 值随深度的增加而增加，且在 1 000 m 以深出现极大值（图 5－151）。普里兹湾 P4 断面的 POC－δ^{13}C 值介于－30.0‰～－24.4‰之间，平均值为－27.3‰。该断面 POC－δ^{13}C 值的分布显示，POC－δ^{13}C 值由表层至底层呈增加的趋势，陆坡和湾外近底层出现高值，且分布比较均匀，湾外表层水体出现 POC－δ^{13}C 极小值（图 5－152）。普里兹湾 P5 断面的 POC－δ^{13}C 值介于－31.1‰～－24.1‰之间，平均值为－26.7‰。在垂直方向上，POC－δ^{13}C 值随着深度的增加而增加。湾内底层及 66°S 附近海域 2 000 m 出现 POC－δ^{13}C 的高值，低值出现在 66°—67°S 表层（图 5－153）。普里兹湾 P7 断面的 POC－δ^{13}C 值介于－29.3‰～－24.9‰之间，平均值为－26.9‰。POC－δ^{13}C 值总体上随着深度的增加而增加。对于表层水体，POC－δ^{13}C 值随着纬度的增加也呈现增加的态势。湾内和陆坡区底层存在 POC－δ^{13}C 极大值，但湾外则在中深层出现极大值（图 5－154）。

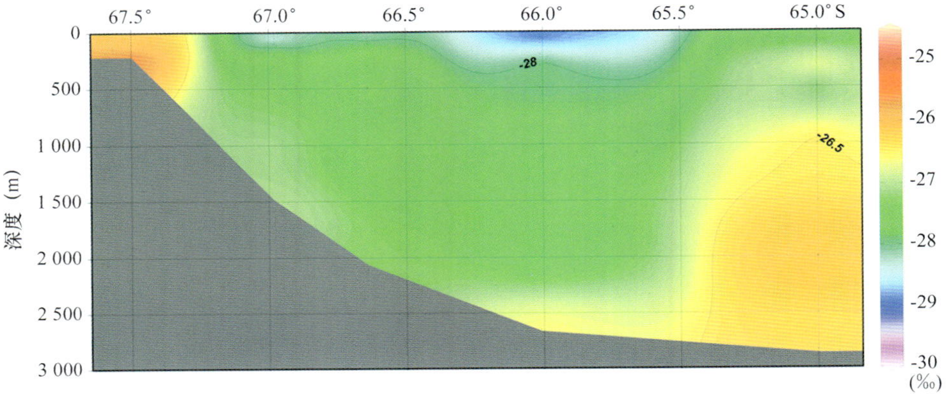

图 5－151　中国第 29 次南极科学考察普里兹湾 P3 断面 POC－$\delta^{13}C$ 值的分布

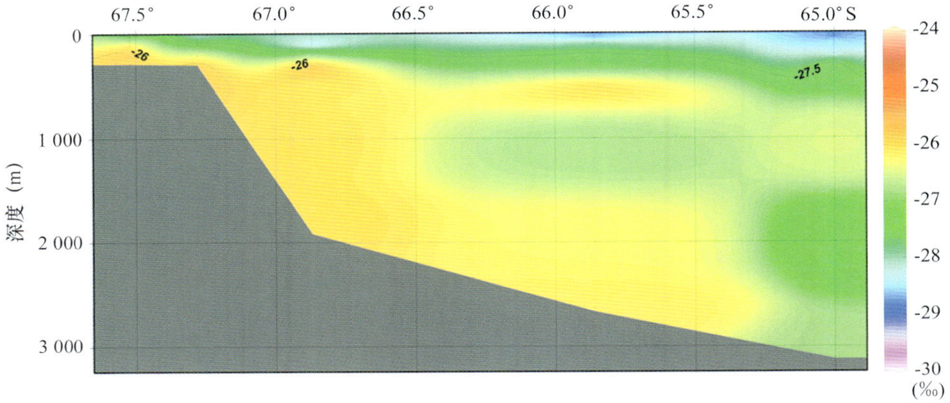

图 5－152　中国第 29 次南极科学考察普里兹湾 P4 断面 POC－$\delta^{13}C$ 值的分布

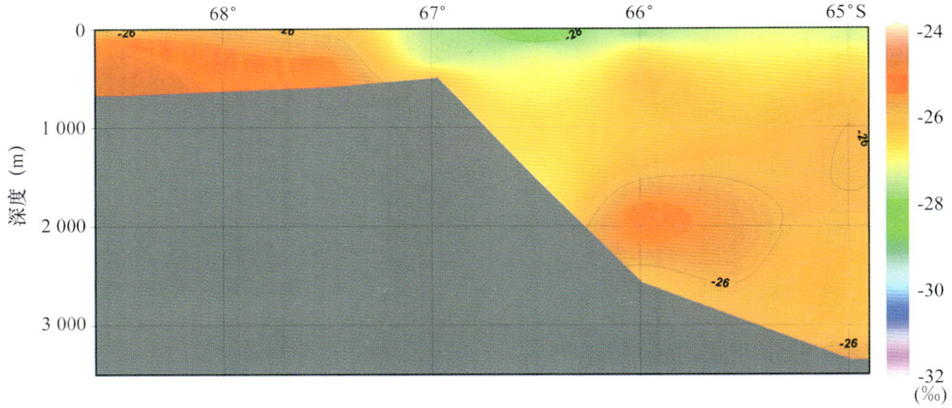

图 5－153　中国第 29 次南极科学考察普里兹湾 P5 断面 POC－$\delta^{13}C$ 值的分布

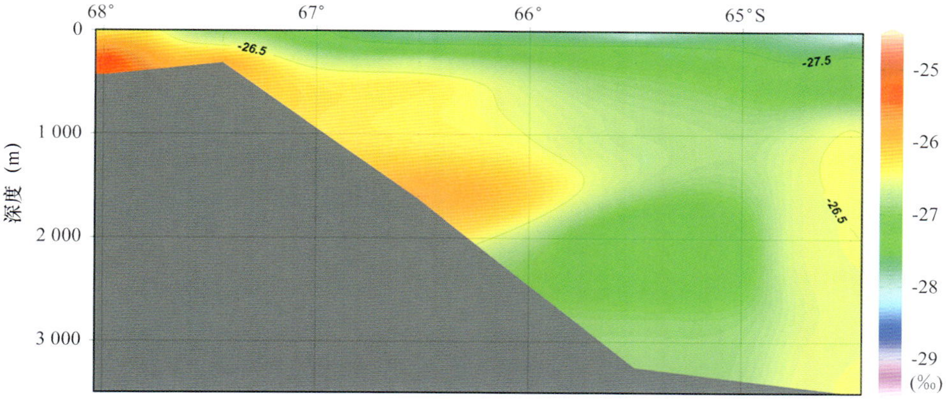

图5－154　中国第29次南极科学考察普里兹湾P7断面POC－δ^{13}C值的分布

5.1.5.4　海水PN－δ^{15}N

中国第28次南极科学考察期间，南极半岛、普里兹湾附近海域的PN－δ^{15}N值介于－2.9‰～－14.3‰之间，平均值为3.5‰。其中，南极半岛附近海域的PN－δ^{15}N值变化范围为－2.6‰～14.3‰，平均值为3.4‰；普里兹湾附近海域的PN－δ^{15}N值为－2.9‰～9.8‰，平均值为3.5‰。中国第29次南极科学考察期间，普里兹湾附近海域的PN－δ^{15}N值落在－5.8‰～9.5‰范围内，平均值为1.8‰。中国第30次南极科学考察期间，南极半岛、普里兹湾附近海域的PN－δ^{15}N值介于－5.6‰～7.7‰之间，平均值为1.8‰。其中，南极半岛附近海域的PN－δ^{15}N值落在－5.6‰～7.7‰范围内，平均值为1.6‰；普里兹湾附近海域的PN－δ^{15}N值介于－3.3‰～5.6‰之间，平均值为1.9‰。

1）平面分布

（1）南极半岛周边海域

中国第28次南极科学考察期间，南极半岛附近海域表层PN－δ^{15}N值介于－2.6‰～3.6‰之间，平均值为1.5‰。表层PN－δ^{15}N值整体呈现南北高、中部低的特征，最低值位于62°S，且南部站位表层PN－δ^{15}N值要略高于北部站位。在纬线方向上，西部站位的PN－δ^{15}N值要高于东部站位（图5－155）。南极半岛附近海域100 m层的PN－δ^{15}N值介于－1.9‰～10.5‰，平均值为3.1‰，比表层来得高。该层PN－δ^{15}N值的空间分布也与表层有显著的差异。沿经线方向上，PN－δ^{15}N值随纬度的降低而增加，在东西方向上则呈现比较均匀的分布规律（图5－156）。南极半岛附近海域500 m层PN－δ^{15}N值的空间分布特征与表层、100 m层有明显不同，表现出东西高、中部低的趋势，且西部高于东部。该层PN－δ^{15}N值落在4.0‰～7.9‰范围内，平均值为5.5‰，比100 m层来得高（图5－157）。南极半岛附近海域1 000 m层的PN－δ^{15}N值介于－0.3‰～7.7‰之间，平均值为4.9‰。该层PN－δ^{15}N值的分布特征与表层相似，表现为南北高、中间低，且南部明显高于北部的特征。在62°S以南区域，PN－δ^{15}N值沿纬线方向的变化较小，但在62°S以北区域，西部海域的PN－δ^{15}N值高于东部（图5－158）。南极半岛附近海域2 000 m层的PN－δ^{15}N值介于0.8‰～9.2‰之间，平均值约为5‰。该层PN－δ^{15}N值的高值中心位于D3断面中部，并向南北方向呈递减趋势（图5－159）。

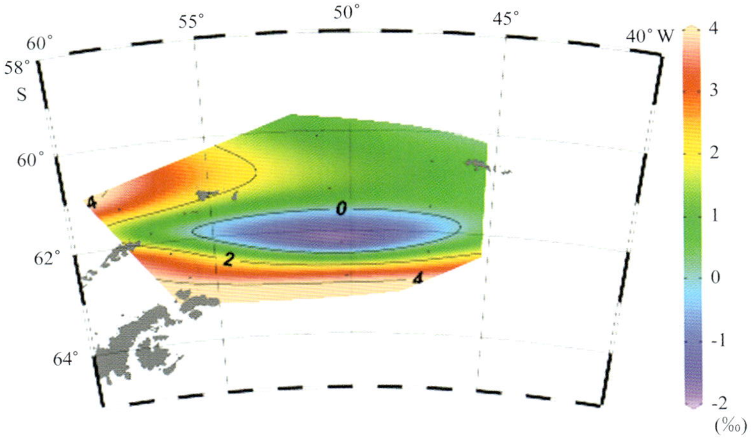

图 5－155　中国第 28 次南极科学考察南极半岛周边海域表层 PN－$\delta^{15}N$ 值的分布

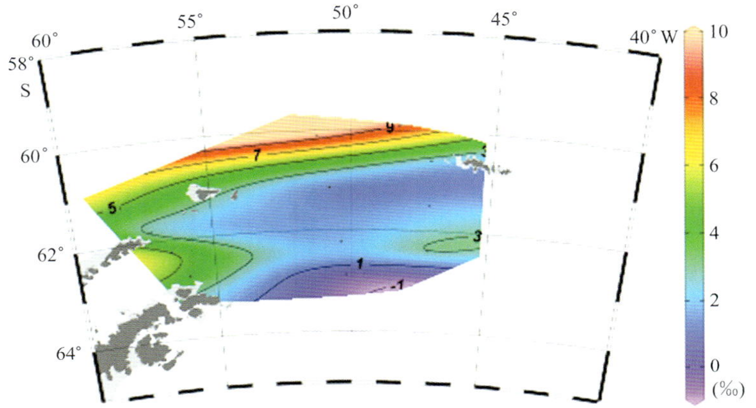

图 5－156　中国第 28 次南极科学考察南极半岛周边海域 100 m 层 PN－$\delta^{15}N$ 值的分布

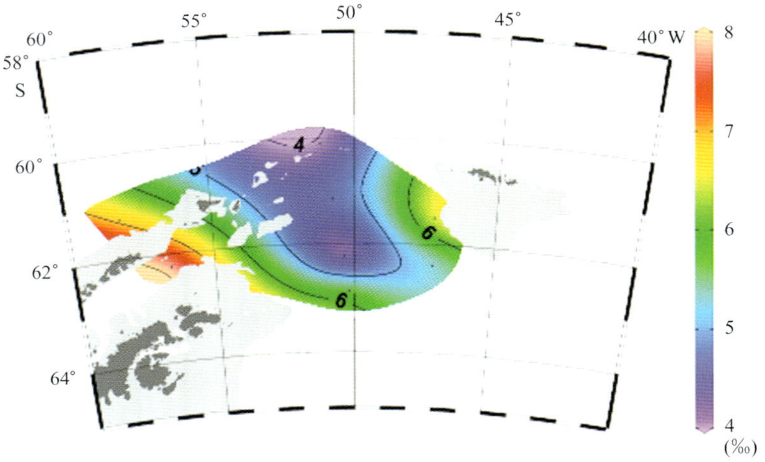

图 5－157　中国第 28 次南极科学考察南极半岛周边海域 500 m 层 PN－$\delta^{15}N$ 值的分布

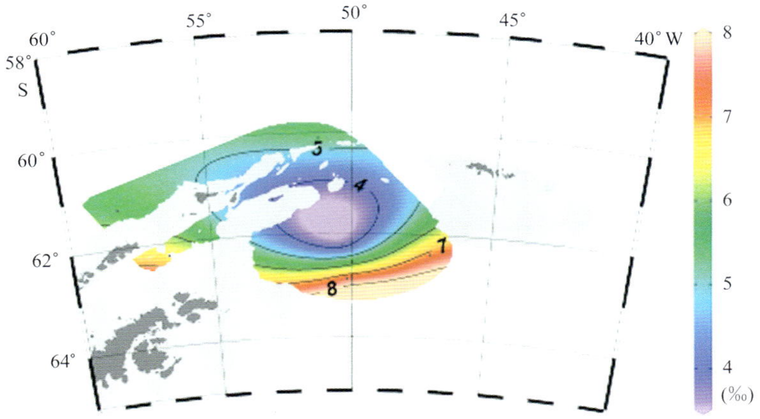

图 5-158 中国第 28 次南极科学考察南极半岛周边海域 1 000 m 层 PN-δ¹⁵N 值的分布

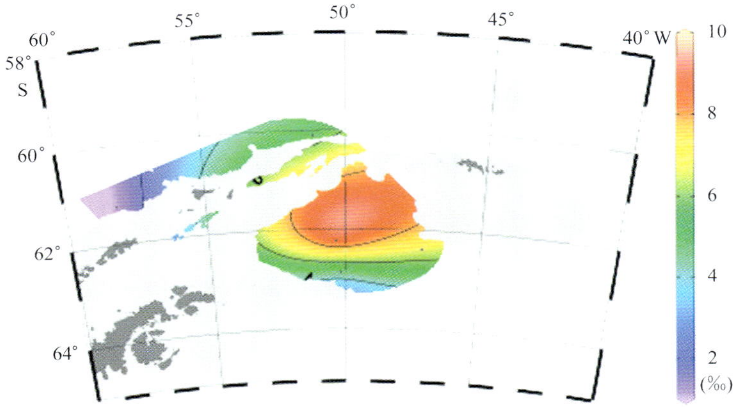

图 5-159 中国第 28 次南极科学考察南极半岛周边海域 2 000 m 层 PN-δ¹⁵N 值的分布

中国第 30 次南极科学考察期间，南极半岛附近海域表层 PN-δ^{15}N 值介于 -2.8‰~2.4‰之间，平均值为 0.1‰。PN-δ^{15}N 值的空间分布表现出西高东低的趋势，在 62°S 中部区域存在 PN-δ^{15}N 值的低值中心，PN-δ^{15}N 值约为 -3.0‰。另外，存在 PN-δ^{15}N 的高值从最西侧沿东北方向呈舌状扩散（图 5-160）。南极半岛附近海域 50 m 层的 PN-δ^{15}N 值介于 -2.7‰~3.2‰之间，平均值为 0‰。该层 PN-δ^{15}N 值的空间分布正好与表层呈对称状态，即存在 PN-δ^{15}N 高值由最东侧向西呈舌状延伸，45°W 和 50°W 经线附近海域各对应一个高值中心，PN-δ^{15}N 值分别为 3.2‰和 1.9‰。55°W 以西和 62°S 以南海域是 PN-δ^{15}N 值较低的区域（图 5-161）。南极半岛附近海域 100 m 层的 PN-δ^{15}N 值明显高于表层和 50 m 层，数值落在 -2.8‰~5.1‰范围内，平均值为 1.5‰。该层 PN-δ^{15}N 值的空间变化大体沿着西北-东南方向逐渐增加。在西北部海域和东北部海域，分别出现 PN-δ^{15}N 值的最低值（-1.5‰）和最高值（3.2‰）（图 5-162）。南极半岛附近海域 500 m 层的 PN-δ^{15}N 值介于 -0.8‰~5.6‰之间，平均值为 2.4‰。该层位 PN-δ^{15}N 值在空间上大体呈自南向北降低的趋势，在西北部海域和东南部海域分别出现 PN-δ^{15}N 的最低值和最高值（图 5-163）。南极半岛附近海域 1 000 m 层的 PN-δ^{15}N 值介于 -0.2‰~4.2‰之间，平均值为

2.4‰。该层 PN－$\delta^{15}N$ 值的空间分布显示，52.5°W 将研究区域分为截然不同的东、西两个区域，东部区域的 PN－$\delta^{15}N$ 值明显高于西部（图 5－164）。

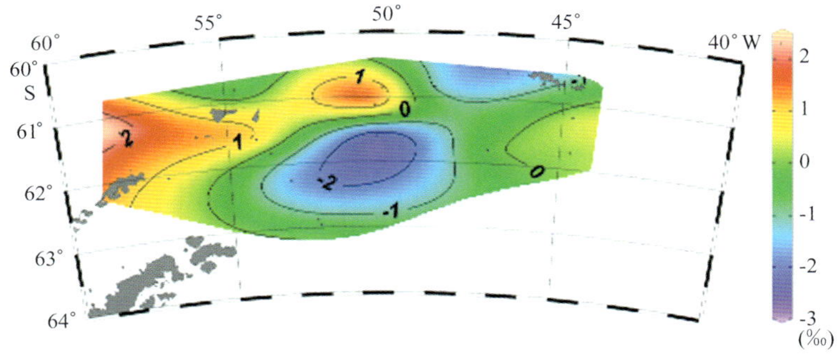

图 5－160　中国第 30 次南极科学考察南极半岛周边海域表层 PN－$\delta^{15}N$ 值的分布

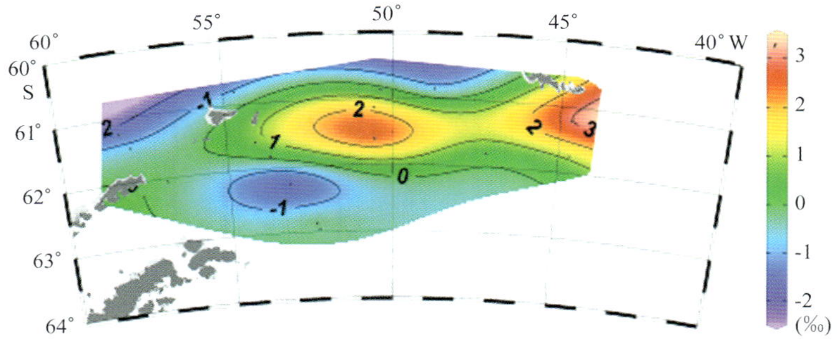

图 5－161　中国第 30 次南极科学考察南极半岛周边海域 50 m 层 PN－$\delta^{15}N$ 值的分布

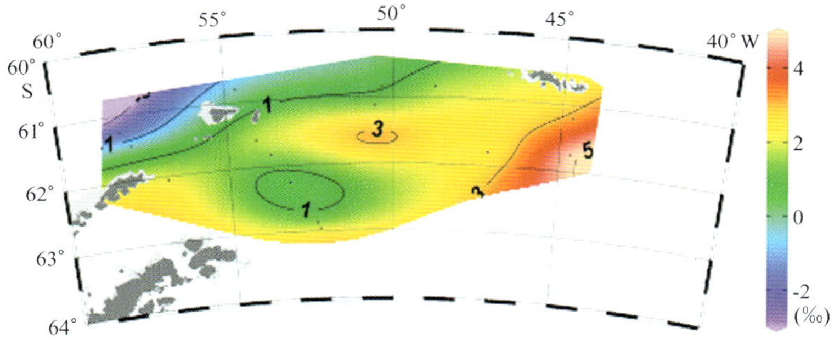

图 5－162　中国第 30 次南极科学考察南极半岛周边海域 100 m 层 PN－$\delta^{15}N$ 值的分布

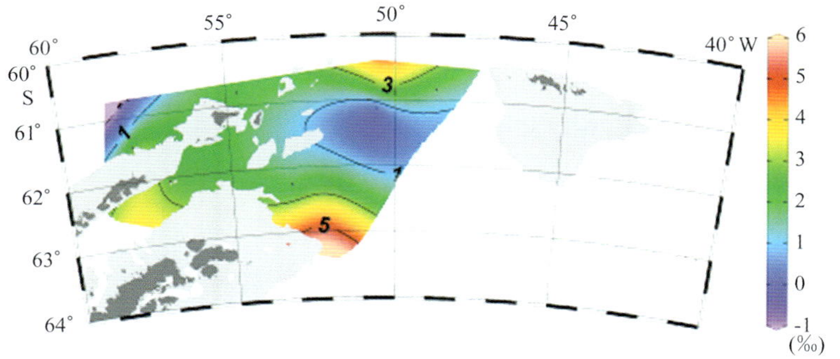

图 5－163　中国第 30 次南极科学考察南极半岛周边海域 500 m 层 PN－$\delta^{15}N$ 值的分布

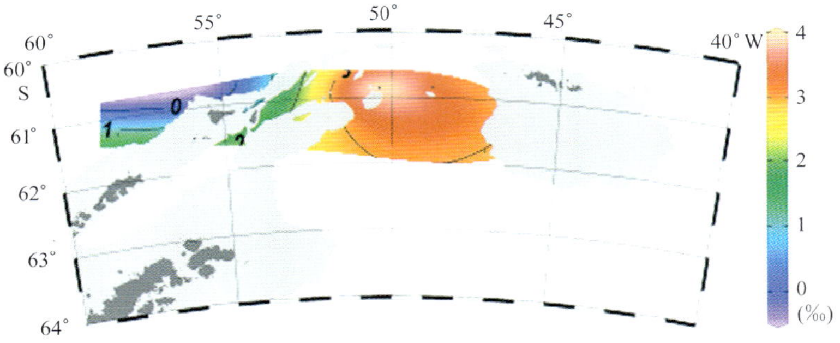

图 5 - 164 中国第 30 次南极科学考察南极半岛周边海域 1 000 m 层 PN - δ15N 值的分布

（2）普里兹湾及其邻近海域

中国第 29 次南极科学考察期间，普里兹湾表层 PN - δ15N 值的变化范围为 -4.9‰～2.4‰，平均值为 -1.5‰。由南向北、沿着湾内向湾外的方向表层 PN - δ15N 值呈高低交替的带状分布特征。在湾内 67.5°S 以南区域，PN - δ15N 值最高，平均值为 2.0‰；在 67.5—66.5°S 之间区域，PN - δ15N 值较低，平均值仅为 -1.8‰；在 66.5°—65.5°S 之间的湾外区域，PN - δ15N 值又升高；向北继续延伸至深海盆，PN - δ15N 值再次降低至约 -4.2‰（图 5 - 165）。

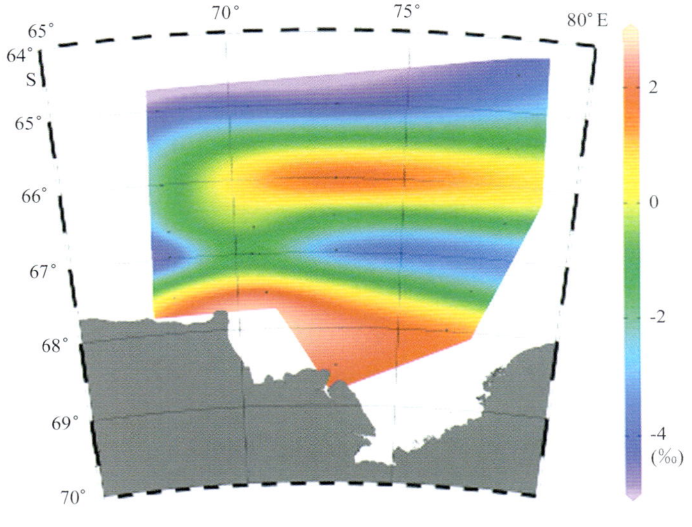

图 5 - 165 中国第 29 次南极科学考察普里兹湾表层 PN - δ15N 值的分布

普里兹湾 50 m 层的 PN - δ15N 值介于 -4.5‰～2.6‰之间，平均值为 -0.3‰。该层 PN - δ15N 值表现出由湾内向湾外递减的带状分布特征。在 67°S 以南湾内区域，除位于埃默里冰架前沿的 P5 - 11 站PN - δ15N 值较低外，其余站位的 PN - δ15N 值平均值可达 1.7‰，高值位于 67.5°—68°S 之间区域。在 66°—76°S 之间的区域，PN - δ15N 值有所降低，平均值为 -0.2‰。在 66°S 以北的深海区域，PN - δ15N 值继续降低，平均值为 -2.0‰，且东、西两侧海域明显低于中部海域（图 5 - 166）。

普里兹湾 100 m 层的 PN - δ15N 值明显高于表层和 50 m 层，变化范围为 0.5‰～5.4‰，平均值为 3.5‰。该层 PN - δ15N 值的分布表现出湾内、深海低、中部海域高的特征。湾内 PN - δ15N 的平均值为 2.5‰，湾外深海区 PN - δ15N 的平均值为 2.4‰，而中部海域的平均值

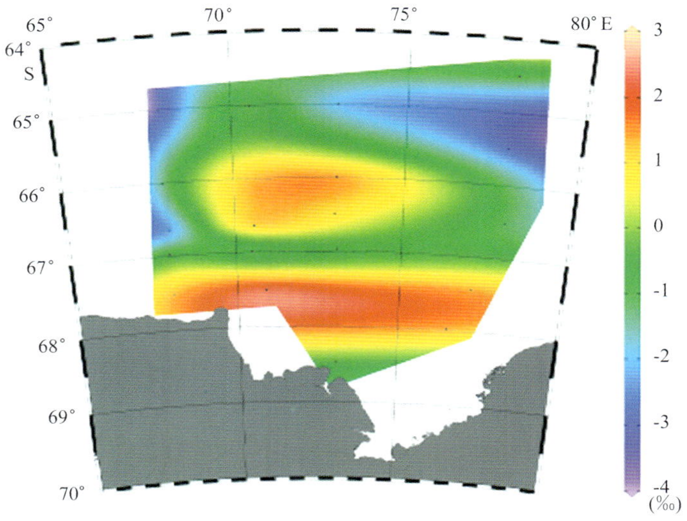

图 5－166　中国第 29 次南极科学考察普里兹湾 50 m 层 PN－δ^{15}N 值的分布

为 4.1‰。在中部海域，PN－δ^{15}N 值呈东、西高、中间低的特征（图 5－167）。

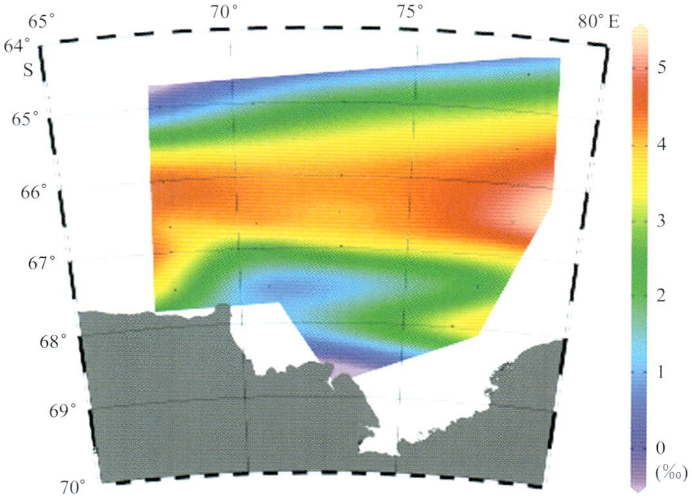

图 5－167　中国第 29 次南极科学考察普里兹湾 100 m 层 PN－δ^{15}N 值的分布

普里兹湾 500 m 层 PN－δ^{15}N 值的变化范围为－2.6‰～6.5‰，平均值为 2.3‰。该层 PN－δ^{15}N 值的分布存在 3 个高值中心，分别位于西侧断面的 65°S 和 67°S 纬度，以及最东侧断面的 65.5°S 纬度。东部的 PN－δ^{15}N 高值区呈舌状分布，向西延伸至 70°E。PN－δ^{15}N 值的最低值出现在深海区（图 5－168）。

普里兹湾 1 000 m 层的 PN－δ^{15}N 值介于－1.8‰～6.0‰之间，平均值为 2.4‰。该层 PN－δ^{15}N 值呈马鞍形分布，在 67.5°S、70°E 附近和 65.5°S、77.5°E 附近分别对应着高值中心，同时在 P5 断面存在 PN－δ^{15}N 低值由湾内向北延伸（图 5－169）。

普里兹湾 2 000 m 层的 PN－δ^{15}N 值介于－1.4‰～6.7‰之间，平均值为 3.5‰。PN－δ^{15}N 值的空间分布显示，75°E 以西区域 PN－δ^{15}N 值自南向北逐渐增加，而在 75°E 以东区域，

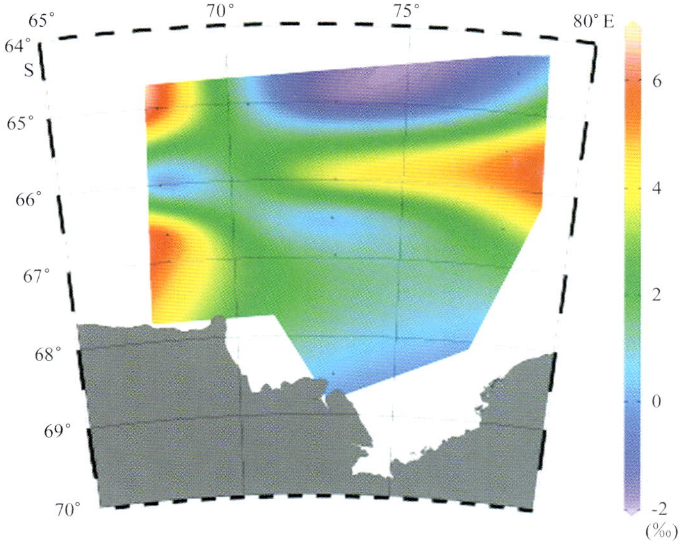

图 5-168　中国第 29 次南极科学考察普里兹湾 500 m 层 PN-$\delta^{15}N$ 值的分布

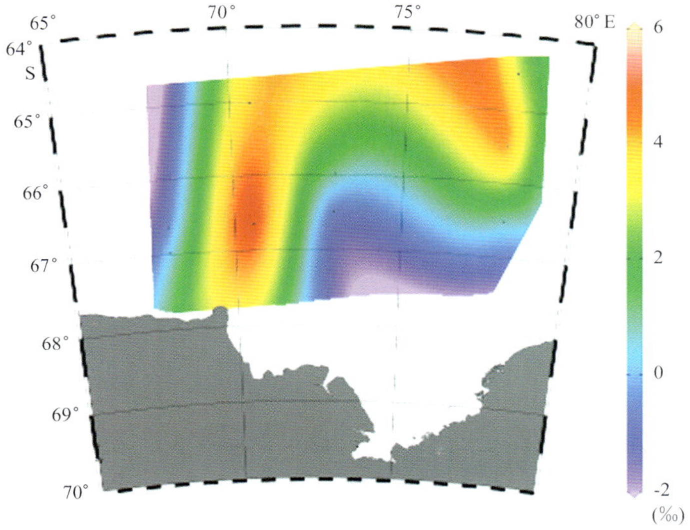

图 5-169　中国第 29 次南极科学考察普里兹湾 1 000 m 层 PN-$\delta^{15}N$ 值的分布

PN-$\delta^{15}N$ 值自南向北则逐渐降低（图 5-170）。

2）剖面分布

（1）南极半岛周边海域

中国第 28 次南极科学考察期间，南极半岛周边海域 D1 断面的 PN-$\delta^{15}N$ 值介于 -0.2‰~7.9‰之间，平均值为 3.7‰。在垂直方向上，PN-$\delta^{15}N$ 值随着深度的增加而增加，并在 500~1 000 m区间出现极大值。在 61.5°S 以北的区域，1 000 m 以深水体的 PN-$\delta^{15}N$ 值随深度的增加而降低，并在 2 000 m 处出现极小值，之后随深度的增加而增加。在水平方向上，PN-$\delta^{15}N$ 值随纬度变化的差异不明显，由南至北基本呈现均匀分布的趋势（图 5-171）。南极半岛周边海域 D3 断面的 PN-$\delta^{15}N$ 值为 -2.6‰~14.3‰，平均值为 3.7‰。该断面 PN-$\delta^{15}N$

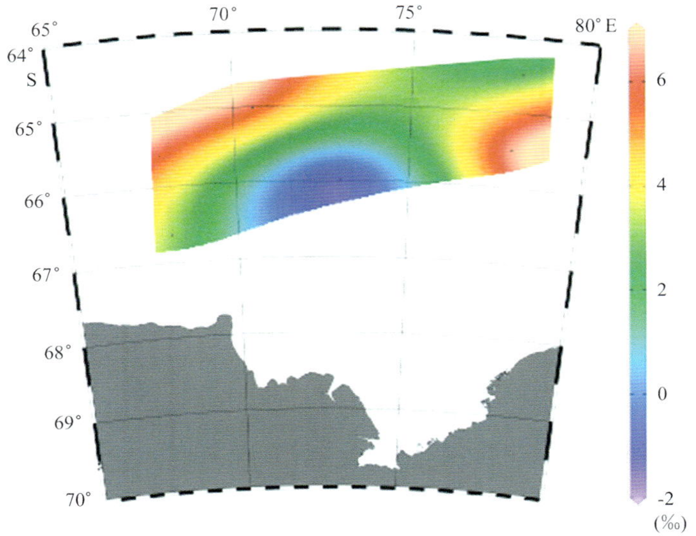

图 5 - 170　中国第 29 次南极科学考察普里兹湾 2 000 m 层 PN - δ^{15}N 值的分布

值垂向上基本随着深度的增加而增加，但不同站位之间存在一定差异。在位于最南端的 D3 - 7 站，1 000 m 深度处出现 PN - δ^{15}N 值的极大值。D3 - 5 站和 D3 - 3 站的 PN - δ^{15}N 值则表现出单调地随深度增加而增加的特征。在位于 60.5°S 以北的 D3 - 1 站，PN - δ^{15}N 值则在 75 ~ 200 m深度出现极大值，200 m 以深水体 PN - δ^{15}N 值变化很小。在水平方向上，表层 PN - δ^{15}N 值表现出南部低于北部的特点，而在次表层和深层，则表现为南部高于北部（图 5 - 172）。南极半岛周边海域 D4 断面的 PN - δ^{15}N 值介于 - 0.7‰ ~ 7.3‰之间，平均值为 3.4‰。PN - δ^{15}N值的垂向分布表现为随着深度的增加而增加，最高值出现在最南部 D4 - 9 站的 1 000 m层。在 1 000 m 以深水体中，PN - δ^{15}N 值有略微减小的趋势（图 5 - 173）。

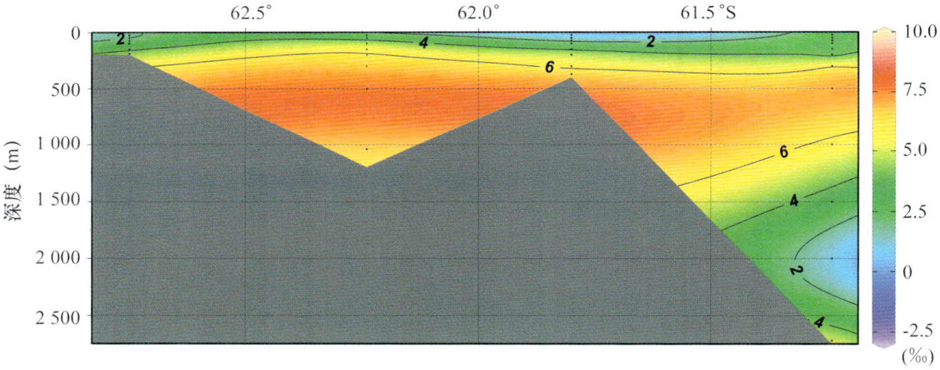

图 5 - 171　中国第 28 次南极科学考察南极半岛周边海域 D1 断面 PN - δ^{15}N 值的分布

中国第 30 次南极科学考察期间，南极半岛周边海域 D1 断面的 PN - δ^{15}N 值介于 - 3.8‰ ~ 5.7‰之间，平均值为 1.2‰。在 61.4°S 以南海域，PN - δ^{15}N 值由表及底呈逐渐增加的特征，近底层出现最大值。在陆坡和深海区，PN - δ^{15}N 值在垂向上基本呈均匀分布，且越往北 PN - δ^{15}N值越低。最北面 D1 - 3 站的近底层出现该断面 PN - δ^{15}N 值的最高值（图 5 - 174）。南极半岛周边海域 D2 断面的 PN - δ^{15}N 值落在 - 5.6‰ ~ 7.7‰范围内，平均值为 1.3‰。

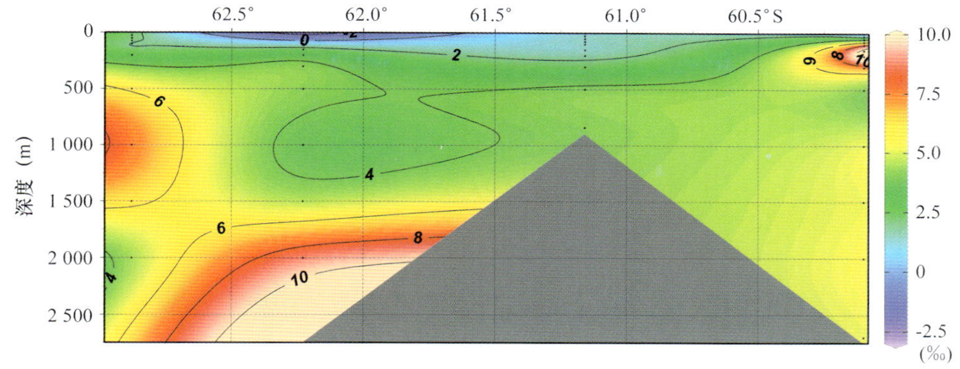

图5－172 中国第28次南极科学考察南极半岛周边海域D3断面PN－δ^{15}N值的分布

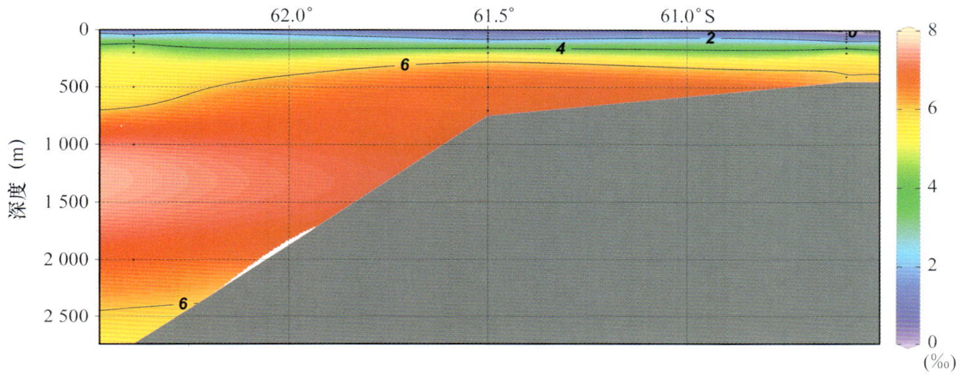

图5－173 中国第28次南极科学考察南极半岛周边海域D4断面PN－δ^{15}N值的分布

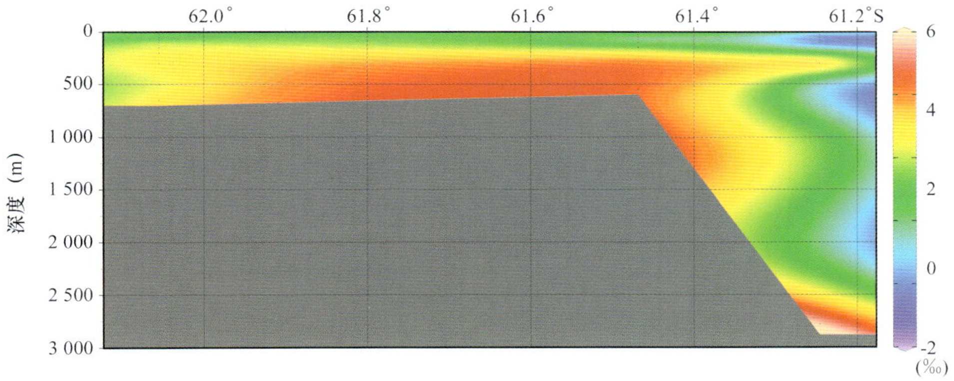

图5－174 中国第30次南极科学考察南极半岛周边海域D1断面PN－δ^{15}N值的分布

PN－δ^{15}N值在垂直方向上整体呈现随着深度增加而增加的趋势，最高值出现在南部海槽的近底层。以D2－6站为界，其南部站位的PN－δ^{15}N值明显高于其北部站位（图5－175）。南极半岛周边海域D3断面的PN－δ^{15}N值介于－2.8‰～5.6‰之间，平均值为1.6‰。D3－4、D3－3站与DA01站的PN－δ^{15}N值垂直分布存在明显差异，D3－4、D3－3站的PN－δ^{15}N值在300 m以浅水体中变化很小，300 m以深则逐渐降低。DA01站的情况刚好相反，PN－δ^{15}N值由表及底逐渐增加（图5－176）。

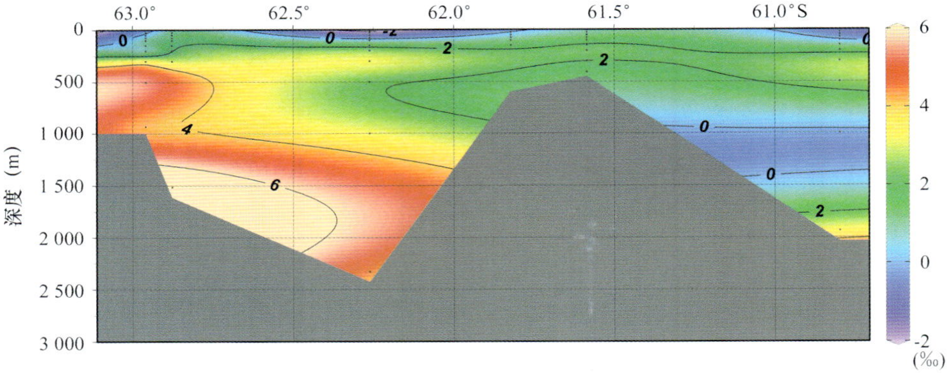

图 5 - 175　中国第 30 次南极科学考察南极半岛周边海域 D2 断面 PN - $\delta^{15}N$ 值的分布

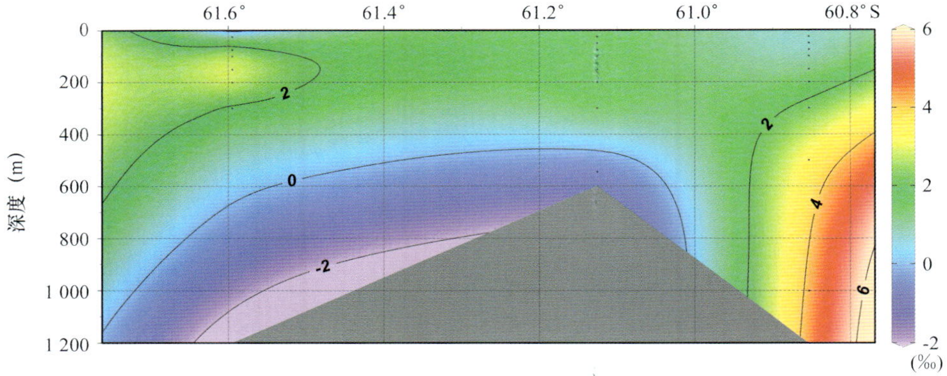

图 5 - 176　中国第 30 次南极科学考察南极半岛周边海域 D3 断面 PN - $\delta^{15}N$ 值的分布

（2）普里兹湾及其邻近海域

中国第 28 次南极科学考察期间，普里兹湾 P1 断面 PN - $\delta^{15}N$ 值的空间变化显示，冰架外沿 IS - 7 站的 PN - $\delta^{15}N$ 值明显低于其他站位。在垂直方向上，PN - $\delta^{15}N$ 值表现出随深度增加而增加的趋势，200 m 以浅水体的 PN - $\delta^{15}N$ 值平均为 2.4‰，200 m 以深水体 PN - $\delta^{15}N$ 值平均为 5.8‰，最高值出现在 P1 - 3 站（图 5 - 177）。普里兹湾埃默里冰架前沿 IS 断面的 PN - $\delta^{15}N$ 值落在 1.3‰ ~ 9.8‰范围内，平均值为 3.6‰。该断面 PN - $\delta^{15}N$ 值基本上随着深度的增加而增加，高值出现在底层和近底层。200 m 以浅水体的 PN - $\delta^{15}N$ 值平均为 2.9‰，而 200 m 以深水体的 PN - $\delta^{15}N$ 值平均为 5.5‰。该断面 PN - $\delta^{15}N$ 的高值出现在 IS - 11 站 300 m 层和 IS - 5 站 500 m 层（图 5 - 178）。

中国第 29 次南极科学考察期间，普里兹湾 P3 断面的 PN - $\delta^{15}N$ 值介于 - 5.8‰ ~ 9.5‰之间，平均值为 1.5‰。50 m 以浅水体的 PN - $\delta^{15}N$ 值较低，且在水平方向上分布均匀。随着深度的增加，PN - $\delta^{15}N$ 值逐渐增加。对于 50 m 以深水体，PN - $\delta^{15}N$ 值由湾内向湾外呈升高趋势（图 5 - 179）。普里兹湾 P4 断面的 PN - $\delta^{15}N$ 值介于 - 4.6‰ ~ 6.5‰之间，平均值为 2.1‰。除湾内的 P4 - 9 站外，其他站位的 PN - $\delta^{15}N$ 值均由表层至底层呈逐渐增加的趋势，陆坡区近底层出现 PN - $\delta^{15}N$ 值的高值。湾外 500 ~ 1 000 m 以深水体的 PN - $\delta^{15}N$ 值变化很小，平均值为 4.5‰（图 5 - 180）。普里兹湾 P5 断面的 PN - $\delta^{15}N$ 值介于 - 5.2‰ ~ 6.6‰之

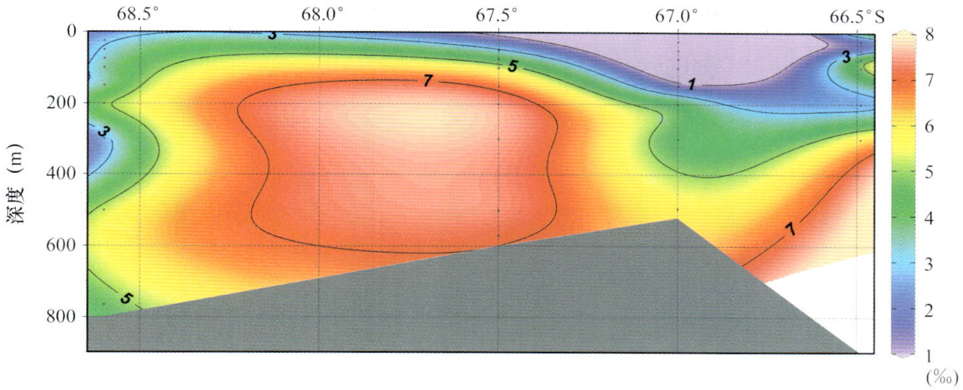

图 5-177 中国第 28 次南极科学考察普里兹湾 P1 断面 PN-$\delta^{15}N$ 值的分布

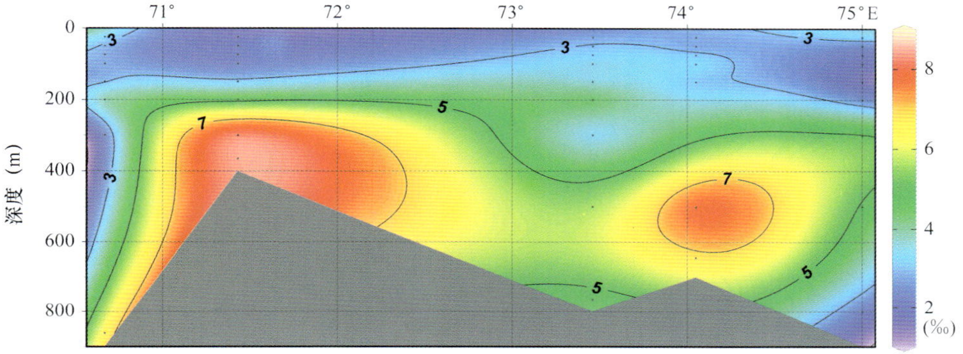

图 5-178 中国第 28 次南极科学考察普里兹湾 IS 断面 PN-$\delta^{15}N$ 值的分布

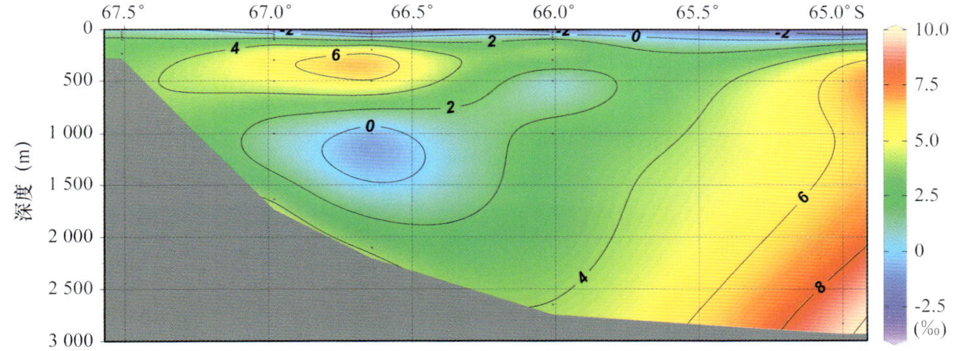

图 5-179 中国第 29 次南极科学考察普里兹湾 P3 断面 PN-$\delta^{15}N$ 值的分布

间，平均值为 1.2‰。在 P5-11 站，PN-$\delta^{15}N$ 值由表及底呈先降低而后升高的态势，底层出现最高值（6.4‰）。由湾内向湾外，PN-$\delta^{15}N$ 值逐渐增加。位于深海盆的 P5-1 和 P5-3 站，PN-$\delta^{15}N$ 值在垂直方向上呈斑状分布，前者在 200～300 m 和 3 000 m 以深水体出现高值，而后者的高值出现在 300～500 m。位于陆坡的 P5-4 站，在近底层出现 PN-$\delta^{15}N$ 的低值（-2.0‰）（图 5-181）。普里兹湾 P7 断面的 PN-$\delta^{15}N$ 值落在 -3.8‰～7.9‰范围内，平均值为 2.0‰。PN-$\delta^{15}N$ 值的空间分布显示，100 m 以浅的 PN-$\delta^{15}N$ 值较低，并且在水平方向上分布均匀。100～500 m 深度是 PN－δ15N 的高值所在，由湾内一直延伸至湾外，呈带状分布。在陆坡区的 P7－9 站，500 m 以深 PN－δ15N 值逐渐降低，近底层出现最小值。在位于深海盆的 P7－7 站，PN－δ15N 值由表及底逐渐增加，并于底层出现最高值（图 5－182）。

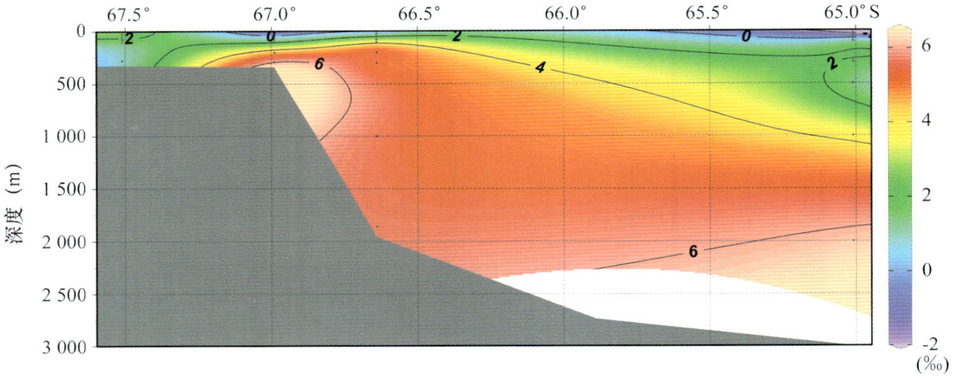

图 5－180　中国第 29 次南极科学考察普里兹湾 P4 断面 PN－δ15N 值的分布

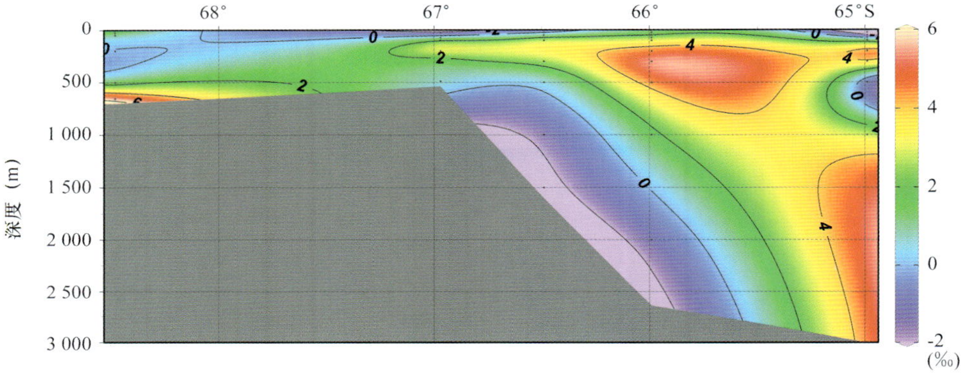

图 5－181　中国第 29 次南极科学考察普里兹湾 P5 断面 PN－δ15N 值的分布

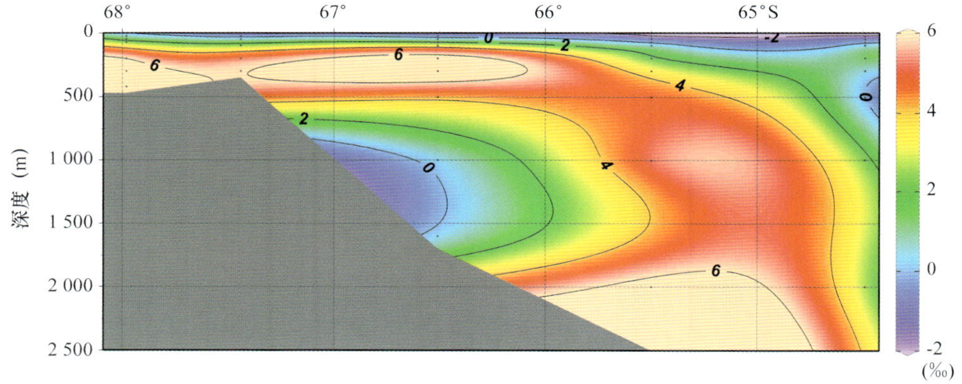

图 5－182　中国第 29 次南极科学考察普里兹湾 P7 断面 PN－δ15N 值的分布

5.1.5.5 海水^{226}Ra

中国第28次南极科学考察期间，南极半岛附近海域海水^{226}Ra的放射性比活度介于1.27～3.38 Bq/m^{3}之间，平均值为（2.41±0.64）Bq/m^3。中国第29次南极科学考察期间，普里兹湾附近海域海水^{226}Ra的放射性比活度介于1.60～3.23 Bq/m^{3}之间，平均值为（2.51±0.43）Bq/m^3。中国第30次南极科学考察期间，南极半岛附近海域海水^{226}Ra的放射性比活度介于1.51～3.64 Bq/m^{3}之间，平均值为（2.63±0.63）Bq/m^3。

平面分布

（1）南极半岛周边海域

中国第28次南极科学考察期间，南极半岛附近海域表层海水^{226}Ra的空间分布呈东低西高、南低北高的态势。帕威尔海盆出现^{226}Ra放射性比活度低于2.25 Bq/m^{3}的低值，尽管帕威尔海盆北侧^{226}Ra稍有升高，但与其他海域相比，仍处于低值范围。在南奥克尼岛与象岛、克拉伦斯岛附近海域存在^{226}Ra高值，^{226}Ra放射性比活度介于2.25～2.75 Bq/m^{3}之间。最高值出现在最北侧的斯科舍海和南侧的威德尔海，^{226}Ra放射性比活度大于3.0 Bq/m^3（图5－183）。

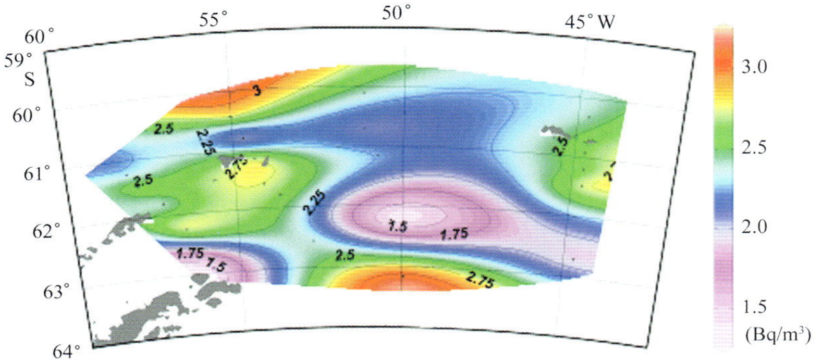

图5－183 中国第28次南极科学考察南极半岛周边海域表层海水^{226}Ra的分布

中国第30次南极科学考察期间，南极半岛附近海域表层海水^{226}Ra的空间分布呈东低西高、海盆低陆架高的特征。帕威尔海盆及其邻近的威德尔海域^{226}Ra放射性比活度较低，但在帕威尔海盆北侧、赫斯珀里得斯海沟附近海域^{226}Ra稍有升高。在帕威尔海盆西侧海域、靠近布兰斯菲尔德海峡处存在^{226}Ra高值，放射性比活度可达3.5 Bq/m^3。布兰斯菲尔德海峡以北的克拉伦斯岛附近海域则出现^{226}Ra的低值（图5－184）。

（2）普里兹湾及其邻近海域

中国第29次南极科学考察期间，普里兹湾海域表层海水^{226}Ra的空间分布呈东低西高、北低南高的特征。在湾外海域的东西两侧，^{226}Ra放射性比活度较低，而湾内及弗拉姆浅滩邻近海域^{226}Ra放射性比活度较高。^{226}Ra比活度的高值核心位于弗拉姆浅滩及其北侧海域（66.0°—67.8°S、67.8°—69.0°E），低值核心位于湾外海域东侧（64.0°—65.5°S、76.0°—79.0°E）。另外，湾口（66.7°S、73.0°E）存在小范围的^{226}Ra低值（图5－185）。

5.1.5.6 海水^{228}Ra

中国第28次南极科学考察期间，南极半岛附近海域表层海水^{228}Ra的放射性比活度介于

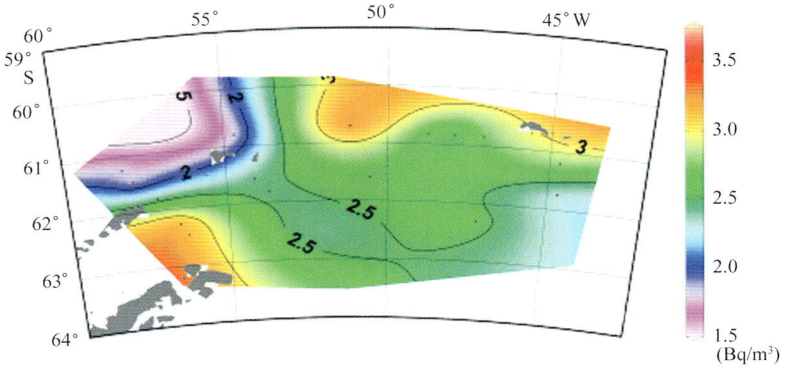

图 5－184　中国第 30 次南极科学考察南极半岛周边海域表层海水^{226}Ra 的分布

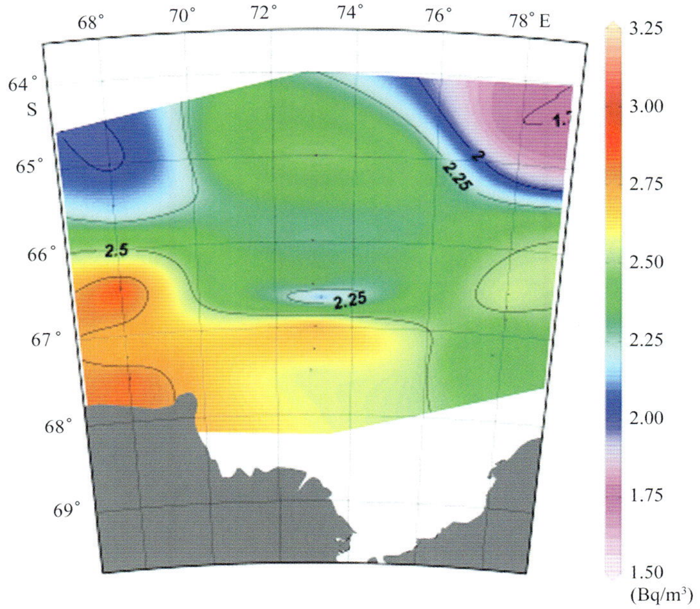

图 5－185　中国第 29 次南极科学考察普里兹湾表层海水^{226}Ra 的分布

0.30～1.48 Bq/m^3 之间，平均值为（0.56±0.27）Bq/m^3。中国第 29 次南极科学考察期间，普里兹湾附近海域表层海水的^{228}Ra 放射性比活度介于 0.12～0.59 Bq/m^3 之间，平均值为（0.29±0.13）Bq/m^3。

中国第 30 次南极科学考察期间，南极半岛附近海域表层海水^{228}Ra 的放射性比活度介于 0.13～0.43 Bq/m^3 之间，平均值为（0.19±0.08）Bq/m^3。

平面分布

（1）南极半岛周边海域

中国第 28 次南极科学考察期间，南极半岛附近海域表层海水^{228}Ra 的空间分布整体上呈东低西高、北低南高的态势。在帕威尔海盆出现^{228}Ra 的高值，^{228}Ra 放射性比活度介于 0.50～0.70 Bq/m^3 之间。在南奥克尼岛与象岛、克拉伦斯岛附近海域，^{228}Ra 放射性比活度较低，介于 0.30～0.40 Bq/m^3 之间（图 5－186）。

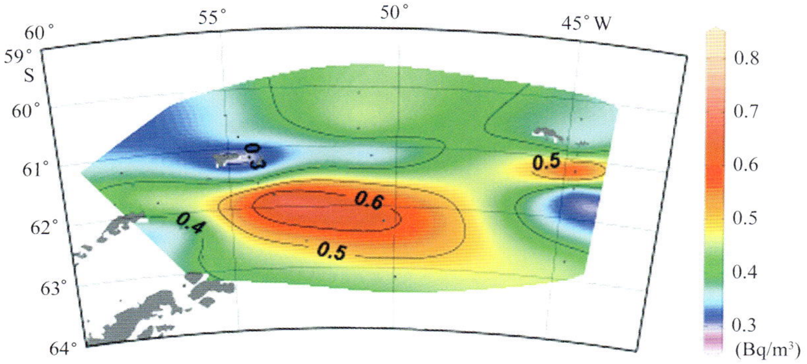

图 5－186　中国第 28 次南极科学考察南极半岛周边海域表层海水^{228}Ra 的分布

中国第 30 次南极科学考察期间，南极半岛附近海域表层海水^{228}Ra 的空间分布整体上呈东低西高、海盆低陆架高的特征。帕威尔海盆及其邻近的威德尔海^{228}Ra 较低，放射性比活度在 0.15 Bq/m^3 左右。与^{226}Ra 不同的是，南奥克尼岛附近海域^{228}Ra 比活度也较低。在帕威尔海盆西侧海域、靠近布兰斯菲尔德海峡处出现^{228}Ra 的高值，放射性比活度大于 0.30 Bq/m^3。在布兰斯菲尔德海峡以北，靠近象岛、克拉伦斯岛附近海域则存在^{228}Ra 低值（图 5－187）。

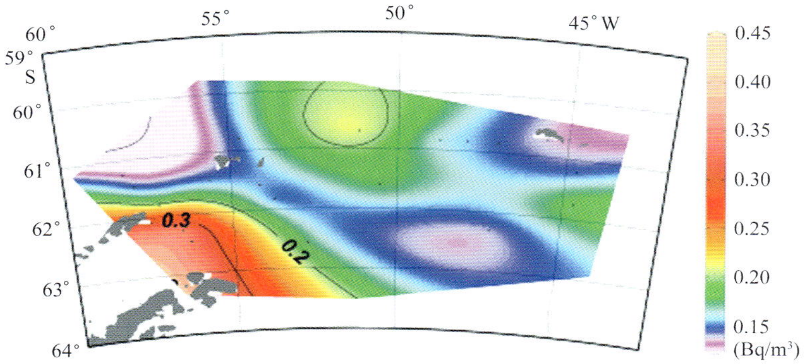

图 5－187　中国第 30 次南极科学考察南极半岛周边海域表层海水^{228}Ra 的分布

（2）普里兹湾及其邻近海域

中国第 29 次南极科学考察期间，普里兹湾附近海域表层海水^{228}Ra 的空间分布整体呈西低东高、北低南高的态势。在湾外海域，^{228}Ra 放射性比活度较低，而湾内海域较高。^{228}Ra 高值核心出现在四女士浅滩附近海域，低值核心位于湾外海域（图 5－188）。

5.1.5.7　海水^{210}Po

中国第 28 次南极科学考察期间，南极半岛附近海域总态^{210}Po 的放射性比活度为 0.74～3.17 Bq/m^3，平均值为 1.91 Bq/m^3，其中，溶解态^{210}Po 放射性比活度为 0.73～3.05 Bq/m^3，平均值为 1.78 Bq/m^3；颗粒态^{210}Po 放射性比活度从低于检出限变化到 0.95 Bq/m^3，平均值为 0.13 Bq/m^3。

中国第 29 次南极科学考察期间，普里兹湾附近海域总态^{210}Po 的放射性比活度介于 0.58～2.85 Bq/m^3 之间，平均值为 1.50 Bq/m^3，其中，溶解态^{210}Po 放射性比活度为 0.45～2.58 Bq/m^3，平均值为 1.20 Bq/m^3；颗粒态^{210}Po 放射性比活度的变化范围为 0.07～0.86 Bq/m^3，

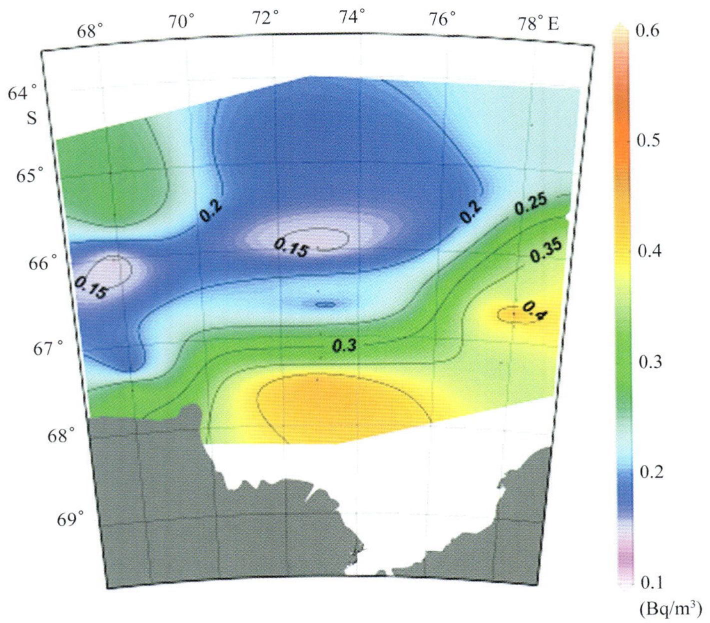

图 5－188　中国第 29 次南极科学考察普里兹湾表层海水^{228}Ra 的分布

平均值为 0.30 Bq/m^3。

中国第 30 次南极科学考察期间，南极半岛、普里兹湾附近海域总态^{210}Po 的放射性比活度介于 0.53～2.91 Bq/m^3 之间，平均值为 1.32 Bq/m^3，其中，溶解态^{210}Po 放射性比活度为 0.43～2.75 Bq/m^3，平均值为 1.11 Bq/m^3；颗粒态^{210}Po 放射性比活度的变化范围为 0.07～0.96 Bq/m^3，平均值为 0.21 Bq/m^3。普里兹湾附近海域总态^{210}Po 的放射性比活度为 0.53～2.12 Bq/m^3，平均值为 1.17 Bq/m^3，其中溶解态^{210}Po 比活度介于 0.43～1.99 Bq/m^3 之间，平均值为 0.97 Bq/m^3；颗粒态^{210}Po 比活度介于 0.08～0.96 Bq/m^3 之间，平均值为 0.20 Bq/m^3。南极半岛附近海域总态^{210}Po 比活度介于 0.63～2.91 Bq/m^3 之间，平均值为 1.46 Bq/m^3，其中，溶解态^{210}Po 比活度介于 0.49～2.75 Bq/m^3 之间，平均值为 1.25 Bq/m^3；颗粒态^{210}Po 比活度为 0.07～0.59 Bq/m^3，平均值为 0.21 Bq/m^3。

（1）南极半岛周边海域

中国第 28 次南极科学考察期间，南极半岛周边海域 D4 断面溶解态^{210}Po 的分布显示，表层水溶解态^{210}Po 比活度相对较低，高值出现在断面南部深层水体中。除 D4－3 站外，其他各站位溶解态^{210}Po 比活度均在 300～1 000 m 的中层水体出现极大值，且随着深度进一步增加比活度呈下降趋势。大多数站位（D4－3 站、D4－5 站和 D4－7 站）在近底层溶解态^{210}Po 比活度较其上层水体有所升高。整体上看，陆架区 D4－3 站、D4－5 站、D4－7 站 3 个站位溶解态^{210}Po 的比活度要比另外 3 个深水站位来得低（图 5－189）。南极半岛周边海域 D4 断面颗粒态^{210}Po 比活度呈现出南低北高的鲜明特征，以 D4－5 站位为分界，断面南部的颗粒态^{210}Po 比活度整体上要低于北部。断面北部 3 个站位（D4－1 站、D4－3 站和 D4－5 站）表层水体颗粒态^{210}Po 比活度较高，随深度增加而减少并在 100 m 以深水体中趋向稳定，而在近底层又有所增加。南部 3 个站位（D4－7 站、D4－9 站和 D4－11 站）颗粒态^{210}Po 比活度则整体上都维持在 0.15 Bq/m^3 的低值，仅在 D4－11 站 150 m 层和 1 000 m 层出现极大值（图

5－190）。南极半岛周边海域D4断面总态^{210}Po的分布显示，陆坡区总态^{210}Po的放射性比活度要比其南、北两侧的深水站来得低。陆坡区3个站位（D4－3站、D4－5站和D4－7站）总态^{210}Po的比活度为0.74～2.62 Bq/m^3，平均值为1.67 Bq/m^3，明显低于深水区3个站位总态^{210}Po的比活度（1.15～3.17 Bq/m^3，平均值为2.11 Bq/m^3）（图5－191）。

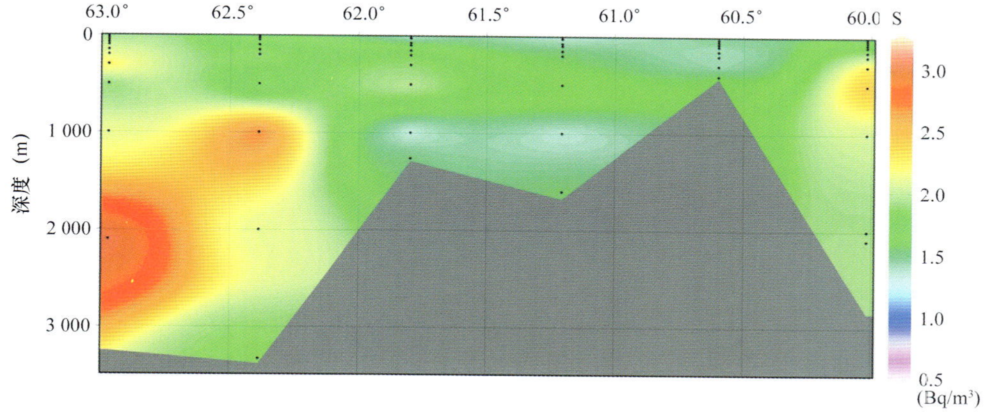

图5－189　中国第28次南极科学考察南极半岛周边海域D4断面溶解态^{210}Po的分布

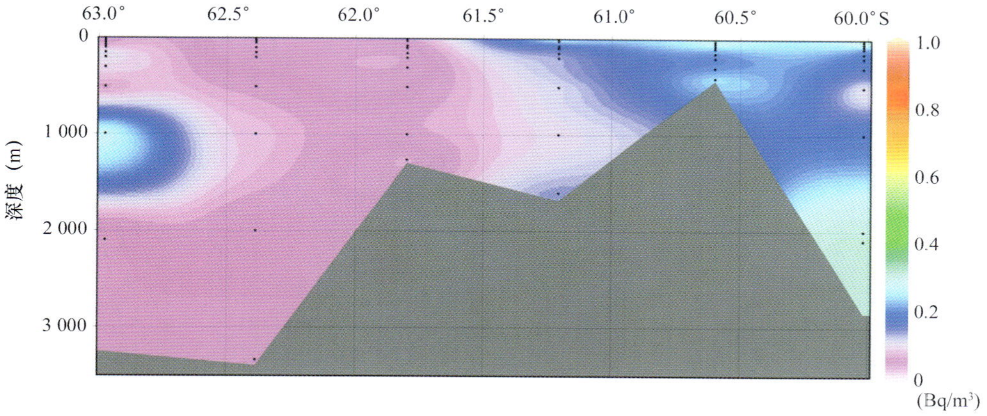

图5－190　中国第28次南极科学考察南极半岛周边海域D4断面颗粒态^{210}Po的分布

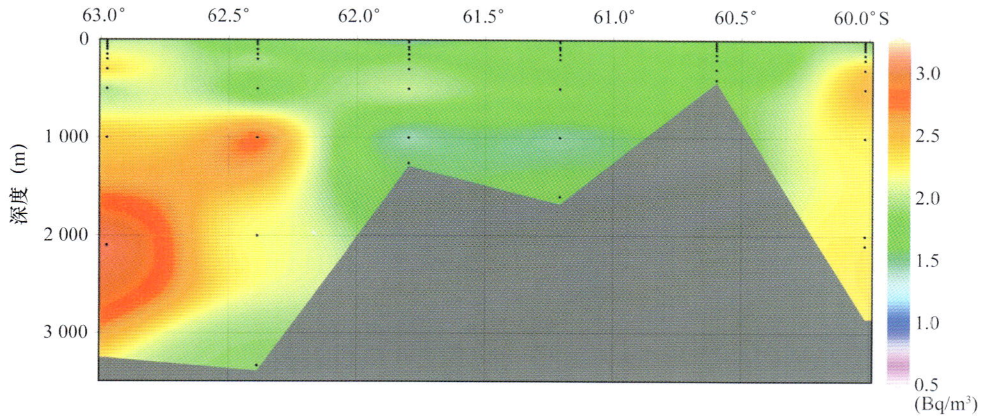

图5－191　中国第28次南极科学考察南极半岛周边海域D4断面总态^{210}Po的分布

中国第 30 次南极科学考察南极半岛附近海域^{210}Po 的垂直分布如图 5－192 所示。南极半岛附近海域溶解态^{210}Po 的分布显示，位于南奥尼克群岛南部的 D5－4 站和 D5－6 站，溶解态^{210}Po 比活度在整个水柱中分布较为均匀。南奥尼克群岛西南侧 4 个站位中，除 D4－4 站外，其余 3 个站在次表层 25～50 m 都出现溶解态^{210}Po 的极大值，而 100～150 m 层出现溶解态^{210}Po 极小值。D4－4 站溶解态^{210}Po 则在 200 m 以浅水体中分布较均匀，在 500 m 层出现极大值。

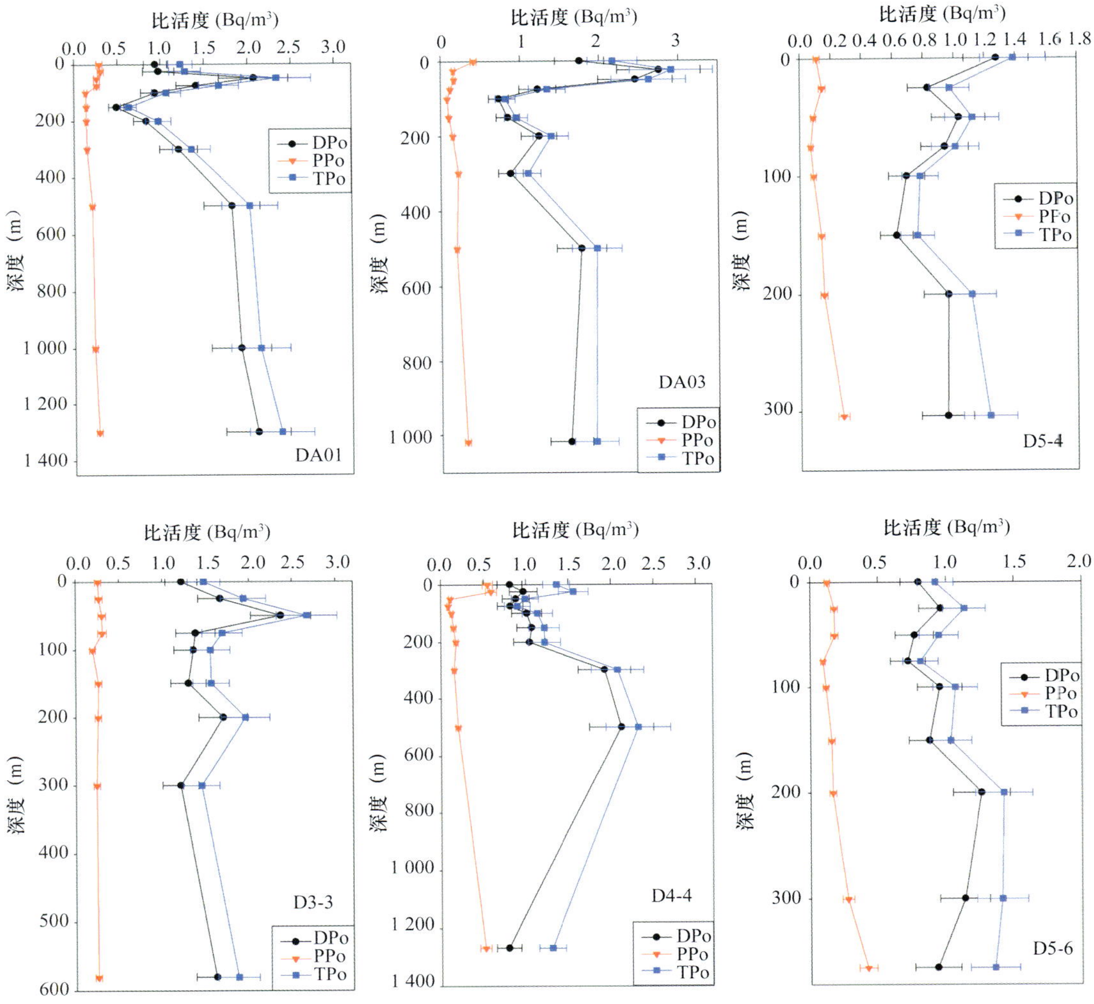

图 5－192　中国第 30 次南极科学考察南极半岛附近海域^{210}Po 的垂直分布

南极半岛附近海域颗粒态^{210}Po 的分布显示，6 个站位颗粒态^{210}Po 比活度的高值都出现在 0～25 m 层和 100 m 以深水体，而在 75～100 m 水体出现极小值。表层颗粒态^{210}Po 高值位于 D4－4 站，浅水区 D5－4 和 D5－6 站表层颗粒态^{210}Po 比活度较低。

南极半岛附近海域总态^{210}Po 的分布趋势和溶解态相近，这是由于^{210}Po 主要以溶解态形式存在所致。水深较浅的 D5－4 和 D5－6 站总态^{210}Po 比活度低于其他 4 个站位，且整个水柱比活度变化不大；而在水深大于 500 m 的 4 个站位中，均在 25～50 m 出现总态^{210}Po 的极大值。

（2）普里兹湾及其邻近海域

中国第 29 次南极科学考察航次期间，普里兹湾 P3 断面大多数站位（除 P3－09 站）溶解态^{210}Po的分布规律较为相似，均在25～100 m的次表层出现极小值，而在500～1 000 m层出现极大值。位于陆架区的P3－09站，整个水柱中溶解态^{210}Po分布相对均匀，^{210}Po比活度均在1 Bq/m^{3}以下（图5－193）。普里兹湾P3断面颗粒态^{210}Po比活度的高值都出现在100 m以浅的真光层，100 m以深比活度基本上都小于0.35 Bq/m^3，且随深度的增加比活度变化不大。在海盆区的P3－01、P3－03和P3－05站，近底层颗粒态^{210}Po比活度有所增加（图5－194）。普里兹湾P3断面总态^{210}Po的分布显示，陆架区P3－11站的总态^{210}Po随深度增加而减少，其他站位总态^{210}Po在垂向上呈"S"形分布，即在25～100 m出现极小值，而在500～1 500 m出现极大值，1 500 m以深则随着深度的增加逐渐减少（图5－195）。普里兹湾P7断面陆架区3个站位溶解态^{210}Po在整个水柱中分布较为均匀，陆坡和海盆区100 m以浅溶解态^{210}Po尽管从陆坡向海盆区有略微升高趋势，但比活度基本上与陆架区站位接近。100 m以深溶解态^{210}Po比活度则随深度的增加而增加，并在500～1 000 m出现极大值（图5－196）。普里兹湾P7断面颗粒态^{210}Po比活度的高值都出现在表层或次表层（25 m层），而在50～100 m层有极小值出现。100 m以深的水体中，颗粒态^{210}Po比活度基本趋于稳定。需要指出的是，P7－07站2 000 m层观测到颗粒态^{210}Po比活度的异常高值，达到了0.86 Bq/m^3（图5－197）。普里兹湾P7断面总态^{210}Po的分布趋势大体与溶解态相近，200 m以浅水体中，总态^{210}Po比活度从陆架（湾内）向海盆区（湾外）逐渐增加，陆架、海盆区中层水500～1 000 m出现总态^{210}Po极大值（图5－198）。

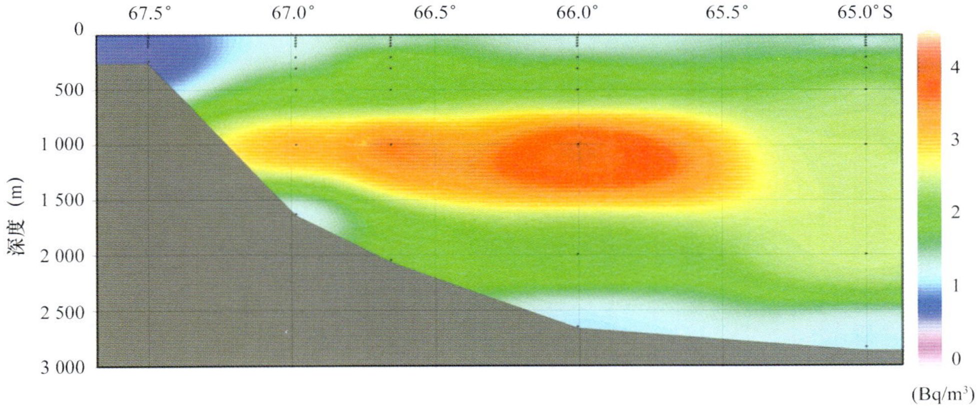

图5－193　中国第29次南极科学考察普里兹湾P3断面溶解态^{210}Po的分布

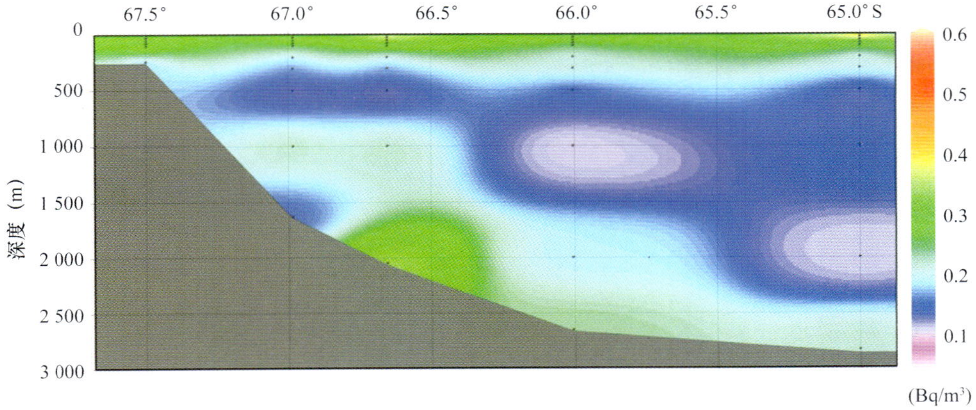

图5－194　中国第29次南极科学考察普里兹湾P3断面颗粒态^{210}Po的分布

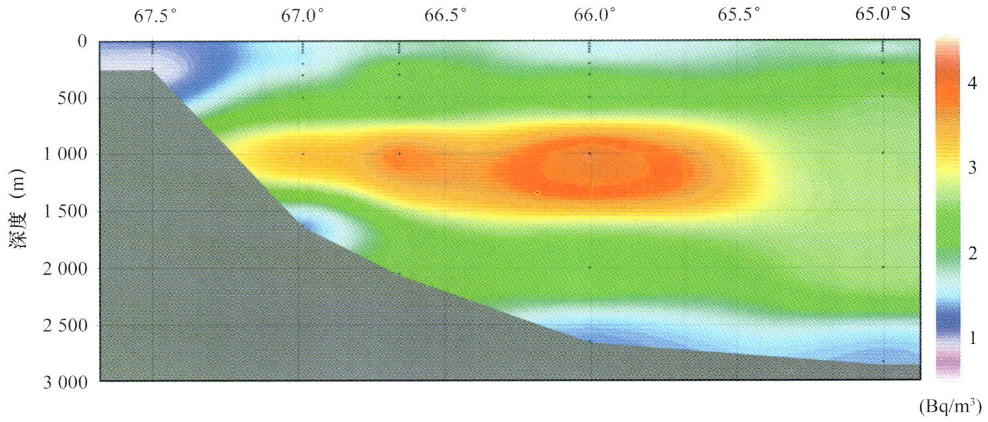

图 5－195　中国第 29 次南极科学考察普里兹湾 P3 断面总态^{210}Po 的分布

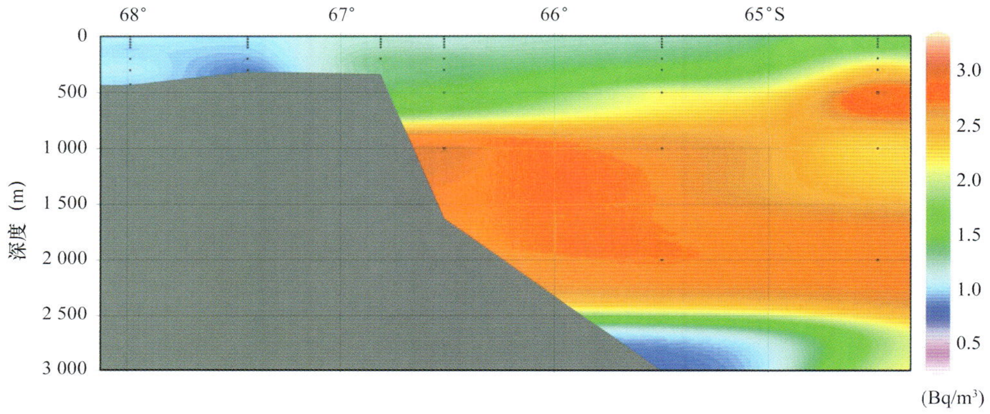

图 5－196　中国第 29 次南极科学考察普里兹湾 P7 断面溶解态^{210}Po 的分布

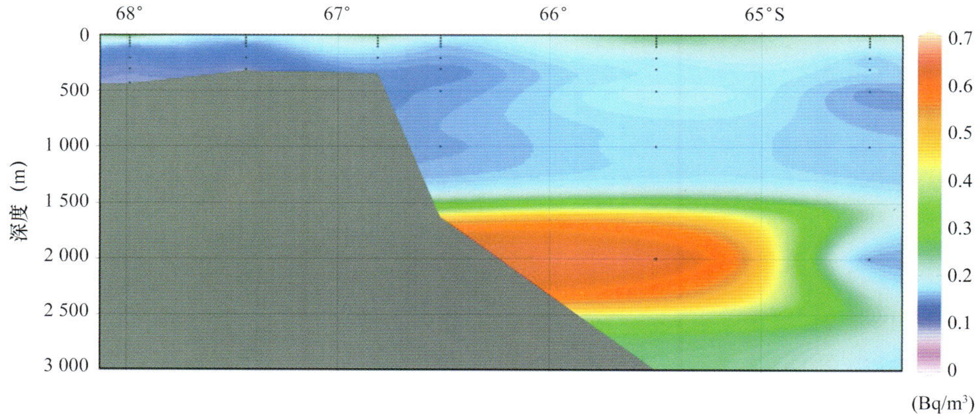

图 5－197　中国第 29 次南极科学考察普里兹湾 P7 断面颗粒态^{210}Po 的分布

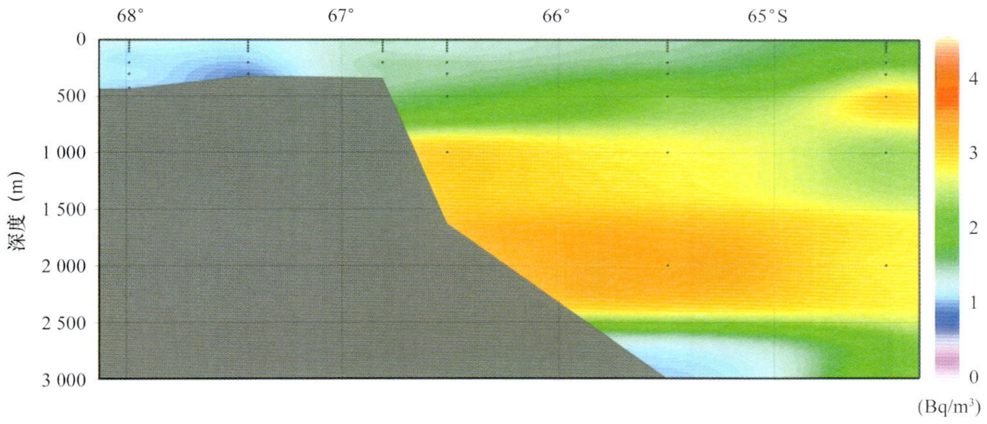

图5-198 中国第29次南极科学考察普里兹湾P7断面总态^{210}Po的分布

中国第30次南极科学考察航次期间，普里兹湾湾内IS0站在25 m层出现溶解态^{210}Po极大值，25 m以深水体溶解态^{210}Po分布较为均匀。湾外P1断面两个站位溶解态^{210}Po分布较为一致，总体上都表现为真光层溶解态^{210}Po比活度比深层水来得低，且在25~100 m水体出现极小值，在500~1 000 m出现极大值，并在近底层溶解态^{210}Po比活度又略有升高。湾外P2-A1站和P2-A3站溶解态^{210}Po随深度变化不大，P2-A5站随深度增加溶解态^{210}Po比活度有增加趋势；P2-2站则是在25 m层出现极大值，25 m以深溶解态^{210}Po比活度随深度增加而降低（图5-199）。普里兹湾湾内IS0站在25 m和200 m层都出现了颗粒态^{210}Po极大值。湾外P1-2和P1-3站的颗粒态^{210}Po高值均出现在100 m以浅水体，100 m以深水体颗粒态^{210}Po比活度均低于0.25 Bq/m^3，且随深度变化不大。P2断面的4个站中，除P2-A5站外，其余3个站颗粒态^{210}Po高值都出现在表层，且随深度增加呈降低趋势。P2-A5站则在75 m层出现颗粒态^{210}Po极大值（图5-199）。普里兹湾湾内IS0站的总态^{210}Po在25 m出现极大值，25 m以深水体总态^{210}Po变化不大。湾外P1断面两个站位总态^{210}Po的分布类似，在25~100 m水体出现总态^{210}Po极小值，而后随深度的增加逐渐升高，并在500~1 000 m水体出现极大值。P2断面4个站总态^{210}Po的垂直分布差异较大，P2-2站和P2-A1站分别在25 m和75 m出现总态^{210}Po的极大值；而P2-A3站总态^{210}Po比活度在采样深度内变化不大；P2-A5站总态^{210}Po比活度则是随深度增加呈升高趋势（图5-199）。

5.1.5.8 海水^{210}Pb

中国第28次南极科学考察期间，南极半岛附近海域总态^{210}Pb的放射性比活度介于1.40~5.08 Bq/m^{3}之间，平均值为2.93 Bq/m^3。其中，溶解态^{210}Pb的放射性比活度介于1.23~4.86 Bq/m^{3}之间，平均值为2.58 Bq/m^3；颗粒态^{210}Pb比活度为0.13~1.70 Bq/m^3，平均值为0.35 Bq/m^3。中国第29次南极科学考察期间，普里兹湾附近海域溶解态^{210}Pb比活度介于0.65~3.57 Bq/m^{3}之间，平均值为2.02 Bq/m^3。颗粒态^{210}Pb比活度为0.07~0.59 Bq/m^3，平均值为0.17 Bq/m^3，明显低于溶解态^{210}Pb。

（1）南极半岛周边海域

中国第28次南极科学考察期间，南极半岛周边海域D4断面溶解态^{210}Pb的分布显示，从

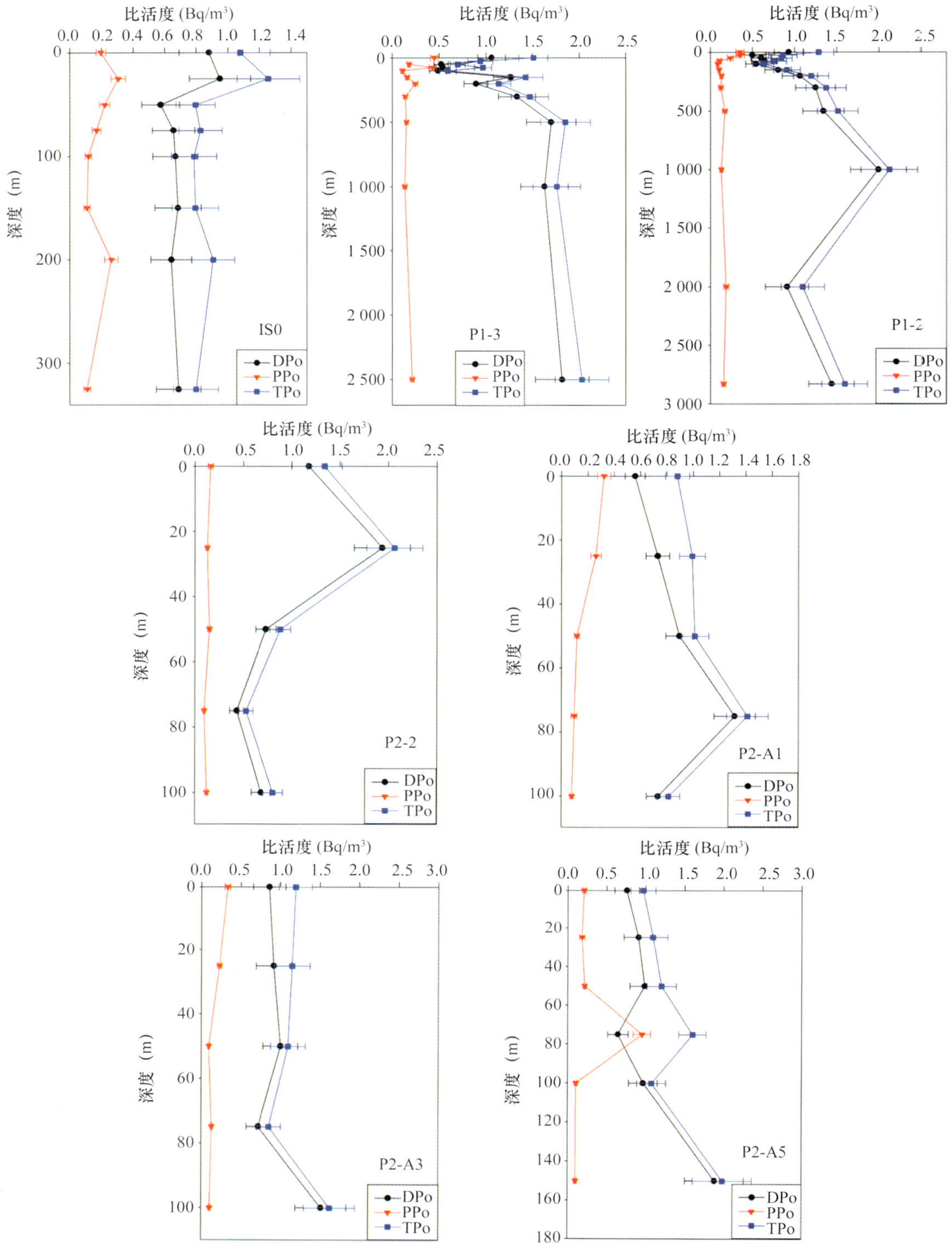

图 5－199　中国第 30 次南极科学考察普里兹湾溶解态、颗粒态和总态^{210}Po 的垂直分布

D4－3 站至 D4－11 站（60.5°—63°S），在 200～500 m 层水体中均可以明显观察到溶解态^{210}Pb的极大值。在极大值层以深，溶解态^{210}Pb 比活度随深度的增加而减小，但在 D4－7 站和 D4－5 站则呈相反趋势（图 5－200）。南极半岛周边海域 D4 断面颗粒态^{210}Pb 的分布显示，

上层水体颗粒态^{210}Pb比活度变化比较大，1 000 m 以深则趋于稳定。高值主要出现在 200 m 以浅的真光层中，以D4 -1 站、D4 -7 站及 D4 -11 站最为明显。南极半岛周边海域 D4 断面总态^{210}Pb比活度的分布趋势与溶解态相似，在 100 ~500 m 层出现极大值（图 5 -201）。

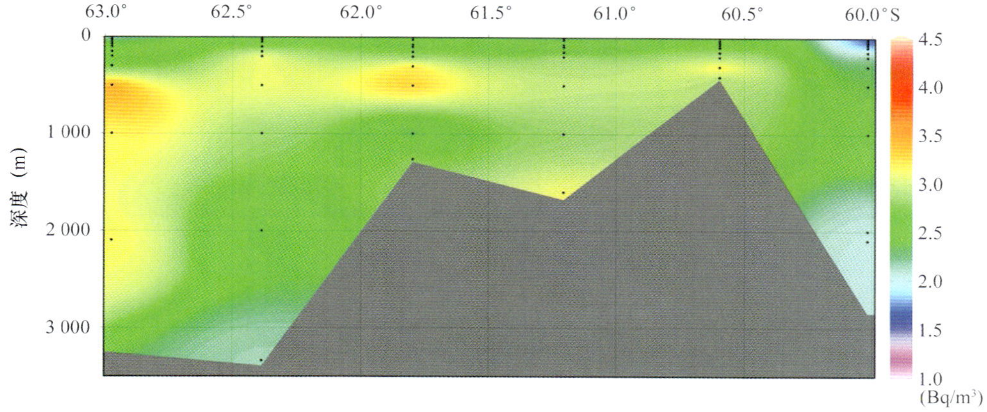

图 5 -200　中国第 28 次南极科学考察南极半岛周边海域 D4 断面溶解态^{210}Pb的分布

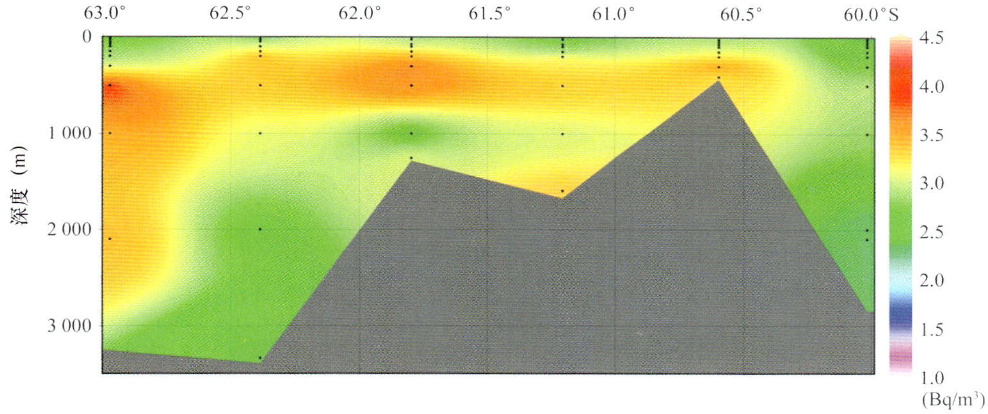

图 5 -201　中国第 28 次南极科学考察南极半岛周边海域 D4 断面总态^{210}Pb的分布

（2）普里兹湾及其邻近海域

中国第 29 次南极科考期间，普里兹湾 P3 断面溶解态^{210}Pb大体呈现由表层向中层增加，而后至近底层减少的趋势，且近岸相对较低而外海较高（图 5 -202）；颗粒态^{210}Pb呈表层高、中层低、近底层稍高的特征（图 5 -203）。

5.1.6　色素的分布特征

（1）南极半岛周边海域

中国第 30 次南极科学考察期间，研究区域内表层水体中总绿素浓度在 0.6 ~9.3 μg/L 之间，平均值为（3.63 ±2.08）μg/L，最高值位于乔治王岛附近的 D1 -6 站位，最低值则位于象海豹岛西侧的 D2 -2 站位，整体上呈现出自西向东离岸逐渐降低的变化趋势（图 5 -204），表明近岸较高的水体稳定度以及铁等陆源微量元素的输入对维持近岸较高的初级生产力水平具有重要作用。从 D2 断面（60.5°—62.5°S、52.4°—55.0°W）浮游植物总绿素浓度的垂向

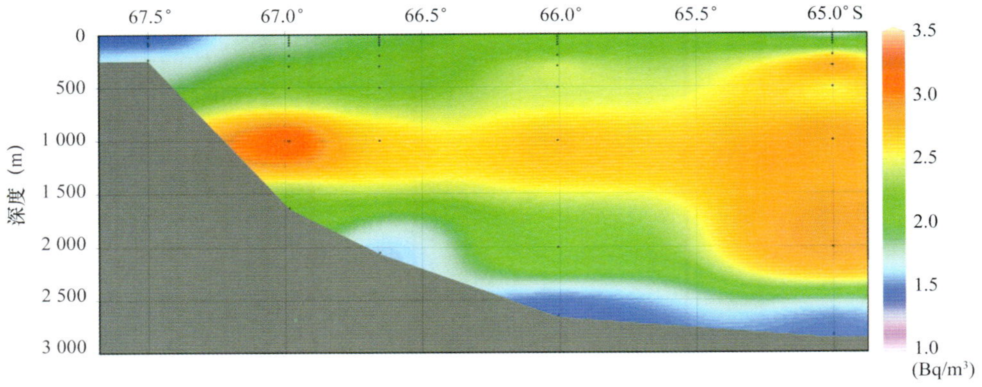

图 5－202　中国第 29 次南极科学考察普里兹湾 P3 断面溶解态^{210}Pb 的分布

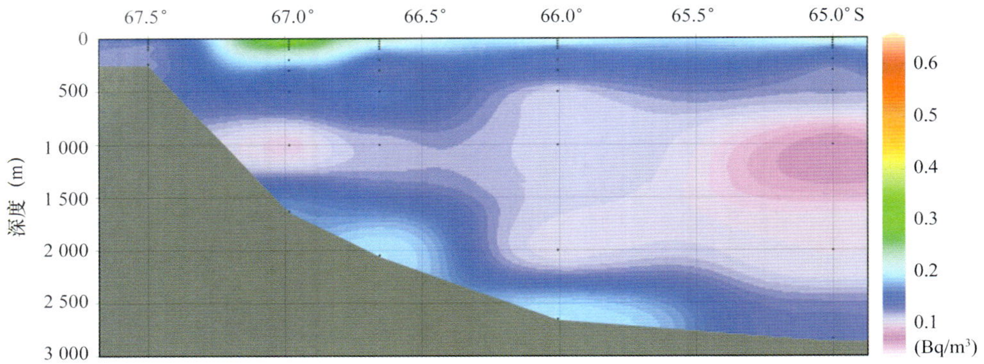

图 5－203　中国第 29 次南极科学考察普里兹湾 P3 断面颗粒态^{210}Pb 的分布

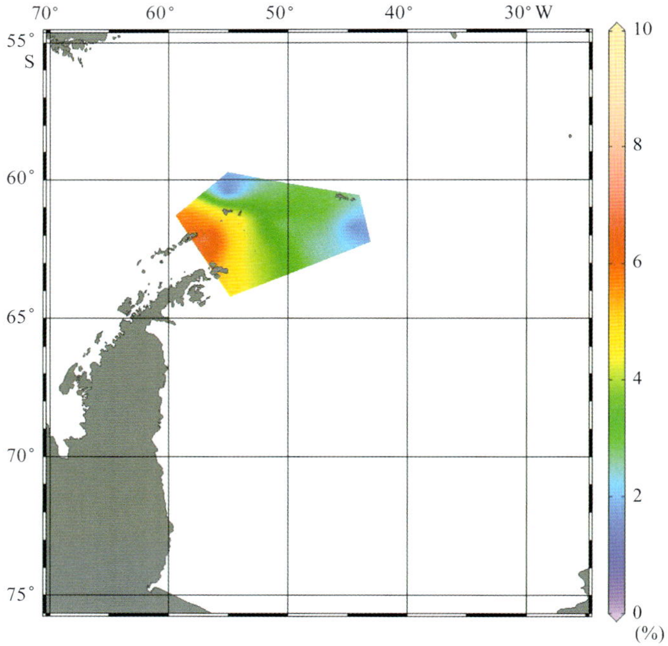

图 5－204　南极半岛周边海域表层水体浮游植物总绿素浓度空间分布

分布图可以看出，高值区出现在象海豹岛东侧的 D2－6 站位 25 m 深（6.4 μg/L）和 D2－5 站位 50 m 深（6.3 μg/L）水体中，总体上总绿素浓度随水体深度增加而降低，并在 100 m 以深维持在较低水平（约 1.0 μg/L），且不同区域略有差异（图 5－205），表明适宜的光照和营养盐输入对该区域浮游植物垂向分布具有较大影响。基于水体中甲藻黄素、岩藻黄素、青绿黄素、叶黄素、玉米黄素和 19′－己酰氧基岩藻黄素等特征类胡萝卜素浓度的相对比例，初步研究了甲藻、硅藻、青绿藻、绿藻、蓝藻和定鞭金藻等南极常见浮游藻种对群落组成的相对贡献及其分布趋势，结果表明硅藻和定鞭金藻是南极半岛邻近海域的主要优势种，其相对比例分别占到浮游植物群落的 61.3% 和 19.6%，且分别呈现出自西向东离岸降低和升高的变化趋势（图 5－206）。相比之下，隐藻、蓝藻、甲藻、绿藻和青绿藻则分别仅占浮游植物群落组成的 8.6%、6.7%、3.0%、0.6% 和 0.3%，其中蓝藻和绿藻丰度高值区出现在南奥克尼群岛周围海域，而甲藻、隐藻和青绿藻丰度高值区则出现在象海豹岛周围海域（图 5－206）。对不同营养盐水平的偏好、水体稳定度的适应能力高低以及随冰筏碎屑输运而来的陆源铁等微量元素输入多少可能是造成不同藻种空间分布差异的主要原因。

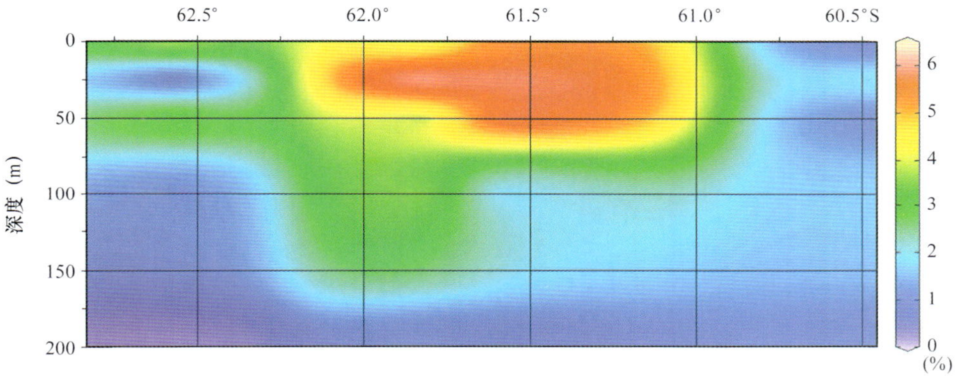

图 5－205　南极半岛周边海域 D2 断面浮游植物总绿素浓度的垂向分布

（2）普里兹湾及其邻近海域

中国第 31 次南极科学考察期间，南极普里兹湾及其邻近海域表层水体中总绿素浓度在 1.5～269.1 μg/L 之间，平均值为（28.1±44.0）μg/L，最高值位于达恩利角沿岸的 P3－07 站位，最低值则位于离岸较远 P5－03 站位，整体上总绿素浓度呈现出随离岸距离增加而降低的变化趋势（图 5－207）。在 P5 断面水体中总绿素浓度最高值出现在 P5－08 站位表层水体中，该断面总绿素浓度总体上呈现由表层到底层逐渐降低的变化趋势，且 50 m 以下水体中总绿素浓度维持在较低水平（<5.0 μg/L），且不同区域变化不大（图 5－208）。基于水体中岩藻黄素、青绿黄素、叶黄素、玉米黄素和 19′－己酰氧基岩藻黄素等特征类胡萝卜素浓度的相对比例，初步研究了硅藻、青绿藻、绿藻、蓝藻和定鞭金藻等南极常见浮游藻种对群落结构的相对贡献，结果表明，硅藻和定鞭金藻是南极普里兹湾及其邻近海域的主要优势种，其相对比例分别占到浮游植物群落的 85% 和 13%，且分别呈现出离岸降低和升高的变化趋势（图 5－209），海域内营养盐浓度和温度等因素的空间变化可能是造成该分布趋势的主要原因。

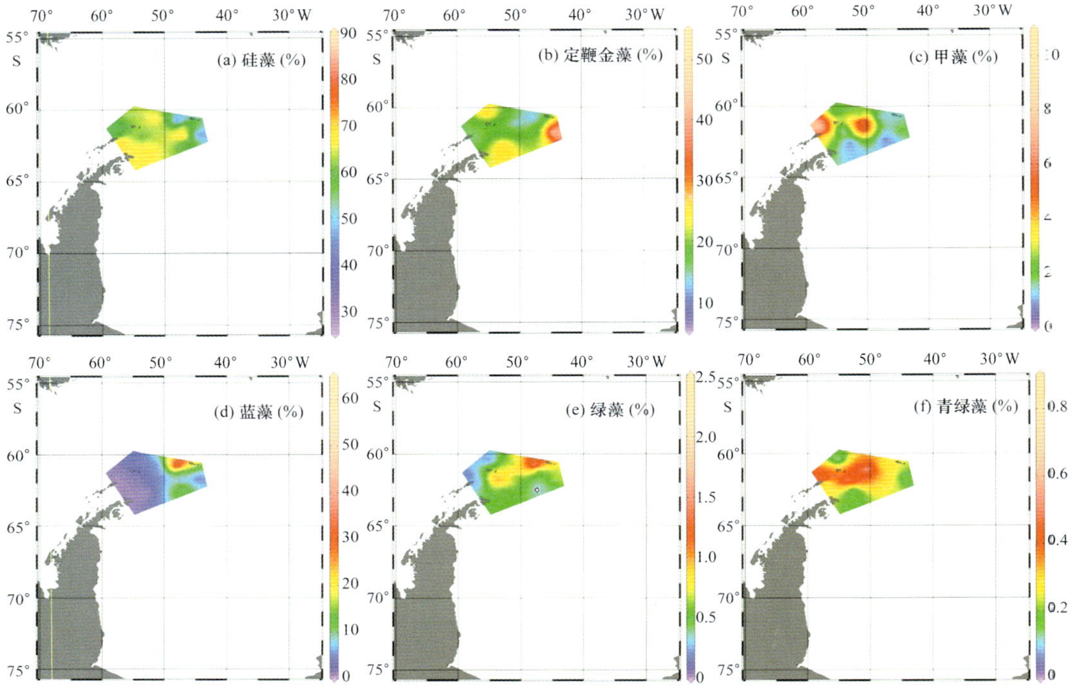

图 5－206　南极半岛周边海域表层水体浮游植物功能类群相对贡献空间分布

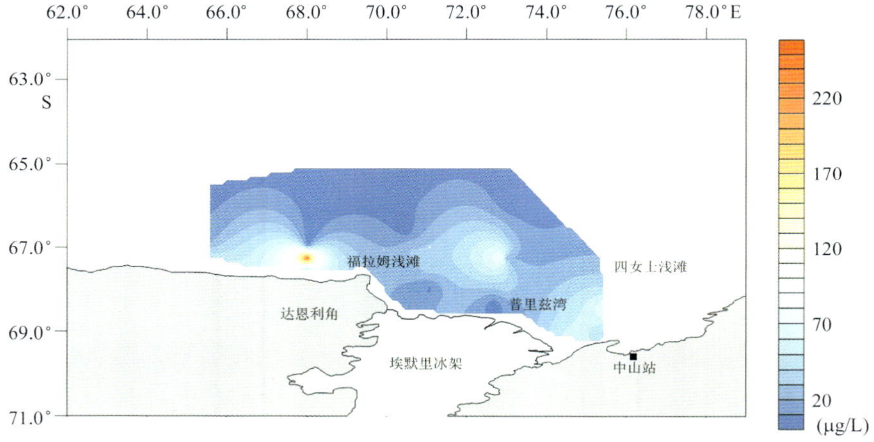

图 5－207　普里兹湾表层水体浮游植物总绿素浓度空间分布

5.1.7　沉积化学要素分布特征

5.1.7.1　沉积物粒度

沉积物粒径分布能够在一定程度上反映其主要物质来源。大颗粒的物质通常为矿质颗粒物，岩源性输入为主。而细颗粒物质则富含有机质，这些有机质通常为上层水体中海洋生物的排泄

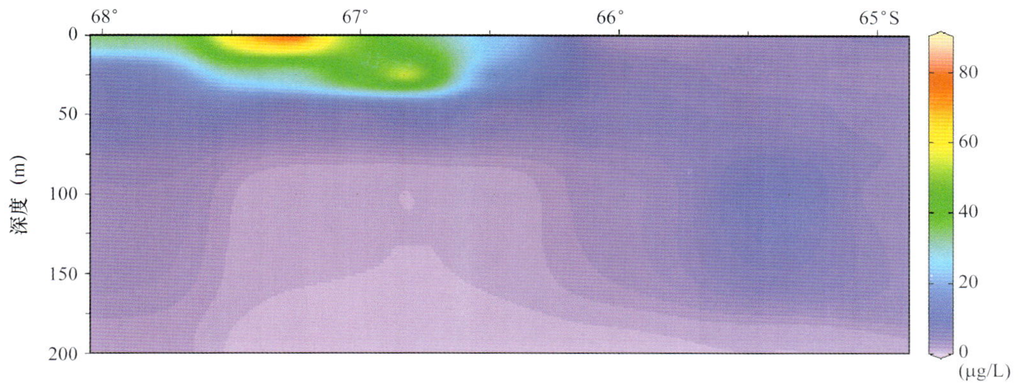

图 5－208　普里兹湾 P5 断面浮游植物总绿素浓度剖面

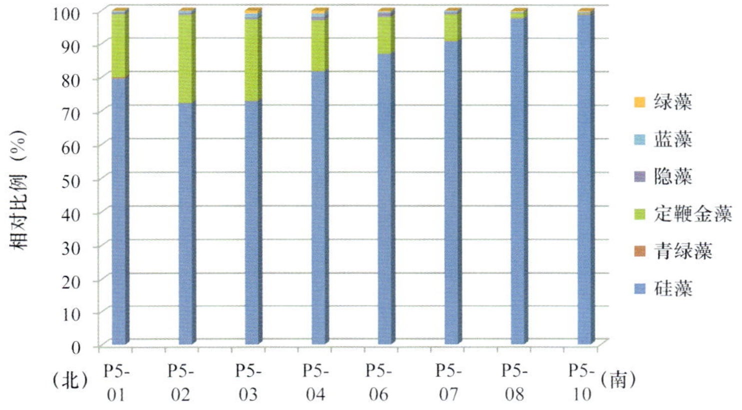

图 5－209　普里兹湾 P5 断面表层水体浮游植物功能类群分布

物和残体在海底的沉积，并对沉积物中元素的富集产生影响。普里兹湾表层沉积物的粒径分布具有明显的地理分异现象，砂（63 μm～2 mm）、粉砂（4～63 μm）和粘土（＜4 μm）粒径颗粒物的含量与其距离冰架边缘的远近密切相关。冰架边缘多为砂质沉积，砂粒径沉积物的含量高达 42.1%～81.7%，均值为 65.5%。除了 P2－9 站位，陆架区和深海区多为泥质沉积（粉砂和粘土），粉砂粒径沉积物的含量在 43.9%～77.1% 之间，均值为 67.8%；而且粘土粒径沉积物的含量也远高于冰架边缘。冰架边缘以粗粒径颗粒物为主，说明岩源性输入相对最高；陆架区的细颗粒物质含量明显高于冰架边缘区，说明陆架区的生物源性输入相对较高；深海区基本上以粉砂和粘土粒径沉积物为主，可能与深海区远离陆架边缘，缺少岩源性输入相关。P2－9 位于陆架坡折处，由于受到南极辐散带的影响，水体稳定性差，底部沉积物在强水动力的分选作用下，大颗粒物质的含量比较高（图 5－210）。

南极半岛周边海域 D5－7 站位表层为砂质沉积物，砂粒径沉积物的含量达到 79.3%，并含有少量的砾石，可能与该站位强烈的海流（南极底层水和威德尔海水流）和浊流作用相关。其余站位为泥质沉积，泥质（粘土＋粉砂）沉积的含量达到 80% 以上。其中 D3－7、D4－9 位于鲍威尔海盆，水深大于 3 000 m，沉积物中粘土粒径颗粒物的含量达到 40% 以上，表现出深海沉积的特性（图 5－211）。

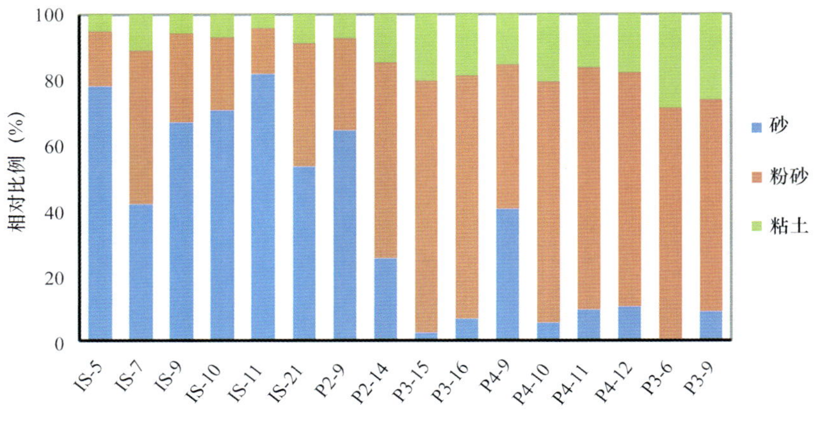

图 5－210　普里兹湾表层沉积物粒径分布

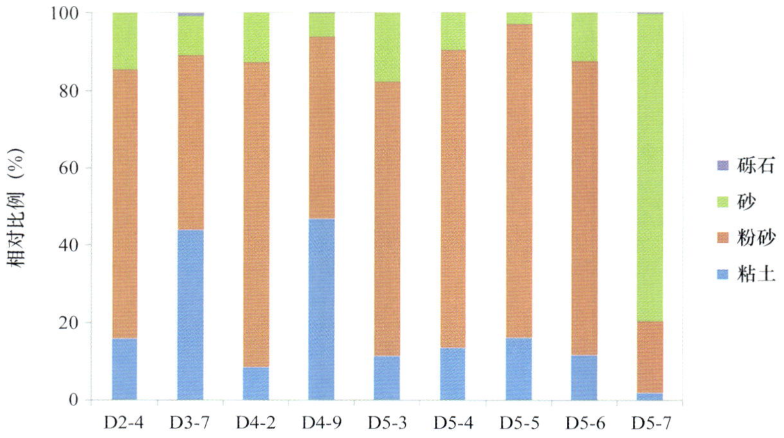

图 5－211　南极半岛周边海域表层沉积物粒径分布

5.1.7.2　碳、氮及其稳定同位素

1）平面分布

普里兹湾表层沉积物中有机碳和总氮的含量变化范围分别为 0.14% ~1.20% 和 0.02% ~0.20%，平均值分别为 0.63% 和 0.11%。有机碳和总氮具有相同的分布趋势，在普里兹湾湾内两者均呈现明显的西低东高趋势，大致以 73°E 为界，以西区域有机碳和总氮含量均较低，而以东区域有机碳和总氮均较高，其中湾内东南部区域有机碳和总氮含量最高。有机碳和总氮的分布与沉积物中的泥质含量密切相关（图 5－212）。有机碳和总氮的相关性分析以及 TC/TN 表明沉积物中有机质主要来源于上层水体的初级生产过程，与上层水体的生产力水平密切相关，同时也受到冰川携带陆源砂等因素的影响（刘瑞娟等，2014）。

2）垂直分布

IS－A 沉积柱样总有机碳含量最高为 1 ~2 cm 层的 1.32%，最低为 15 ~16 cm 层的 0.18%，平均值为 0.75%；总体上呈现随深度增加而递减的垂直分布特征（图 5－213）。IS－8 沉积柱样总有机碳含量最高为 0 ~1 cm 层的 0.98%，最低为 11 ~12 cm 层的 0.24%，

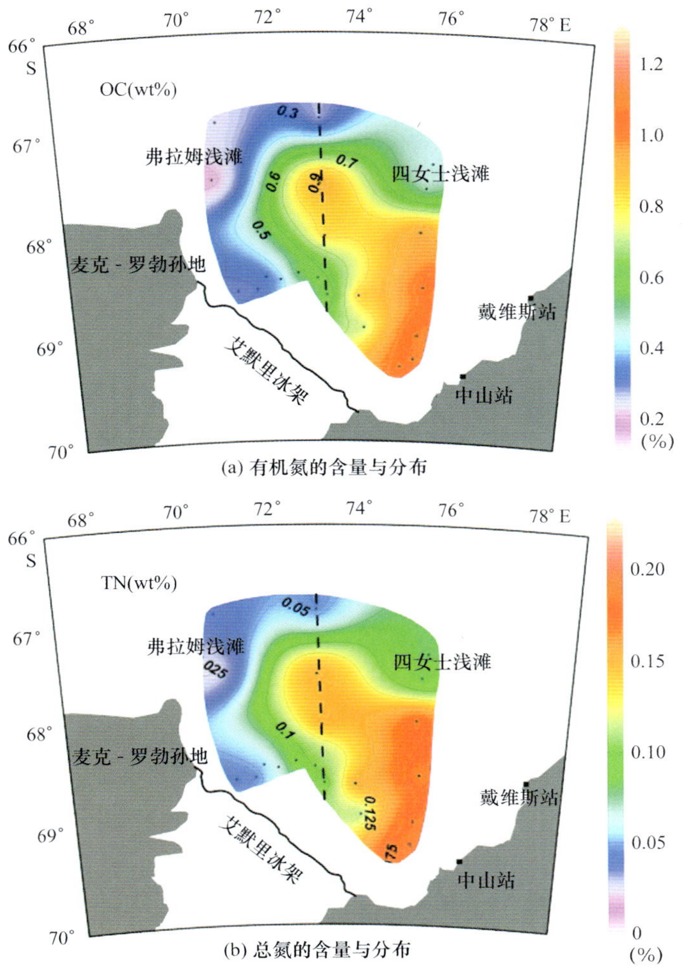

图5－212 表层沉积物中有机碳和总氮的含量与分布

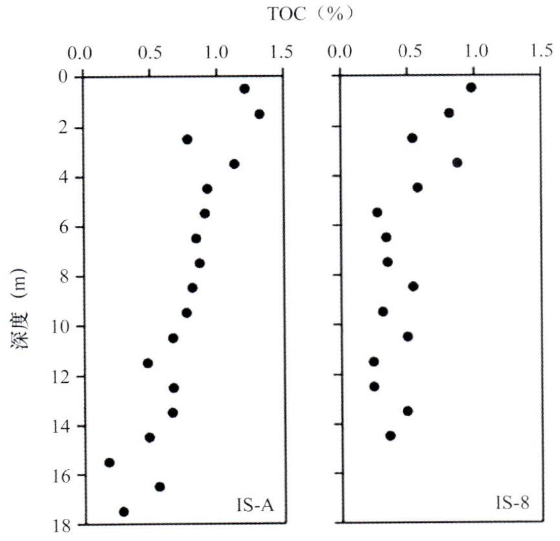

图5－213 IS－A 和 IS－8 柱样总有机碳含量的垂直分布

平均值为0.50%；总体上呈现0~5 cm随深度增加而降低、5 cm以深则基本保持不变的垂直分布特征（图5-213）。IS-A柱总有机碳含量显著高于IS-8柱。

IS-A沉积柱样$\delta^{13}C$含量最高为3~4 cm层的-24.76‰，最低为17~18 cm层的-26.11‰，平均值为-25.45‰；总体上呈现随深度增加而递减的垂直分布特征。IS-8沉积柱样$\delta^{13}C$含量最高为2~3 cm层的-24.72‰，最低为5~6 cm层的-25.69‰，平均值为-25.28‰；总体上未呈现明显的随深度增加而降低升高的垂直分布特征。IS-A沉积柱样$\delta^{13}C$含量与IS-8沉积柱样相当（图5-214）。

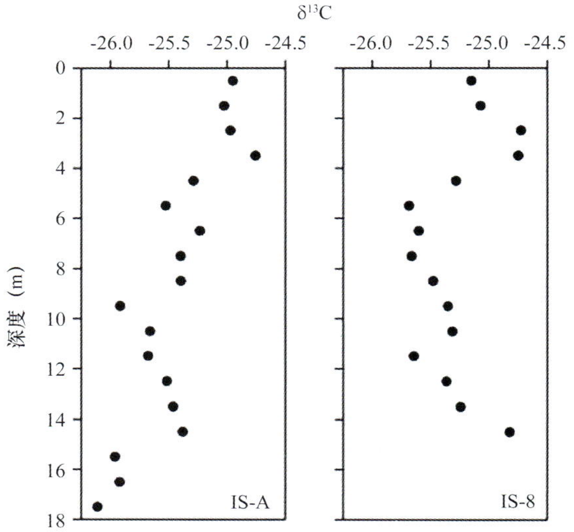

图5-214　IS-A和IS-8柱样$\delta^{13}C$含量的垂直分布

IS-A沉积柱样总氮含量最高为0~1 cm层的0.108%，最低为15~18 cm层的未检出，平均值为0.042%；总体上呈现上半部分0~8 cm变化较大、且有降低趋势，下半部分（8 cm以深）变化不大的垂直分布特征（图5-215）。IS-8沉积柱样总氮含量除0~1 cm层外，均未检出。

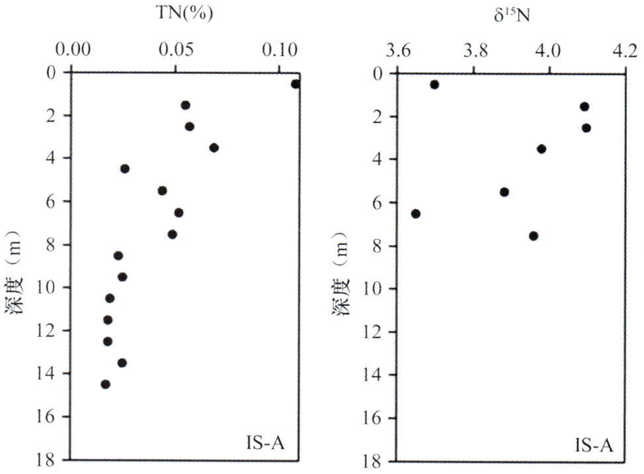

图5-215　IS-A柱样总氮和$\delta^{15}N$含量的垂直分布

IS－A 沉积柱样 $\delta^{15}N$ 含量最高为 2～3 cm 层的 4.10‰，最低为 4～5 cm 层和 9 cm 以深的未检出，平均值为 3.88‰；总体上未呈现明显的随深度增加而降低升高的垂直分布特征（图5－215）。IS－8 沉积柱样 $\delta^{15}N$ 含量除 0～1 cm 层外，均未检出。

5.1.7.3 生物硅

普里兹湾表层沉积物中生物硅的含量在 4.89%～75.32% 之间变化，平均值为 30.02%。与其他海区相比，普里兹湾表层沉积物中生物硅的平均含量与罗斯海海海域（40%）相近，而远高于威德尔海（6%）。在纬向空间分布上，生物硅含量呈现明显的 67°S 以南湾内陆架区大于湾内冰缘区大于 67°S 以北的湾外深海区的分布趋势，3 个区域的平均值分别为 45.22%、24.95% 和 12.27%。在经向空间变化上，湾内 67°S 以南区域内以湾中部的 73°E 断面生物硅含量最高平均为 42.34%，湾东部的 75.5°E 断面略低于 73°E 断面，平均为 38.48%，但是明显高于湾西部的 70.5°E 断面的 22.08%。湾内冰缘区 IS 断面上生物硅的分布则呈现明显的东高西低的趋势。表层沉积物中生物硅的最高值含量 75.32% 及次高值含量 60.61% 分别出现在位于湾内陆架区的 67.5°—68°S 区域的站位，最低值 4.20% 出现在湾口陆架区与陆坡区交界处站位（图5－216）。表层沉积物中生物硅的含量与分布主要受到上层水体生物硅生产以及沉积过程中生物硅溶解过程控制。在南大洋沉积物中生物硅的含量与上层水体中的硅质浮游生物的量有着密切关系。普里兹湾浮游植物主要以硅藻为主，根据多年历史数据调查显示，普里兹湾硅藻细胞丰度密集区主要集中在 67°S 以南的湾内海域，而 67°S 以北区域则丰度偏低，普里兹湾表层沉积物中生物硅的分布与上层水体中硅藻细胞丰度的分布趋势总体一致。冰架边缘区虽然是硅藻细胞丰度的高值区，但是该区域表层沉积物中生物硅的含量却不是最高值，表明普里兹湾湾内陆架区的生物硅在水体输送及最终沉积埋葬过程中的保存机制与冰架边缘区域存在着差异。

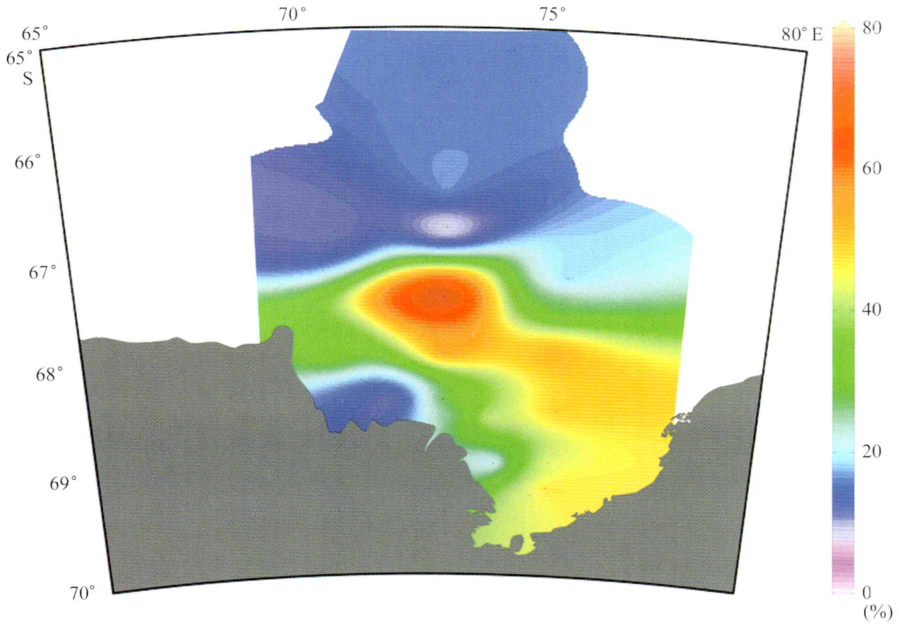

图5－216 普里兹湾表层沉积物中生物硅的分布

5.1.7.4 微量元素

南极普里兹湾及其邻近海域和南极半岛周边海域表层沉积物中的微量元素铜、锌、镉、钡、铁的含量及其与南大洋其他海域的比较见表5－3。南极半岛调查海域微量元素的含量与南大洋其他海域具有很好的可比性，而镉的含量相对较低。微量元素的低值均出现在D5－7站位，可能与该站位南极底层水和威德尔海流强烈的搬运作用相关。一方面，强烈的海流作用导致沉积物的再悬浮，微量元素在再悬浮过程中直接溶解于海水中；另一方面，海流改造后的砂质沉积物也不利于微量元素的保存。铜、锌、钡的高值均出现在D5－3，而镉的高值出现在D2－4。这两个站位表层海水中生物量高，水深最浅，有利于上层水体初级生产力的输出及保存。因此表层沉积物中高含量的微量元素可能与高输出生产力相关。

普里兹湾表层沉积物中微量元素的含量与南大洋罗斯海、威德尔海及乔治王岛邻近海域（波特湾和阿德默勒尔蒂湾）的表层沉积物具有很好的可比性。从普里兹湾不同海区微量元素的分布差异来看，铜、锌、铁的含量在陆坡深海区明显高于冰架边缘区和陆架区；而镉的含量在各个海区差异不大，在陆架区相对较高。研究表明，冰架边缘区及陆架破折处P2－9站位的微量元素主要为岩源性输入。陆架区、陆坡深海区的微量元素铜、锌、铁明显受到生源性物质输入的影响。而普里兹湾沉积物中镉则主要来源于硅藻的吸收利用及硅质软泥的富集。

表5－3 南大洋海域沉积物中微量元素含量比较　　单位：mg/kg

海域	铜	锌	镉	Ba	Fe	文献
南极半岛	5.8～55.9	25.1～111.3	0.11～0.20	278～1 030	16 142～63 732	本专题
普里兹湾	7.9～75.6	32.8～96.6	0.25～0.32	92～556	13 108～33 007	本专题
威德尔海	空白	空白	空白	372～2 266	37 600～49 600	Howe et al.，2007
罗斯海	4.0～12.5	6.8～1 099	0.04～0.57	80～272	795～2 044	Ravanelli et al.，1997
罗斯海	11.6～33.4	61～120	0.11～0.50	空白	21 353～57 550	Ianni et al.，2010
特拉诺瓦湾	空白	20.6～142.3	0.13～0.66	空白	6 800～55 700	Ciaralli et al.，1998
波特湾	94～141	51～54	空白	空白	空白	Andrade et al.，2001
阿德默勒尔蒂湾	47～84	44～89	0.4～0.9	空白	空白	Ribeiro et al.，2011

由图5－217可见，从低纬到高纬，金属锰浓度降低趋势明显，并且在普里兹湾内形戎凸起状的等值线。由图5－218可见，从低纬到高纬，金属铅浓度降低趋势明显，并且在普里兹湾内形成凸起状的等值线。由上面两个图可见，金属锰和铅的分布情况具有较强的相关性。由图5－219可见，在普里兹湾中部金属铀浓度较高，东西两侧金属铀浓度较低。由图5－220可见，研究区域内由西部到东部海域沉积物重金属锰含量由低到高，东南部含量最高。由图5－221可见，研究区域内由西部到东部海域沉积物重金属铅含量由低到高，东南部含量最高。铅和锰含量分布具有较好的相关性，在第29次南极科学考察普里兹湾海域铅和锰的分布也出现一致的现象。由图5－222可见，研究区域内由西部到东部海域沉积物重金属铅含量由低到高，也与锰和铀有较好的相关性。

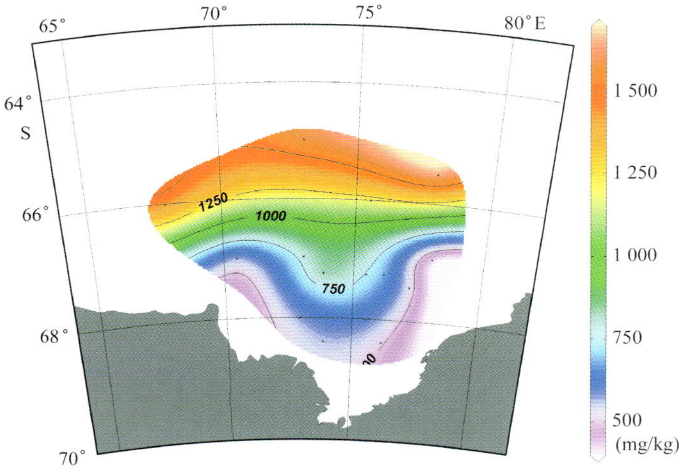

图 5－217 第 29 次南极科学考察普里兹湾表层沉积物金属锰的分布

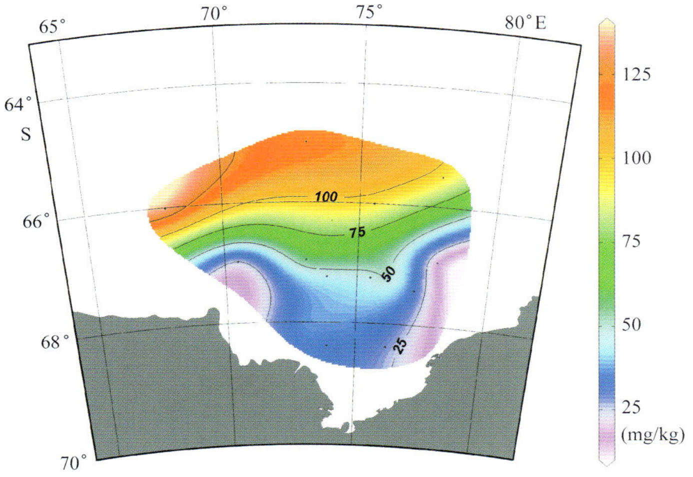

图 5－218 第 29 次南极科学考察普里兹湾表层沉积物金属铅的分布

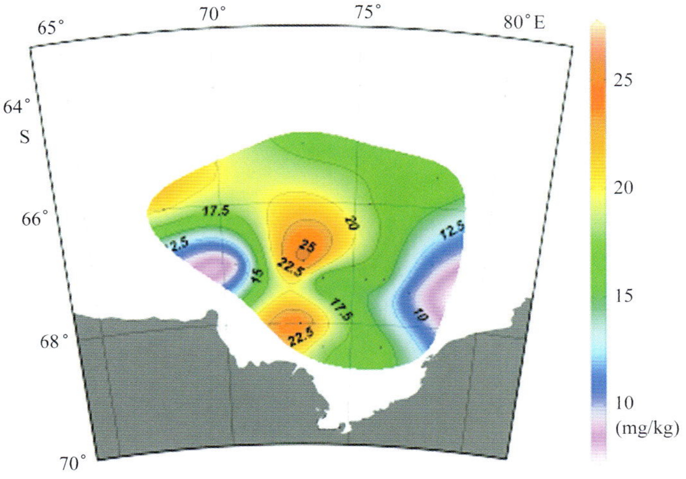

图 5－219 第 29 次南极科学考察表层沉积物普里兹湾金属铀的分布

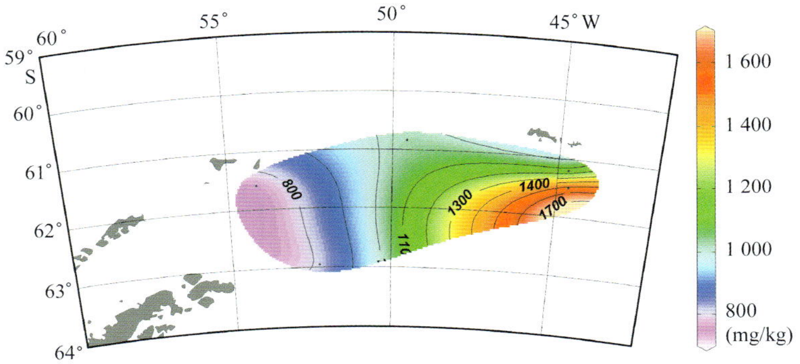

图 5－220　第 30 次南极科学考察南极半岛及周边海域表层沉积物金属锰的分布

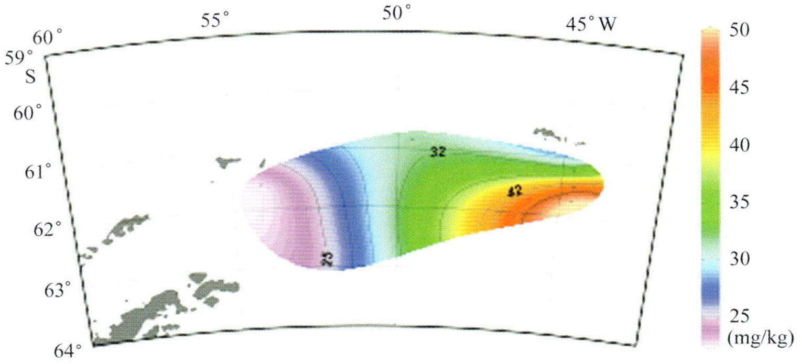

图 5－221　第 30 次南极科学考察南极半岛及周边海域表层沉积物金属铅的分布

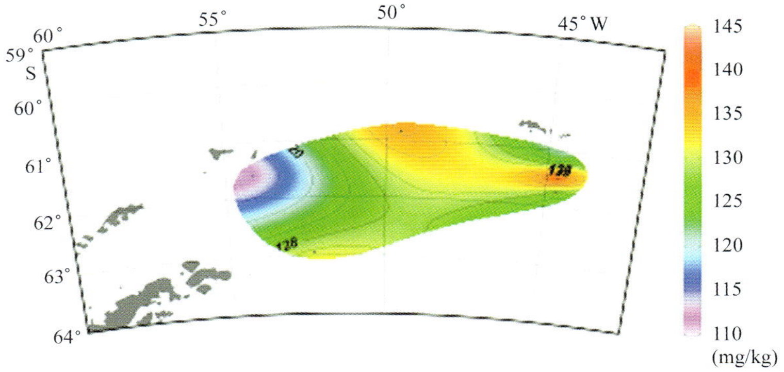

图 5－222　第 30 次南极科学考察南极半岛及周边海域表层沉积物金属铀的分布

5.1.7.5　色素

IS－A 和 IS－8 两沉积柱样中总沉积绿素的含量范围分别为 0.031～1.020 μg/g、0.017～0.508 μg/g；含量均值分别为（0.231±0.266）μg/g 和（0.130±0.142）μg/g，IS－A 沉积柱样中总沉积绿素含量显著高于 IS－8 样。两柱状样总沉积绿素含量均呈现随深度增加而递减的趋势，在沉积物上部降解明显，深部基本稳定：IS－A 样在 12 cm 以深基本保存不变，IS－8样在6 cm 以深基本保存不变（图5－223）。一般情况下，沉积物中总沉积绿素为叶绿素 a 及其多种途径的降解产物含量之和。本研究中，沉积物中总绿素主要由 Chlorophyllone（Chlone）、脱镁叶绿酸 a（Phide a）、类胡萝卜素绿素酯（CCE a、CCE b、CCE c）、叶绿素 a

(Chl a)、脱镁叶绿素 a(Phtin a)、焦脱镁叶绿素 a(pPhtin a)、甾醇绿素酯(SCE)等组成。相较 IS－8 沉积柱样，IS－A 沉积柱样中更高的总沉积绿素平均含量表明上层水体可能具有较 IS－8 海域更高的浮游植物初级生产力。同时，两个站位中总沉积绿素含量总体上均呈现出自上而下较好的指数型降低趋势，表明两个区域均具有较稳定的沉积环境和较弱的水动力条件，使得沉积物中沉积色素类生物标志物的降解能够较好地遵循一阶动力学模型。此外，IS－A沉积柱样中沉积绿素总含量在 2 cm 和 5 cm 深处分别出现了一个较高值和较低值，可能在一定程度上表明对应年代上层水体中浮游植物生物量分别较平常年出现了升高和降低。

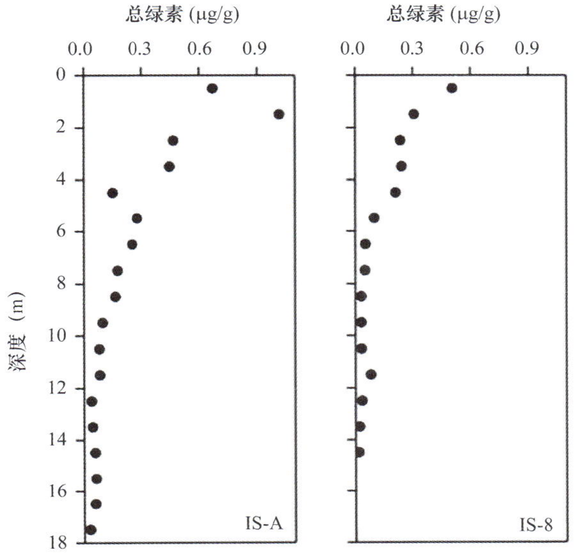

图 5－223　IS－A 和 IS－8 柱样总沉积绿素含量的垂直分布

IS－A 和 IS－8 沉积柱样中绿素各组分所占相对比例如图 5－224 和图 5－225 所示。从图中可以看出，Chlone、Phide a 和 CCE c 等叶绿素 a 降解产物是沉积物中总绿素的主要贡献者。在 IS－A 沉积柱样中，Chlone、Phide a、CCE a、Chl a、CCE b、CCE c、Phtin a、pPhtin a 和 SCE 所占百分比例分别为 (20.6 ± 15.6)%、(29.1 ± 20.7)%、(4.5 ± 4.8)%、(6.1 ± 5.9)%、(0.8 ± 3.2)%、(22.6 ± 8.0)%、(3.0 ± 3.6)%、(11.8 ± 9.8)% 和 (1.5 ± 1.8)%。在 IS－8 沉积柱样中，Chlone、Phide a、CCE a、Chl a、CCE b、CCE c、Phtin a 和 pPhtin a 所占百分比例分别为 (39.5 ± 25.6)%、(7.8 ± 9.0)%、(0.6 ± 1.6)%、(13.3 ± 14.9)%、(10.8 ± 14.4)%、(26.2 ± 16.1)%、(1.0 ± 3.8)% 和 (0.8 ± 1.4)%，而 SCE 未能检测到。整体上，沉积物中 Phide a 等易降解的沉积绿素在总沉积绿素中所占比例随深度增加而降低，与之相反，性质稳定的 pPhtin a 和 CCE 类沉积绿素的相对比例则有所上升。

此外，根据沉积物中不同种类沉积绿素含量和相对比例的差异，可以进一步估计对应海域上层水体和沉积物中通过自然衰败、动物摄食和细菌降解等外界环境对叶绿素类有机质的降解力和保存效率差异。作为叶绿素 a 经由浮游动物摄食而产生的初级降解产物，Phide a 在 IS－A 柱具有更高的相对含量，表明该区域上层水体中浮游动物的摄食活动较 IS－8 站位更强。CCE 类绿素则是 Phide a 和 pPhtin a 与岩藻黄素（一类可定性指示硅藻存在的特征类胡萝卜素）经由甲壳类动物摄食并通过其消化道酶转酯化作用而产生，是动物摄食硅藻活动的直接生物标志物。从图 5－224 和图 5－225 中可以看出，CCE 类绿素是这两个站位总沉积绿素的重要贡献者，表明这两个站位所在海域均存在较强的甲壳类摄食硅藻活动，且其行为对上层水体有机质的垂向输运具有重要意义。整体而言，IS－A 站位海域沉积物中具有相较 IS－8 站位海域沉积物更高的不稳定绿素类生物标志物（如 Phide a 和 pPhtin a），而 IS－8 站位海域沉积物中则具有更高相对含量的降解程度更高、稳定性更强的绿素类生物标志物（如 CCE a、CCE b 和 CCE c），这在一定程度上表明 IS－A 站位所在沉积环境对绿素类生物标志物具有更高的保存效率。虽然 Chlone 的相对含量在 IS－A 和 IS－8 站位均具有明显变化和截然相反的变化趋势，但由于目前学术界对其来源和降解转化途径的研究不甚深入，因而无法明确其在本研究中的具体指示意义，因而有待开展进一步的深入研究。

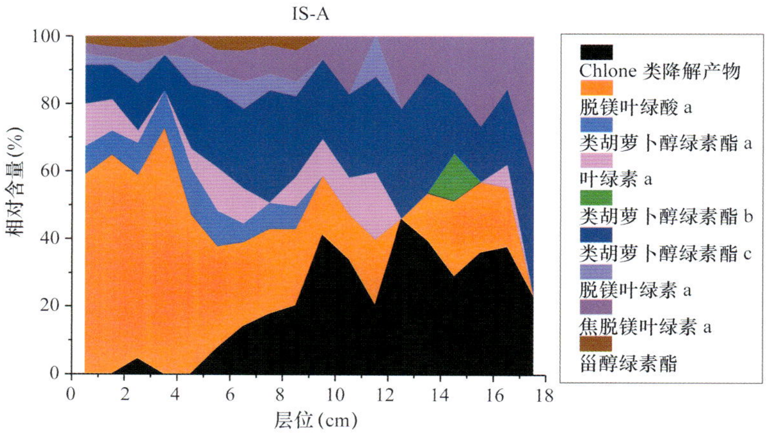

图 5－224　IS－A 柱不同层位总绿素各组分相对含量

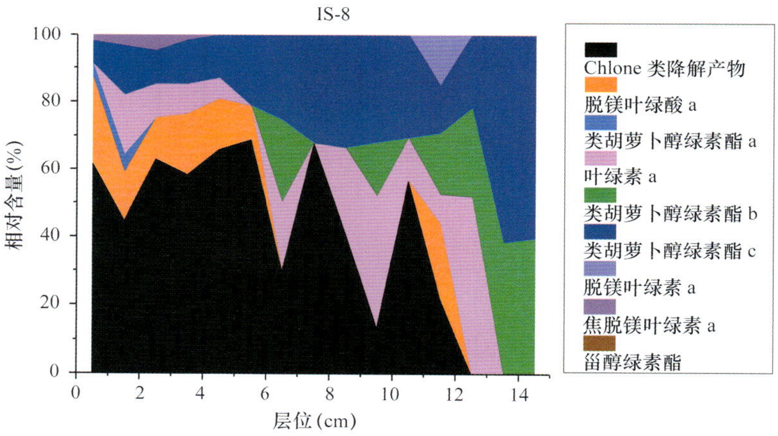

图 5－225　IS－8 柱不同层位总绿素各组分相对含量

5.1.8　南极半岛周边海域海－气碳通量及其时间序列变化特征

在中国第 28 次南极科考的 2012 年 1 月和第 30 次南极科考的 2014 年 2 月期间连续测量了南极半岛周边海域表层海水 CO_2 分压（pCO_2），其时空分布状况如图 5－226 所示。第 28 次南极科考期间，2012 年 1 月南极半岛周边海域表层海水 pCO_2 的分布范围为 226～446 μatm*，平均值为 385 μatm，其最小值位于 D4 断面最南端（63.0°S、47.1°W 附近区域），最大值位

* 非法定计量单位。1 atm＝1.01325×10^5 Pa。

于D3断面北部（61.2°S、50.7°W附近区域）。第30次南极科考期间，2014年2月南极半岛周边海域表层海水 pCO_2 的分布范围为221～411 μatm，平均值为342 μatm，其最小值位于D5断面最北端（61.2°S、44.7°W附近区域），最大值与2012年1月类似，位于D3断面北部（61.1°S、50.6°W附近区域）。两个航次在南极半岛周边海域的观测范围大致相同，但显然其表层海水分布有所差异。2012年1月南极半岛周边海域表层海水 pCO_2 在大部分考察区域都比较高，分布呈现出北高南低的特点，而2014年2月南极半岛周边海域表层海水 pCO_2 的则呈现出西高东低的趋势。

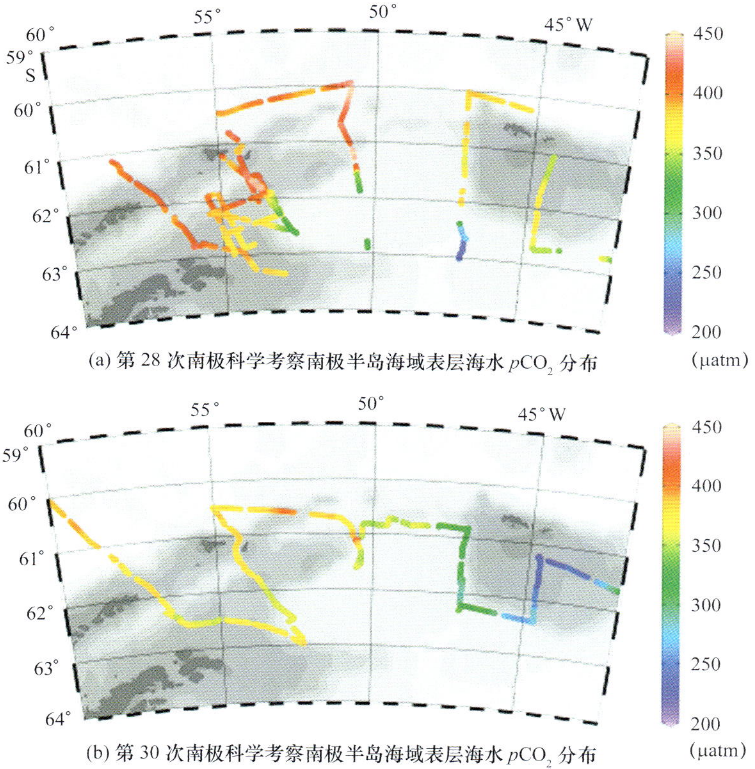

(a) 第28次南极科学考察南极半岛海域表层海水 pCO_2 分布

(b) 第30次南极科学考察南极半岛海域表层海水 pCO_2 分布

图5－226　南极半岛周边海域表层海水二氧化碳分压 pCO_2 分布

2012年1月航次所测的考察区域大气 PCO_2 平均值约为375 μatm，2014年2月的大气 PCO_2 有所上升，为379 μatm。因此，2012年1月南极半岛周边海域整体上是大气 CO_2 的源区，而在2014年2月则表现为大气 CO_2 的汇区。两个航次根据考察期间平均风速计算的海－气碳通量分布，明显也存在着较大差异。第28次南极科考期间，2012年1月南极半岛周边海域海－气 CO_2 通量的变化范围为－33.0～15.8 mmol/（m^2·d）（“负值”表示吸收，为大气 CO_2 汇；“正值”表示释放，为大气 CO_2 源），平均值为2.1 mmol/（m^2·d）（图5－227），与表层海水 pCO_2 的分布一致，最小值位于D4断面最南端（63.0°S、47.1°W附近区域），最大值位于D3断面北部（61.2°S、50.7°W附近区域）。第30次南极科考期间，2014年2月南极半岛海域海－气 CO_2 通量在（－51.9～11.0）mmol/（m^2·d）之间变化，平均值为－12.1 mmol/（m^2·d），与表层海水 pCO_2 的分布一致，最小值位于D5断面最北端（61.2°S、44.7°W附近区域），最大值与2012年1月类似，位于D3断面北部（61.1°S、50.6°W附近区域），同时我们结合前文可发现，碳通量最大值区域也对应了最高的溶解无机碳和最低的 pH 值。

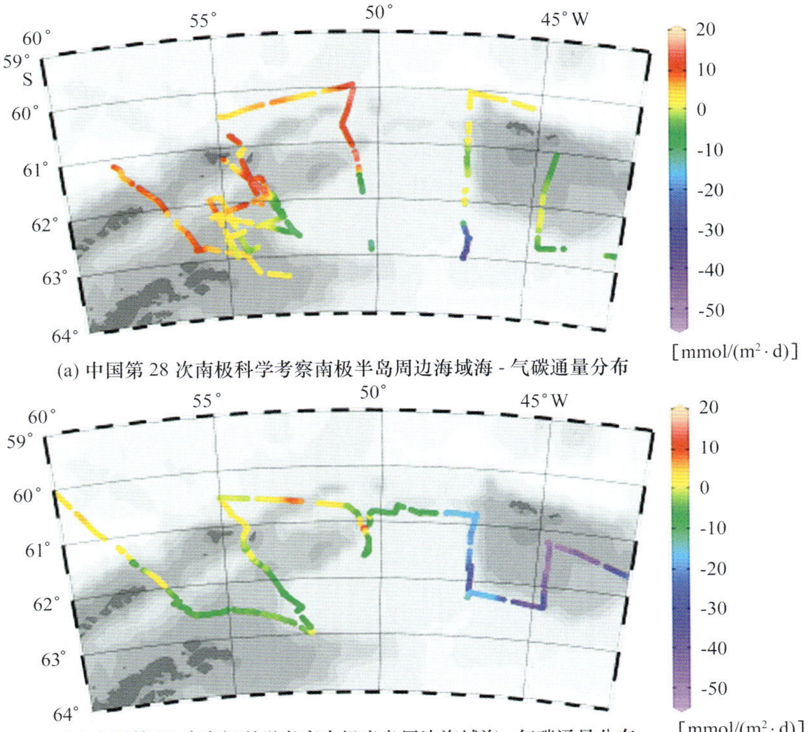

(a) 中国第 28 次南极科学考察南极半岛周边海域海 - 气碳通量分布

(b) 中国第 30 次南极科学考察南极半岛周边海域海 - 气碳通量分布

图 5－227　南极半岛周边海域海－气碳通量分布

为了更清晰地了解南极半岛周边海域海－气碳通量及表层海水 pCO_2 分布的影响因素，我们将分析其复杂的 CO_2 动力学。pCO_2 主要受溶解泵以及生物泵两大机制调控，但其涉及的主要调控因子却十分复杂，总体而言，水温降低，则 pCO_2 降低，水温升高，pCO_2 也相应升高；生物泵作用强，则 pCO_2 降低。而如果有机质大量分解，则将提高水体中的溶解总无机碳，相应地，表层海水 pCO_2 也将升高。特别是在极地海区，海冰形成或融化被认为是一个非常重要的因素。

南极半岛周边海域位于高纬的南大洋海区，终年低温，海冰长期覆盖，水体虽然营养盐丰富但受到铁限制的影响，也即所谓的高营养盐低叶绿素（HNLC）海区，生物泵相对较弱。2012 年 1 月与 2014 年 2 月相比，同属南半球夏季，是海冰融化的季节，然而其表层海水 pCO_2 差异非常大。虽然大气 PCO_2 与全球大气 CO_2 浓度的变化一致，每年都是增长的，然而表层海水 pCO_2 从 2012 年到 2014 年却是降低的，海－气碳通量也从 CO_2 的源变成了汇，说明海－气 CO_2 交换的影响不是主控因素。温度是影响海水 pCO_2 分布的一个重要的控制因子。从 2012 年 1 月至 2014 年 2 月，表层海水平均温度从 1.5℃下降至 0℃左右，这将大大提高 CO_2 的溶解度。根据 pCO_2 的温度效应公式（4.23%/℃），如果 pCO_2 的变化仅受温度控制，根据 2012 年 1 月的数据预测 2014 年 2 月的平均表层海水 pCO_2 将会是 361 μatm，然而实际值更低，为 342 μatm。由温度效应所造成的 pCO_2 降低为 24 μatm，剩余的 19 μatm 变化极有可能是生物因素所造成的。2014 年 2 月南极半岛周边海域的平均表层海水水温为 0℃左右，正处于海冰融化最为剧烈的时期，而 2012 年 1 月已经处于海冰融化的末期。海冰融化将同时增强水体稳定性、可利用光以及浮游生物尤其是冰藻的活动，为海冰区贡献了较高初级生产，

造成了大量 CO_2 的生物去除。因此，南极半岛周边海域表层海水 pCO_2 和海－气碳通量的年际变化可能是由溶解度泵主控，生物泵也起到很大的作用（表5－4）。

表5－4 南极半岛周边海域海－气碳通量

考察时间	表层海水水温（℃）	风速（m/s）	大气 PCO_2（μatm）	表层海水 pCO_2（μatm）	海－气 CO_2 通量 [mmol/（m^2·d）]
2012年1月	－0.5～4.0（1.5）	9	375	226～446（385）	－33.0～15.8（2.1）
2014年2月	－1.6～3.1（0.007）	11	379	221～411（342）	－51.9～11.0（－12.1）

5.1.9 普里兹湾生源要素通量及其时间序列变化特征

普里兹湾陆架区生物硅的通量（F－BSi）和有机碳的通量（F－OC）分别在6.8～965.5 mg/（m^2·d）、0.7～49.0 mg/（m^2·d）之间，均值分别为233.2 mg/（m^2·d）、14.0 mg/（m^2·d）。生物硅和有机碳的年际通量为54.9 g/（m^2·a）、3.18 g/（m^2·a），两者共占年际沉降物质总通量（TMF）的83%以上，说明普里兹湾生物颗粒物的通量很大程度上决定了全年颗粒物质的总通量。F－BSi、F－OC的峰值与TMF的峰值同步（图5－228），出现在南极夏季期间（2010年12月16日至2011年3月6日）。南极夏季期间的F－BSi、F－OC分别达到37 880 mg/m^2、2 303 mg/m^2，分别约为其全年通量的69%、72%。

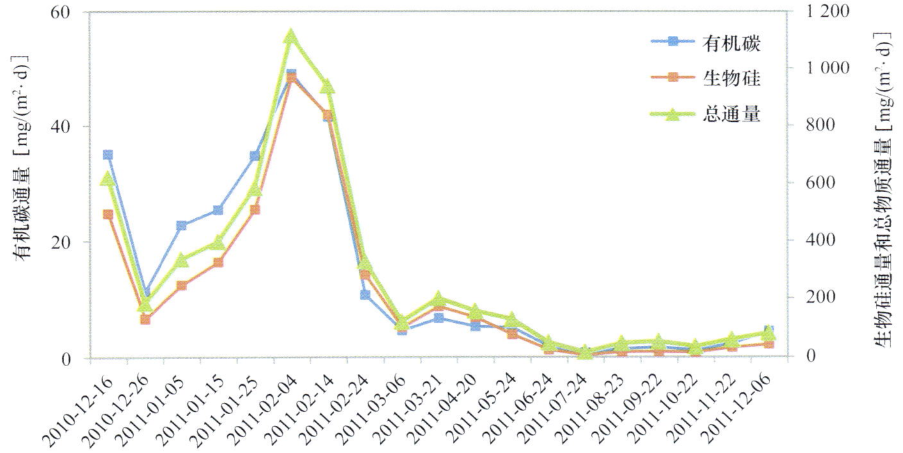

图5－228 普里兹湾陆架区沉降颗粒物总通量、有机碳和生物硅通量的季节性变化

2010年12月初，普里兹湾陆架区的海冰开始融化，F－OC、F－BSi与TMF同时出现了一个小高峰。2011年2月初出现全年峰值，2月中旬开始回落。3月初普里兹湾开始结冰至12月初，F－OC、F－BSi与TMF始终处于低值。可见，生源要素的沉降总通量与海洋生产力、融冰息息相关。12月初的小高峰可能与融冰水中冰藻的释放相关。而南极夏季期间的高通量则与陆架区浮游植物的旺发并迅速从真光层输出相关。如果真光层的颗粒物以100～200 m/d的速度下沉（Honjo & Manganini，1993），其在3～6天内就可到达陆架区的底部（大部分水深600 m左右），即上层水体中浮游植物生物量及其生产力的变化可以快速地在下层水体捕获的颗粒物中得到反馈。因此，夏季浮游植物在适宜的温度、光照及充足的营养盐供给情况下的旺发导致了该时期内向下层水体输出的生源物质通量明显升高。而冬季的普里兹湾处于冰期，全部海域被海冰覆盖，上层水体中初级生产力低下，其

输出通量对全年的贡献微乎其微。

5.2 南极普里兹湾湾内外生物泵差异及其与冰融水的关系

南极科学考察航次的研究发现，普里兹湾湾内外海域的初级生产力、颗粒有机碳输出通量、稳定同位素特征等存在明显差异，体现出普里兹湾湾内外生物泵运转效率的不同，而生物泵的这种变化可能与冰融化水导致的水体层化作用的空间变化密切相关。

5.2.1 普里兹湾湾内外初级生产力的显著差异

中国南极科学考察航次曾利用^{14}C吸收法实测了普里兹湾及其邻近海域的初级生产力，揭示出普里兹湾初级生产力的时空变化规律。尽管普里兹湾及其邻近海域的初级生产力在短至1昼夜、长达10年的时间尺度上存在明显的变化（邱雨生等，2004），但其空间分布均呈现出湾内冰边缘区和陆架区显著高于湾外陆坡区和海盆区的特点，且67°S附近是初级生产力变化最为剧烈的锋面区域（图5－229，许新雨，2013）。

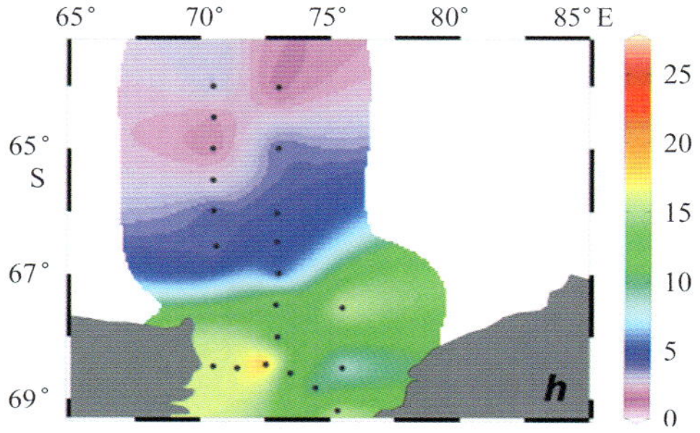

图5－229　2010年夏季普里兹湾附近海域初级生产力的分布

5.2.2 普里兹湾湾内外颗粒有机碳输出通量的变化

中国第18次南极科学考察航次期间，对普里兹湾湾外（IV－3站）上层水体$^{210}Po/^{210}Pb$不平衡的研究发现，表层水体^{210}Po相对于母体^{210}Pb呈亏损状态，而次表层或中层水体的^{210}Po则显过剩，且颗粒态^{210}Po比活度与颗粒有机碳之间存在良好的正相关关系，证实^{210}Po相对于其母体^{210}Pb的亏损与过剩可用于指示颗粒有机物的输出与再矿化。根据$^{210}Po/^{210}Pb$不平衡计算出湾外站位100 m层颗粒有机碳的输出通量（以碳计）为2.3 mmol/（m^2·d）（Yang et al.，2009），与利用$^{234}Th/^{238}U$不平衡在南大洋印度洋扇区开阔海域获得的颗粒有机碳输出通量（以碳计）0.10～2.53 mmol/（m^2·d）（Coppola et al.，2005）相符合，证明普里兹湾湾外洋区颗粒有机碳的输出通量较低。在中国第22次南极科学考察（2005年11月至2006年3月）期间，利用$^{234}Th/^{238}U$不平衡计算出普里兹湾及其邻近海域73°E断面5个测站25/50 m层颗粒有机碳的输出通量，其数值介于29.5～262.4 mmol/（m^2·d）（以碳计）之间，空间上呈现湾内明显高于湾外的特征（何建华等，2007）。

沉积物捕获器数据也表明，1998—1999年期间普里兹湾深水区1 400 m（62.5°S、73°E）和3 300 m（63.5°S、76°E）水深的有机碳通量分别为0.9 g/（m^2·a）和0.4 g/（m^2·a）

(Pilskaln et al.，2004)，明显低于普里兹湾陆架区的有机碳通量 3.18 g/（m^2·a）。1998—1999 年南极夏季深海区的叶绿素 a 含量基本上都低于 0.3 mg/L（蔡昱明等，2005），而陆架区 M1 站位邻近海域当年的叶绿素 a 达到 3.95 mg/L，明显高于深海区。可见，浮游植物的生物量是普里兹湾深海区与陆架区有机碳输出通量差异的关键影响因子，那么又是哪些因素造成了湾内外生物量的巨大差异呢？下面章节将进行初步探讨。

5.2.3 普里兹湾水柱中碳通量与海冰变化的关系

结合遥感卫星数据资料，进行了为期一年（2010—2011 年）的时间序列观测。如图 5－230 所示，2009/2010 年至 2010/2011 年南极夏季期间，在南极普里兹湾冰边缘区，有机碳、无机碳和生物硅的全年平均沉降通量分别为 721.78 μmol/（m^2·d）、28.67 μmol/（m^2·d）和 2 382.80 μmol/（m^2·d）。生物硅与有机碳有着非常好的线性关系，且生物硅占全年通量的 84%，这表明在普里兹湾冰边缘区有机碳的通量主要来自于硅藻等浮游植物的贡献。通过与遥感海冰和海表叶绿素数据的对比发现，冰边缘区浮游植物的旺发与海冰消融过程密切相关，但沉积物捕获器观测到在海冰消融初期存在的碳沉降通量峰值，这与海表遥感叶绿素并不一致。通过碳稳定同位素的分析判断，这可能是由于在海冰消融过程中，冰藻发生快速聚集沉降，无法通过遥感卫星资料所反映，这表明目前通过遥感手段对南大洋尺度的初级生产和碳通量研究中，冰边缘区一直是被低估的区域。在今后的极地研究中，应发展和增强原位的、长时间序列的观测能力，才能更加正确和有效地评估南大洋的碳循环和通量过程。

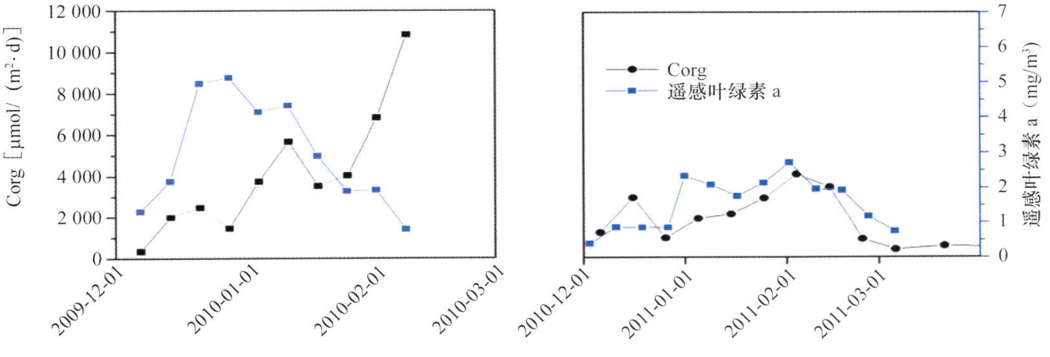

(a) 2009—2010 年普里兹湾沉降通量与遥感叶绿素　　(b) 2010—2011 年普里兹湾沉降通量与遥感叶绿素

图 5－230　2009/2010 年、2010/2011 年普里兹湾沉降碳通量与遥感叶绿素时间序列图

5.2.4 普里兹湾湾内外生物泵变化的物理－生物耦合作用机制

普里兹湾湾内外生物泵运转的变化从颗粒有机物碳稳定同位素的分布亦可得到佐证，并且从中可反映湾内外生物泵运转变化的物理－生物耦合作用机制。

南半球夏季期间（2006 年 1 月，中国第 22 次南极科学考察航次），普里兹湾湾内外海域水文、化学、同位素特征呈现出明显的空间差异，具体表现为：①湾外表层水的盐度和密度高于湾内。以 67°S 为界，北部海域表层水体的盐度明显高于南部海域［图 5－231（a）］，南部海域较低的盐度与冰融化水输入较大量的淡水有关。与此同时，盐度、温度与密度之间的空间协变关系表明淡水输入影响到 100 m 以浅水体密度的分布［图 5－231（a）、(b)、(c)］。②湾外主

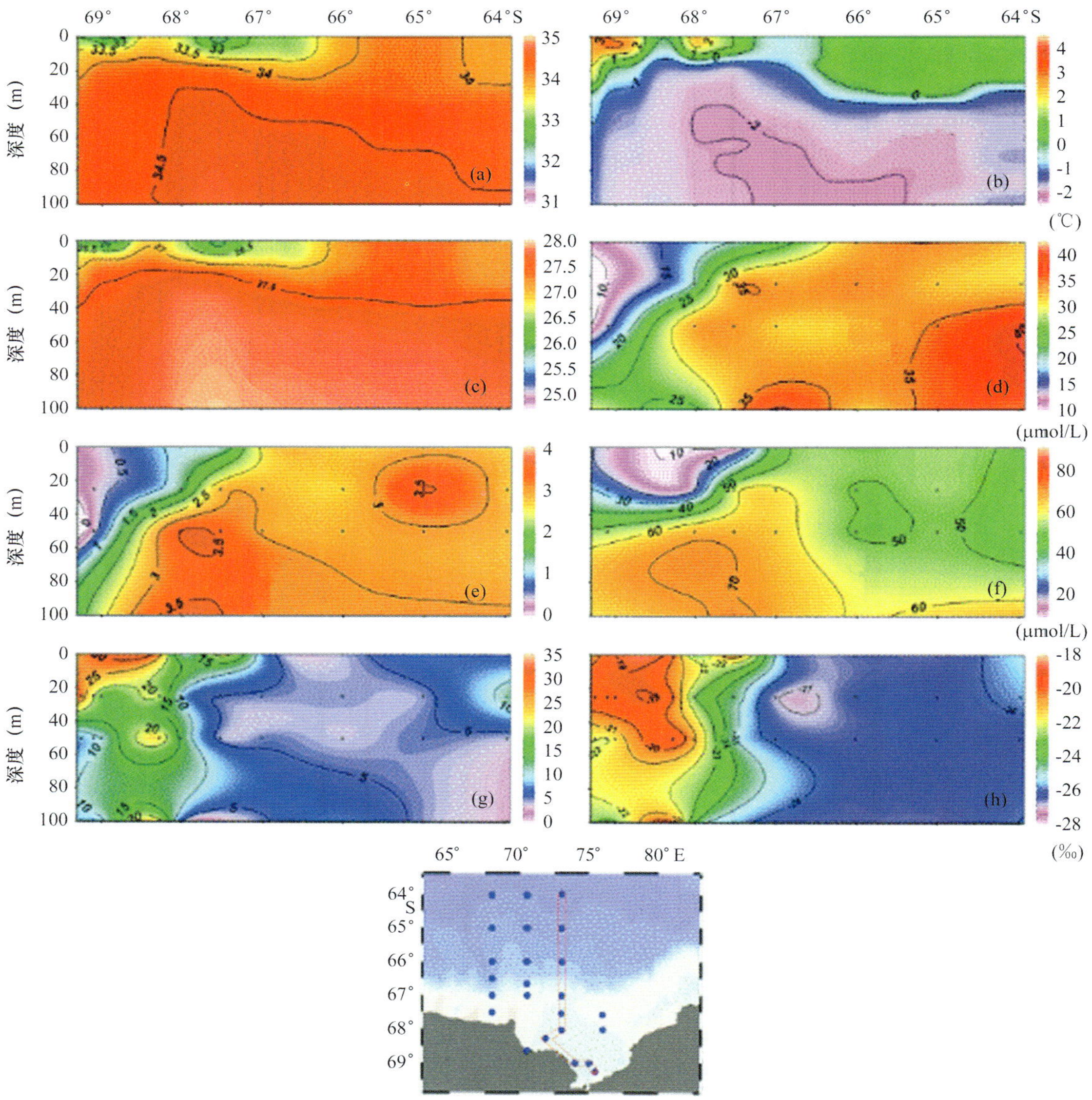

图 5－231　2006 年夏季 73°E 断面 100 m 以浅水体中盐度（a）、温度（b）、密度（c）、硝酸盐（d）、活性磷酸盐（e）、活性硅酸盐（f）、POC（g）和 $\delta^{13}C_{POC}$ 的分布

要营养盐浓度明显高于湾内，体现出湾内外生物活动吸收营养盐的差异，湾内较为活跃的生物光合作用吸收更多的营养盐，导致湾内主要营养盐浓度低于湾外［图 5－231（d）、(e)、(f)］，［图 5－232（a）、（b）、（c）］。③湾外颗粒有机碳（POC）浓度低于湾内。67°S 以北表层水 POC 浓度（3.4～8.9 μmol/L）明显低于 67°S 以南海域，其中埃默里冰架附近海域的 POC 浓度可高达 32.4 μmol/L，说明普里兹湾湾内浮游生物生物量明显高于湾外［图 5－231（g），图5－232（d）、(e)］。④湾外初级生产力低于湾内。67°S 以南湾内海域的表层初级生产力（以碳计）［3.2 mmol/（m^2·d）±1.4 mmol/（m^2·d），n＝5］约为 67°S 以北湾外海域［1.7 mmol/（m^2·d）±0.4 mmol/（m^2·d）mmol/（m^3·d），n＝13］的 2 倍，反映出湾内环境更有利于浮游植物进行光合作用。⑤湾外表层水 ^{226}Ra 活度浓度高于湾内［图 5－232（g）］，这与高 ^{226}Ra 绕极深层水与低 ^{226}Ra 冰融化水的共同作用有关，冰融化水通常具有很低的 ^{226}Ra 活度浓度［（0.17 ±

0.03）Bq/m^3］。⑥湾外颗粒有机物的 $\delta^{13}C_{POC}$ 值低于湾内。67°S 以北湾外海域 $\delta^{13}C_{POC}$ 值较低，且变化范围较小（$-25.3‰\sim-27.5‰$），而湾内海域 $\delta^{13}C_{POC}$ 值均大于 $-22.0‰$，最高的 $\delta^{13}C_{POC}$ 值出现在埃默里冰架附近海域［图5－231（h），图5－232（f）］。

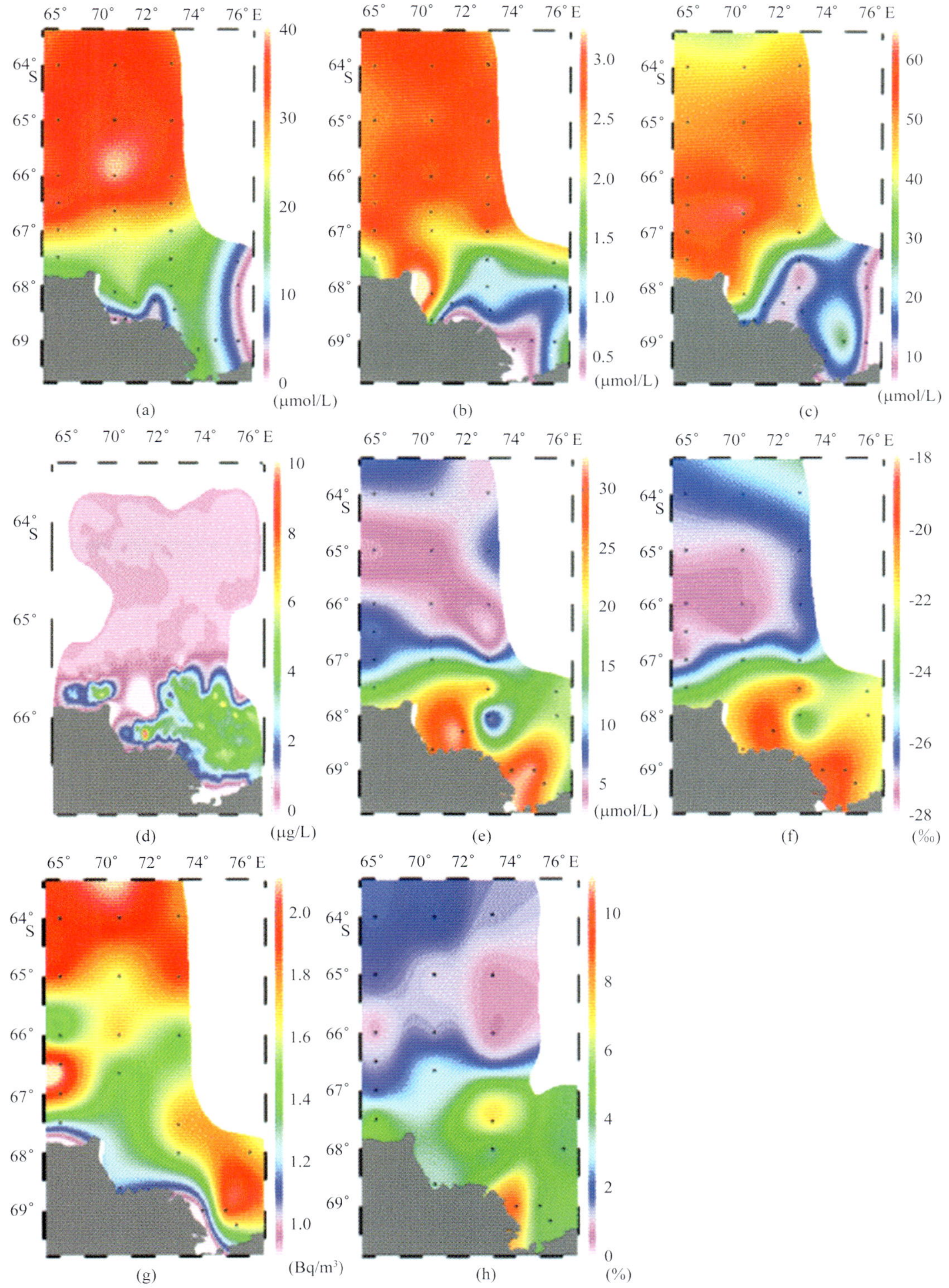

图5－232　2006年夏季普里兹湾附近海域表层水硝酸盐（a）、活性磷酸盐（b）、活性硅酸盐（c）、叶绿素a（d）、POC（e）、$\delta^{13}C_{POC}$（f）、^{226}Ra（g）、冰融化水比例（h）的分布

从温度、盐度、密度和^{226}Ra的空间分布可以看出，冰融化水的输入可能是导致湾内外环境要素产生差异的根本原因。根据S、^{226}Ra的质量平衡关系及各端元水体的特征值，计算出普里兹湾及其邻近海域冰融化水的比例介于1.6%～11.9%之间，平均值为4.1%。从空间分布看，67°S以北海域冰融化水比例（–2%）较低，而湾内较高［图5－231（h）］。

分析各要素之间的关系可以发现，普里兹湾及其邻近海域表层水中初级生产力与混合层深度之间具有良好的线性负相关关系（图5－233），说明水体稳定性影响到海域浮游生物的光合作用，较浅的混合层有利于生物生长在光较为充足的上层水体，从而加强其光合作用过程。与此同时，可观察到颗粒有机物$\delta^{13}C_{POC}$与冰融化水比例、POC浓度之间呈现正相关关系（图5－234、图5－235），而与主要营养盐之间呈现负相关关系（图5－236），由此揭示出调控普里兹湾及其邻近海域$\delta^{13}C_{POC}$空间变化的物理－生物耦合作用，即冰融化水的增加，导致水体稳定性加强，形成更有利于光合作用生物生长的物理环境，从而加强海域的初级生产过程。增强的初级生产过程会消耗海水中的主要营养盐，降低海水中溶解CO_2浓度，进而降低浮游生物吸收无机碳过程的同位素分馏，提高所合成POC的$\delta^{13}C_{POC}$。

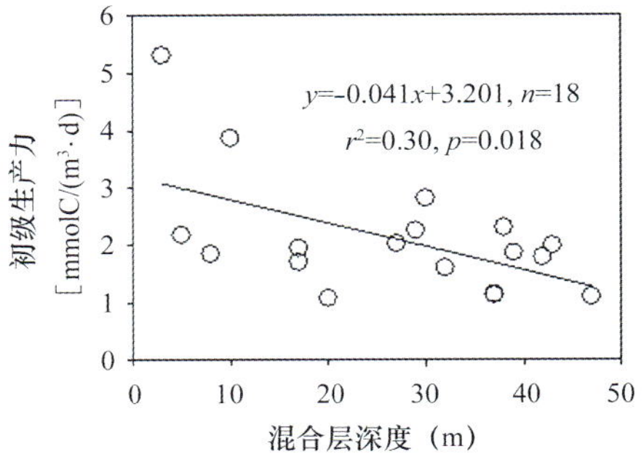

图5－233　2006年夏季普里兹湾附近海域表层水初级生产力与混合层深度的关系

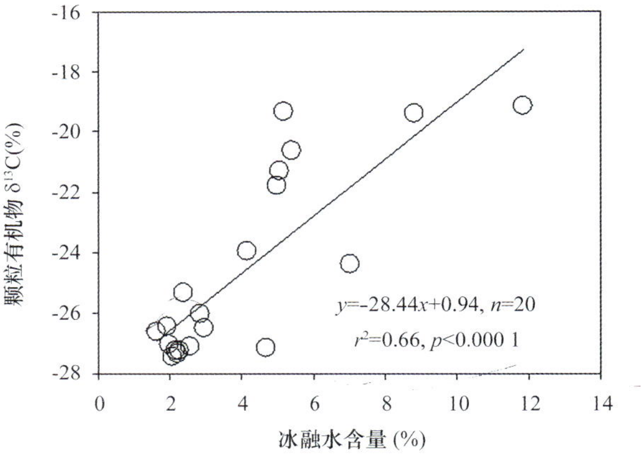

图5－234　2006年夏季普里兹湾附近海域$\delta^{13}C_{POC}$与冰融化水比例的关系

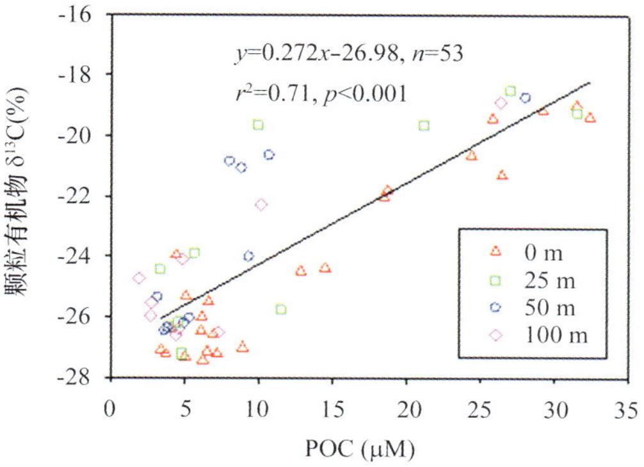

图 5-235　2006 年夏季普里兹湾附近海域 $\delta^{13}C_{POC}$ 与 POC 的关系

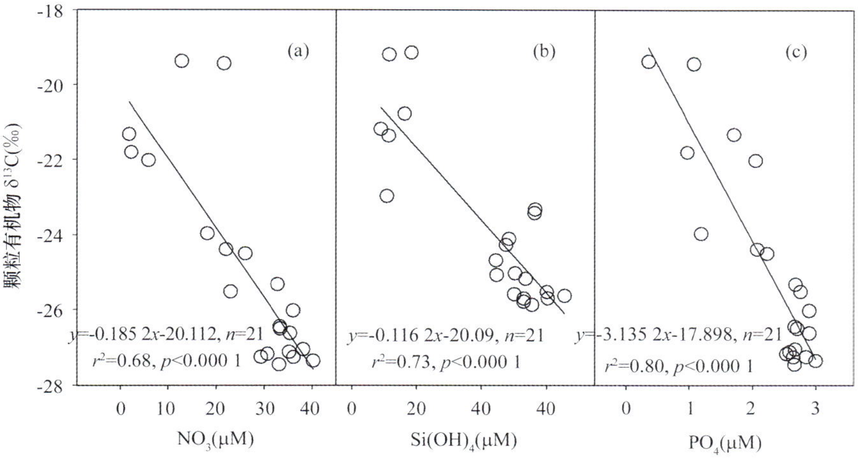

图 5-236　2006 年夏季普里兹湾附近海域 $\delta^{13}C_{POC}$ 与硝酸盐、活性磷酸盐、活性硅酸盐的关系

上述物理-生物耦合作用机制恰恰是导致普里兹湾湾内外所观察到的一系列化学、生物学要素产生差异的根本原因，在普里兹湾湾内，冰融水的增加导致其水体稳定性强于湾外，从而促进了湾内浮游生物的初级生产过程，进而导致湾内外同位素特征及生物泵运转效率产生差异（图 5-237）。

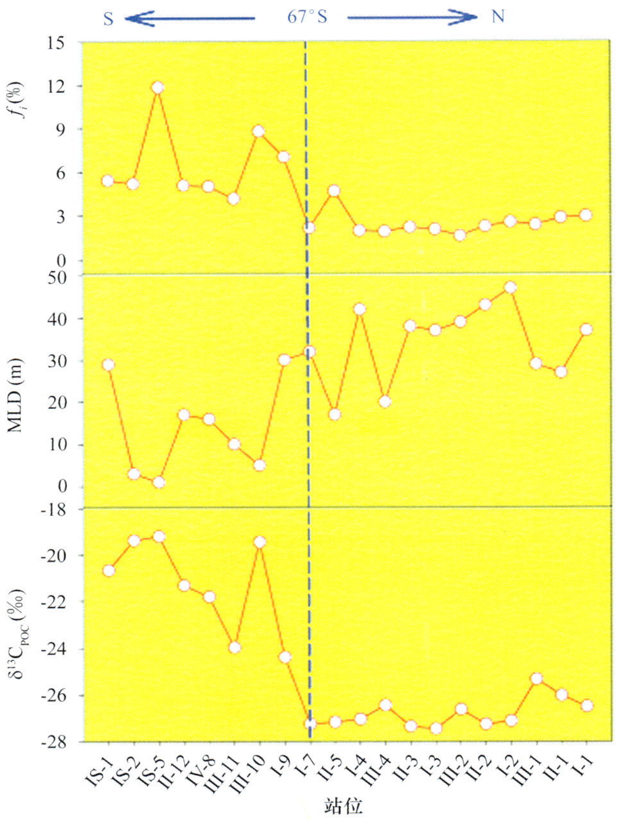

图 5－237　夏季普里兹湾湾内外冰融水比例（f_i）、混合层深度和 $\delta^{13}C_{POC}$ 的差异

5.3　主要成果总结

生物泵是海洋吸收大气 CO_2 的重要路径之一，生物泵作用在南大洋存在很大的时空变化，目前对其调控机制尚不十分了解。通过在普里兹湾布放搭载沉积物捕获器的锚系，获取了多年际时间尺度的沉降颗粒物样品，结合上层水体海冰和初级生产的变化，推断出在普里兹湾湾内，海冰消融会通过冰藻的释放、光照的加强等多种因素提高湾内的初级生产，并使水柱中沉降碳通量得以升高，增加碳汇能力。此外，借助海水 ^{226}Ra 和颗粒有机物碳同位素组成蕴含的信息，发现 $\delta^{13}C_{POC}$ 与冰融水比例、颗粒有机碳浓度之间具有正相关关系，而与主要营养盐之间呈现负相关关系，由此揭示出调控普里兹湾及其邻近海域生物泵空间变化的物理－生物耦合作用机制。当冰融水增加时，水体稳定性的加强，形成更有利于光合作用生物生长的物理环境，从而加强初级生产力和生物泵运转效率，降低溶解 CO_2 浓度，进而降低浮游生物吸收无机碳过程的同位素分馏，提高所合成颗粒有机物的 $\delta^{13}C_{POC}$。这种物理－生物耦合作用机制是导致普里兹湾湾内外所观察到的一系列化学、生物学要素产生差异的重要原因。

第6章 考察的主要经验与建议

6.1 考察取得的重要成果

南极周边海域海洋化学与碳通量考察依托“雪龙”船的平台，完成了中国第28、第29、第30、第31次南极科学考察工作，并获取了大量的样品，为我国的南大洋海洋化学提供了更为丰富的数据资料，并获取了一批显著的成果，对我国极地“十二五”极地工作进行了很好的总结，并为“十三五”工作的延续和拓展提供依据。

①由于“十二五”极地专项的支持，南极周边海域海洋化学与碳通量考察专题在4次南极考察期间获取了20余项参数共计32 922份，在南大洋碳汇、生源要素变化等关键问题上获取了大量的数据资料依据，并绘制了图件965份，发表论文14篇，其中SCI收录4篇。

②结合中国历次南极科学考察获得的结果，开展了普里兹湾邻近海域水团来源和生物泵空间变化的同位素示踪研究、普里兹湾及南极半岛邻近海域二氧化碳源/汇格局、普里兹湾沉降通量时间序列变化研究，发现了普里兹湾生物泵空间变化的物理－生物耦合作用机制，重点回答了南大洋普里兹湾碳通量与海冰变化的关系。

③“十二五”期间，对极地大洋科考的加大投入和支持力度，使得调查手段能够得以长足的发展，如分析检测技术的提高、高灵敏度的同位素技术、原位长时间序列的观测能力的提升，这些技术的发展将为今后极地科考奠定坚实的技术基础。

6.2 对专项的作用

对极地专项中其他专题具有重要意义。虽然极地专项是以学科设立调查专题，但是海洋科学中各科学交叉是密不可分的，大力发展极地交叉学科是我国极地科考的必经之路。本专题与物理海洋、海洋生物、海洋地质等学科在全球变化、水团结构变异等关键科学问题有着密切的联系，本专题的调查工作，可以为其他各学科在解决相关科学问题时，提供更为丰富的数据资料和证据。

本专题在“十二五”极地专项考察期间获取了大量的数据资料，为了解南大洋营养结构、碳的源/汇格局、生物泵效率等关键问题上提供了重要依据，“十三五”极地专项是在“十二五”极地专项工作上的延续、拓展、深化，“十二五”期间所获的数据资料是“十三五”专项开展所需的坚实基础。

此外，近年来国际上对南极事务的关注，以及对建立生物保护区的主张，需要我国在南极掌握自己的数据资料，为我国在南极事务上的决策提供立场依据。同时，本项目将为项目四专题一“南极环境综合分析与评价”提供数据基础资料，为二级集成成果编写提供依据。

6.3 考察的主要成功经验

外业考察主要成功经验在于来自各单位考察队员的相互配合、团结协作和充分沟通。一方面提高了工作效率；另一方面可加强对特点海域/站点科学问题的多学科集成研究。

数据的数量与质量是确保获得高水平成果的保障。一方面，外业要确保获得覆盖面宽、时间分辨率高的样品；另一方面，内业分析需要确保所测定每个参数、每份样品的数据质量。

专项执行期间，大部分专业负责人均能够亲赴现场，这有利于现场考察的工作协调，以及有针对性地根据科学问题修改考察方案，这将有益于提高工作效益和成果的提炼。

6.4 考察中存在的主要问题及原因分析

考察时间相对缺乏，由于目前极地海洋调查主要依赖“雪龙”船的平台支撑，而“雪龙”船又同时承担着补给、保障、新站选址和建站等工作，任务十分艰巨，在目前的后勤保障平台下，这仍将是一个很难调和的矛盾。

由于南极海洋调查作业周期相对较短，而在考察期间，大洋作业的时间相对分割，部分断面作业先后间隔近半月，难以获取相对完整的数据情况，在南极的 12 月至翌年 3 月，生物化学过程的季节性变化前后差异十分明显，这样的数据情况不易于数据的有效利用。尤其在 2 月底 3 月初的作业，恶劣寒冷的天气导致 CTD 无法正常采水，或因海表气温较低导致样品结冰，这些情况导致获取的样品数据存在较为严重的质量问题。这是由于“雪龙”船目前承担着中山站、长城站卸货补给的任务，主要依靠小艇卸货，这种传统的卸货模式对天气的要求极高。为保障站区能够获取足够的越冬补给需要在天气条件较好时前往站区卸货，这就导致了“雪龙”船的大洋作业时间相对分散。在今后，获取新的技术力量和条件后，开拓新型的卸货模式，此问题会得到很好地解决。

6.5 对未来科学考察的建议

海水化学调查涉及参数众多，每项参数的样品采集与预处理、分析测定等均需要有经验丰富的科考人员来完成，才能确保获得准确可靠的数据，进而取得高水平的成果，建议未来的科学考察适当增加海洋化学现场科考人员的数量。

建议今后的考察调整尽量调整作业时期，并保证 CTD 采样间的室内温度，这样既能减少现场作业条件的艰苦性，也能提高所获取的样品数据的可靠性。

希望极地专项在今后的考察中，对长时间序列观测的工作有所偏重和增加支持，极地长时间序列的数据资料是十分宝贵的，而且某些科学问题的解决（碳源/汇、海洋酸化等）又亟须这些数据资料的获取。增加这方面的投入，可以使我国在“极地在全球变化中扮演了什么角色”这一问题上获取一定的发言权。

参考文献

蔡昱明，宁修仁，朱根海，等.2005. 南极普里兹湾浮游植物现存量与初级生产力粒级结构和新生产力研究［J］. 海洋学报，27（4）：135－147.

陈红霞，林丽娜，史久新，等.2014. 南极普里兹湾及其邻近海域水团研究［J］. 海洋学报，36（7）：1－8.

陈敏，黄奕普，金明明，等.2003. 加拿大海盆上、下跃层水形成机制的同位素示踪［J］. 中国科学，33（2）：127－138.

程彦杰，陆龙骅，卞林根，等.2003. 南极半岛地区气温与南极海冰涛动ENSO的联系［J］. 极地研究，15（2）：121－128.

董兆乾，蒲书箴，胡筱敏，等.2000. 普里兹湾海域的夏季上层水及其北向运动［J］. 极地研究，12（3）：157－168.

国家海洋局908专项办公室.2006. 海洋化学调查技术规程［M］. 北京：海洋出版社.

国家海洋局极地专项办公室.2012. 极地海洋水文气象、化学和生物调查技术规程［M］. 北京：海洋出版社.

何建华，马豪，陈立奇，等.2007. 南大洋普里兹湾基于$^{234}Th/^{238}U$不平衡法的POC输出通量研究［J］. 海洋学报，29（4）：69－76.

黄奕普，陈敏，刘广山，等.2006. 同位素海洋学研究文集［M］. 北京：海洋出版社.

刘广山，黄奕普.1998. 沉积物中^{238}U等9种放射性核素γ谱同时测定［J］. 台湾海峡，17（4）：359－363.

刘瑞娟，于培松，扈传昱，等.2014. 南极普里兹湾沉积物中有机碳和总氮的含量与分布［J］. 海洋学报，36（4）：118－126.

宁修仁，刘子琳，史君贤.1993. 南极普里兹湾及其邻近海域浮游植物粒度分级生物量和初级生产力［J］. 南极研究，5（4）：41－50.

蒲书箴，董兆乾.2003. 普里兹湾附近物理海洋学研究进展［J］. 极地研究，15（1）：53－64.

邱雨生，黄奕普，刘广山，等.2004. 南极普里兹湾及邻近海域初级生产力的时空变异［J］. 厦门大学学报（自然科学版），43（5）：676－681.

王海燕，林建云.2007. 南海海域海水中总氮、总磷和总有机碳的含量及分布. 中国海洋湖沼学会第九次全国会员代表大会暨学术研讨会论文摘要汇编.

谢永臻，黄奕普，施文远，等.1994. 天然水体中^{226}Ra、^{228}Ra的联合富集与测定［J］. 厦门大学学报，33（增）：86－90.

许新雨.2013. 夏季极地海洋的初级生产力. 厦门大学硕士学位论文.

杨伟锋，黄奕普，陈敏，等.2006. 南沙海域表层水中$^{210}Po/^{210}Pb$不平衡［J］. 中国科学（D辑），36（1）：81－89.

张介霞.2012. 中国第27次南极考察航线和普里兹湾N_2O分布特征研究［M］. 海洋化学. 厦门：国家海洋局第三海洋研究所.

张乃星，宋金明，贺志鹏，等.2013. 海水颗粒有机碳（POC）变化的生物地球化学机制［J］. 生态学报，26（7）：2 328－2 339.

郑少军，史久新.2011. 南极普里兹湾邻近海域海冰生消发展特征分析［J］. 中国海洋大学学报：自然科学版，41（7）：9－16.

中华人民共和国国家质量监督检验检疫总局，中国国家标准化管理委员会 . 2007. GB/T 12763 – 2007 海洋调查规范［S］. 北京：中国标准出版社 .

中华人民共和国国家质量监督检验检疫总局，中国国家标准化管理委员会 . 2007. GB17378 – 2007 海洋监测规范［S］. 北京：中国标准出版社 .

中华人民共和国国家质量监督检验检疫总局，中华人民共和国国家标准 . 2011. GB/T 26411 – 2010 海水中 16 种多环芳烃的测定气相色谱 – 质谱法［S］. 北京：中国标准出版社 .

Abollino O, Aceto M, Gioia C L, et al. . 2001. Spatial and seasonal variations of major, minor and trace elements in Antarctic seawater. Chemometric investigation of variable and site correlations [J]. Advances in Environmental Research, 6: 29 – 43.

Andrade S, Poblet A, Scagliola M, et al. . 2001. Distribution of heavy metals in surface sediments from an Antarctic marine ecosystem [J]. Environmental Monitoring and Assessment, 66: 147 – 158.

Bange H W, Andreae M O. 1999. Nitrous oxide in the deep waters of the world's oceans [J]. Global Biogeochem. Cycles, 13 (4): 1 127 – 1 135.

Benner R, Opsahl S. 2001. Molecular indicators of the sources and transformations of dissolved organic matter in the Mississippi river plume [J]. Organic Geochemistry, 32 (4): 597 – 611.

Boyle E A. 1988. Cadmium: Chemical tracer of deep water paleoceanography [J]. Paleoceanography, 3: 471 – 489.

Bruland K W, Donat J, Hutchins D. 1991. Interactive influences of bioactive trace metals on biological production in oceanic waters [J]. Limnology and Oceanography, 36 (8): 1 555 – 1 577.

Cai M G, Huang P, Zhang M M, et al. . 2013. A purge and trap gas chromatographic method fordetection of chlorofluorocarbons in seawater. Chinese [J]. Journal of Analytical Chemistry, 41 (2): 268.

Ciaralli L, Giordano R, Lombardi G, et al. . 1998. Antarctic marine sediments: distribution of elements and textural characters [J]. Microchemical Journal, 59: 77 – 88.

Coppola L, Roy – Barman M, Mulsow S, et al. . 2005. Low particulate organic carbon export in the frontal zone of the Southern Ocean (Indian sector) revealed by ^{234}Th [J]. Deep – Sea Research I, 52: 51 – 68.

Croot P, Baars O, Streu P. 2011. The distribution of dissolved zinc in the Atlantic sector of the Southern Ocean [J]. Deep – Sea Research II, 58: 2 707 – 2 719.

De Baar H J W, Saager P M, Nolting R F, et al. . 1994. Cadmium versus phosphate in the world ocean [J]. Marine Chemistry, 46: 261 – 281.

Ellwood M J, Boyd P W, Sutton P. 2008. Winter – time dissolved iron and nutrient distributions in the Subantarctic Zone from 40°—52°S; 155°—160°E [J]. Geophysical Research Letters, 35: 11 604 – 11 609.

Emery W J. 1977. Antarctic Polar Frontal Zone from Australia to the Drake Passage [J]. Journal of Physical Oceanography, 7 (6): 811 – 822.

Finnigan. 1995. MAT Application Flash Report No. 15, $^{15}N/^{14}N$ and $^{13}C/^{12}C$ by EA – IRMS: Forensic studies using the ConFlo II interface.

Fitzwater S E, Johnson K S, Gordon R M, et al. . 2000. Trace metal concentrations in the Ross Sea and their relationship with nutrients and phytoplankton growth [J]. Deep – Sea Research II, 47: 3 159 – 3 179.

Frew R D. 1995. Antarctic bottom water formation and the global cadmium to phosphate relationship [J]. Geophysical Research Letters, 22: 2 349 – 2 352.

Frew R D, Hunter K A. 1992. Influence of Southern Ocean waters on the cadmium – phosphate properties of the global ocean [J]. Nature, 36: 144 – 146.

Frew R D, Hunter K A. 1995. Cadmium – phosphate cycling at the subtropical convergence south of New Zealand [J]. Marine Chemistry, 51: 223 – 237.

Gordon A L, Taylor H W, Georgi D T, et al. 1977. Antarctic oceanographic zonation [M] //Polar Oceans. Calgary: Dunbar M J (Ed.): 45 – 76.

Grasshoff K, Kremling K, Ehrhardt M. 1999. Methods of Seawater Analysis [M] . Weinheim: Verlag Chemie.

Hauck J, Hoppema M, Bellerby R G. J, et al. . 2010. Data – based estimation of anthropogenic carbon and acidification in the Weddell Sea on a decadal timescale [J] . Journal of Geophysical Research, 115: C03004.

Honjo S, Manganini S J. 1993. Annual biogenic particle fluxes to the interior of the North Atlantic Ocean studied at 34°N 21°W and 48°N 21°W [J] . Deep – Sea Research, 40: 587 – 607.

Howe J A, Wilson C R, Shimmield T M, et al. . 2007. Recent deep – water sedimentation, trace metal and radioisotope geochemistry across the Southern Ocean and Northern Weddell Sea, Antarctica [J] . Deep – Sea Research II, 54: 1 652 – 1 681.

Ianni C, Magi E, Soggia F, et al. . 2010. Trace metal speciation in coastal and off – shore sediments from Ross Sea (Antarctica) [J] . Microchemical Journal, 96: 203 – 212.

Löscher B M. 1999. Relationships among Ni, Cu, Zn, and major nutrients in the Southern Ocean [J] . Marine Chemistry, 67: 67 – 102.

Löscher B M, van der Meer J, de Baar H J W. 1998. The distribution and preferential biological uptake of cadmium at 6°W in the Southern Ocean [J] . Marine Chemistry, 62: 259 – 286.

Michaels A, Bates N, Buesseler K, et al. . 1995. Carbon – cycle imbalances in the Sargasso Sea [J]. Oceanographic Literature Review, 5 (42): 342.

Mortlock R A, Frölich P N. 1989. A simple method for the rapid determination of biogenic Opal in pelagic marine sediments [J] . Deep – Sea Research, 36 (9): 1 415 – 1 426.

Nolting R F, de Baar H J W, van Bennekom A J, et al. . 1991. Cadmium, copper and iron in the Scotia Sea, Weddell Sea and Weddell/Scotia confluence (Antarctica) [J] . Marine Chemistry, 35: 219 – 243.

Orsi A H, Johnson G C, Bullister J L. 1999. Circulation, mixing, and production of Antarctic Bottom Water [J]. Progress in Oceanography, 43 (1): 55 – 109.

Orsi A H, Whitworth T, Nowlin W D. 1995. On the meridional extent and fronts of the Antarctic Circumpolar Current [J] . Deep Sea Research Part I: Oceanographic Research Papers, 42 (5): 641 – 673.

Pilskaln C H, Manganini S J, Trull T W, et al. . 2004. Geochemical particle fluxes in the Southern Indian Ocean seasonal ice zone: Prydz Bay region, East Antarctica [J] . Deep – Sea Research I, 51: 307 – 332.

Ravanelli M, Tubertini O, Valcher S, et al. . 1997. Heavy metal distribution in sediment cores from western Ross Sea [J] . Water, Air & Soil pollution, 99: 697 – 704.

Rees A, Owens N, Upstill - Goddard R. 1997. Nitrous oxide in the Bellingshausen sea and drake passage [J]. Journal of Geophysical Research: Oceans (1978—2012), 102 (C2): 3 383 – 3 391.

Ribeiro A P, Figueira R S L, Martins C C, et al. . 2011. Arsenic and trace metal contents in sediment profiles from the Admiralty Bay, King George Island, Antarctica [J] . Marine Pollution Bulletin, 62: 192 – 196.

Rivaro P, Messa R, Lanni C, et al. . 2014. Distribution of total alkalinity and pH in the Ross Sea (Antarctica) waters during austral summer 2008 [J] . Polar Research, 33: 20403.

Roden N P, Shadwick E H, Tilbrook B, et al. . 2013. Annual cycle of carbonate chemistry and decadal change in coastal Prydz Bay, East Antarctica [J] . Marine Chemistry, 155: 135 – 147.

Smith N R, Dong Z, Kerry K R, et al. . 1984. Water masses and circulation in the region of Prydz Bay, Antarctica [J] . Deep Sea Research, 31: 114 – 116.

Vallee B L, Auld D S. 1990. Zinc coordination, function and structure of zinc enzymes and other proteins [J]. Biochemistry, 29: 5 647 – 5 659.

Vallee B L, Auld D S. 1993. Zinc: biological functions and coordination motifs [J]. Accounts of Chemical Research, 26 (10): 543 – 551.

Vaz R A N, Lennon G W. 1996. Physical oceanography of the Prydz Bay region of Antarctic waters [J]. Deep – Sea Research I, 43 (5): 603 – 641.

Wiebinga C, de Baar H. 1998. Determination of the distribution of dissolved organic carbon in the Indian sector of the Southern Ocean [J]. Marine Chemistry, 61 (3): 185 – 201.

Yang Weifeng, Huang Yipu, Chen Min, et al.. 2009. Export and remineralization of POM in the Southern Ocean and the South China Sea estimated from $^{210}Po/^{210}Pb$ disequilibria [J]. Chinese Science Bulletin, 54 (12): 2 118 – 2 123.

Yeats P A, Westerlund S, Flegal A R. 1995. Cadmium, copper and nickel distributions at four stations in the eastern central and south Atlantic [J]. Marine Chemistry, 49: 283 – 293.

Yeats P A, 1998. An isopycnal analysis of cadmium distributions in the Atlantic Ocean [J]. Marine Chemistry, 61: 15 – 23.

附件　成果论文

1. Chen L, et al.. Differences in nitrous oxide distribution patterns between the Bering Sea basin and Indian Sector of the Southern Ocean. *Acta Oceanologica Sinica*, 2014, 33 (6): 9 – 19.
2. Hu Chuanyu et al.. The distribution and concentration of particulate biogenic silica in surface waters of Prydz Bay, Antarctica, during the austral summer of 2011. *Advances in Polar Science*, 2012, 23 (4): 1 – 6.
3. Jun Zhao et al.. Short – and long – term response of phytoplankton to ENSO in Prydz Bay, Antarctica: Evidences from field measurements, remote sensing data and stratigraphic biomarker records. *Journal of Ocean University of China*. 2014, 13 (3): 437 – 444.
4. Run Zhang et al.. An isotopic perspective on the correlation of surface ocean carbon dynamics and sea ice melting in Prydz Bay (Antarctica) during austral summer. *Deep – Sea Research I*, 2014, 83: 24 – 33.
5. Shen Chen et al.. The content and distribution of Ge in the sediments of Prydz Bay, Antarctica. *Advances in Polar Science*. 2013, 24 (2) 113 – 118.
6. Sun Weiping et al.. Particulate barium flux and its relationship with export production on the continental shelf of Prydz Bay, east Antarctica. *Marine Chemistry*. 2013, 157: 86 – 92.
7. Sun Weiping et al.. Sources and geographic heterogeneity of trace metals in the sediments of Prydz Bay, east Antarctica. *Polar Research*. 2013, 32: 20049.
8. Sun Weiping et al.. Source composition and seasonal variation of particulate trace element fluxes in Prydz Bay, East Antarctica. *Chemosphere*. 2016.
9. 陈倩娜，等. 南极普里兹湾及其邻近海域表层水镭同位素的分布及应用. 海洋与湖沼，2015，46 (1): 77 – 87.
10. 扈传昱，等. 2009—2013 年普里兹湾 PBSi 的变化及其与气候事件的关系. 海洋与湖沼，2015，46 (2): 285 – 295.
11. 扈传昱，等. 2011 年夏季南大洋普里兹湾颗粒硅的分布与变化特征. 极地研究，2012，24 (3): 247 – 253.
12. 扈传昱，等. 南大洋普里兹湾沉积物中生物硅的溶解度研究. 极地研究，2012，24 (4): 25 – 30.
13. 金思韵，等. 南极普里兹湾叶绿素 a 的空间和时间变化的研究. 极地研究，2012，24 (4): 361 – 371.
14. 任春燕，等. 南极普里兹湾及其邻近海域悬浮颗粒有机物的碳同位素组成及其影响因素. 海洋学报，2015，37 (12): 66 – 76.

15. 孙维萍，等. 2011 年夏季南极普里兹湾营养盐与浮游植物生物量的分布. 极地研究，2012，24（2）：178－186.
16. 孙维萍，等. 南极普里兹湾表层沉积物微量元素分布特征及其物源指示意义. 沉积学报，2016.
17. 于培松，等. 南极普里兹湾沉积生物标志物记录及浮游植物群落结构变化. 极地研究，2012，24（2）：143－150.